T0222224

Fortschritte Naturstofftechnik

Reihe herausgegeben von

Thomas Herlitzius, Technische Universität Dresden, Deutschland

Die Publikationen dieser Reihe dokumentieren die wissenschaftlichen Arbeiten des Instituts für Naturstofftechnik, um Maschinen und Verfahren zur Versorgung der ständig wachsenden Bevölkerung der Erde mit Nahrung und Energie zu entwickeln. Ein besonderer Schwerpunkt liegt auf dem immer wichtiger werdenden Aspekt der Nachhaltigkeit sowie auf der Entwicklung und Verbesserung geschlossener Stoffkreisläufe.

In Dissertationen und Konferenzberichten werden die wissenschaftlich-ingenieurmäßigen Analysen und Lösungen von der Grundlagenforschung bis zum Praxistransfer in folgenden Schwerpunkten dargestellt:

- Nachhaltige Gestaltung der Agrarproduktion
- Produktion gesunder und sicherer Lebensmittel
- Industrielle Nutzung nachwachsender Rohstoffe
- Entwicklung von Energieträgern auf Basis von Biomasse

This series documents the Institute of Natural Product Technology's work to develop machinery and processes to supply the world's continuously growing population with food and energy. It particularly focuses on the increasingly important aspect of sustainability and the development and improvement of closed material cycles.

Theses and conference reports document engineering analyses and solutions from basic research to practical transfer along the following focal topics:

- Sustainability of agricultural production
- Production of healthy and safe food
- Industrial use of renewable raw materials
- Development of energy sources based on biomass

Weitere Bände in der Reihe http://www.springer.com/series/16065

Sibylle Kümmritz

Produktion von Oleanol- und Ursolsäure mit pflanzlichen in vitro Kulturen

Aspekte der Analyse und Extraktion der Wirkstoffe sowie der Stabilisierung und Steigerung der Produktion

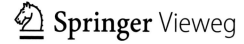 Springer Vieweg

Sibylle Kümmritz
Institut für Naturstofftechnik
Technische Universität Dresden
Dresden, Deutschland

An der Fakultät Maschinenwesen der Technischen Universität Dresden zur Erlangung des akademischen Grades eines Doktoringenieurs (Dr.-Ing.) genehmigte Dissertation von
Dipl. LM Chem. Sibylle Kümmritz, geb. Schulz

Gutachter:
Prof. Dr. rer. nat. habil. Thomas Bley
Prof. Dr. Jörg-Uwe Ackermann
PD Dr.-Ing. habil. Juliane Steingroewer

Tag der Einreichung: 05.09.2019
Tag der Verteidigung: 31.01.2020

Vorsitzender der Promotionskommission: Prof. Dr.-Ing. André Wagenführ

ISSN 2524-3365   ISSN 2524-3373   (electronic)
Fortschritte Naturstofftechnik
ISBN 978-3-662-62463-0   ISBN 978-3-662-62464-7   (eBook)
https://doi.org/10.1007/978-3-662-62464-7

Die Deutsche Nationalbibliothek verzeichnet diese Publikation in der Deutschen Nationalbibliografie; detaillierte bibliografische Daten sind im Internet über http://dnb.d-nb.de abrufbar.

Springer Vieweg ist ein Imprint der eingetragenen Gesellschaft Springer-Verlag GmbH, DE und ist ein Teil von Springer Nature.
Die Anschrift der Gesellschaft ist: Heidelberger Platz 3, 14197 Berlin, Germany

Kurzzusammenfassung

Zumeist geringe Ausbeuten und eine hohe Variabilität innerhalb der Pflanzenzellkultur behindern eine industrielle Umsetzung der Produktion pflanzenbasierter Wirkstoffe. Um den biotechnologischen Prozess der Produktion von Oleanol-(OS) und Ursolsäure (US) mit pflanzlichen Zellkulturen in dieser Hinsicht zu verbessern, beschäftigt sich diese Arbeit mit den Aspekten Analyse und Extraktion von OS und US, Kryokonservierung, Steigerung der Produktion von OS und US von Salbeizellen sowie der Induktion hormonautotropher Zellkulturen.

Die Eignung verschiedener chromatographischer Techniken zur qualitativen sowie auch quantitativen Analyse der o. g. Triterpensäuren in pflanzlichen Extrakten wird untersucht. Eine Dünnschichtchromatographie-Methode eignet sich zum schnellen Screening auf das Vorhandensein von OS und US. Zur genauen quantitativen Bestimmung geringer Wirkstoffgehalte wird eine Methode zur Extraktion und Analyse der Triterpensäuren mittels HPLC-UV-Detektion entwickelt und zur Analyse verschiedenster (in vitro) Materialien der Familie der Lamiaceae eingesetzt. Weiterhin zeigt ein Metabolitscreening verschiedener (in vitro) Pflanzenextrakte ausgewählter Salbeipflanzen einen Überblick über die stoffliche Zusammensetzung der Kulturen sowie weitere potentiell interessante Wirkstoffe.

Für die Gewinnung der intrazellulären Triterpensäuren aus der geernteten Bioreaktorkultur einer hormonbasierten *Salvia fruticosa* Zellsuspension eignet sich die Filtration beispielsweise mittels Tuch oder Filterpresse zur Abtrennung der Zellen von der Nährlösung. Anschließend können die Triterpensäuren mit Hilfe der klassischen Mazeration oder Hochdruckhomogenisation in Ethanol aus Bioreaktorkulturen quantitativ extrahiert werden. Der geeignete Anteil an frischer Zellmasse in Ethanol liegt im Bereich von 10 bis maximal 40 % (m/V). Mit Hinblick auf eine Übertragung in den industriellen Maßstab ist die Mazeration aufgrund der einfacheren apparativen Umsetzung gegenüber der Hochdruckhomogenisation vorteilhafter.

Pflanzliche, insbesondere hormonbasierte, Zellkulturen unterliegen Schwankungen in Bezug auf das Wachstum, das Aggregationsverhalten und die Wirkstoffproduktion. Die Kryokonservierung gewährleistet den Erhalt des biosynthetischen Potentials der Zellen und dient somit der Stabilisierung des biotechnologischen Verfahrens. Zur Kryokonservierung einer hormonbasierten *S. fruticosa* Zellsuspension wird eine Zwei-Schritt-Methode mit verkürzter Vorkultur entwickelt, welche nach dem Auftauen und der Regeneration im Vergleich zu einer unbehandelten Kontrollkultur unveränderte Eigenschaften in Bezug auf die Ploidie, das Wachstum und die Triterpenproduktivität erzielt.

Zur Steigerung der Wirkstoffausbeute wird der Effekt verschiedener Elizitoren auf die Triterpensäureproduktion einer hormonbasierten *S. fruticosa* Zellsuspension untersucht. Dabei stellen sich pilzliche Elizitoren aus dem Kulturmedium von *Aspergillus niger* und *Trichoderma virens* sowie eine Kultivierung in Kombination mit Saccharose im Zulauf für die Erhöhung der OS und US Produktion als vielversprechend heraus.

Um physiologisch stabile Kulturen zu etablieren, werden durch Transformation mit *Agrobacterium tumefaciens* C58 Wildtyp verschiedene hormonautotrophe Zellkulturen von *Ocimum basilicum*, *S. fruticosa*, *S. officinalis* und *Rosmarinus officinalis* erzeugt. Diese Kulturen wachsen seit mehreren Jahren in hormonfreiem Medium und enthalten OS und US in unterschiedlicher, jedoch geringerer Intensität als die etablierte hormonbasierte *S. fruticosa* Zellsuspension. Mit dem eigens entwickelten Protokoll zur Überprüfung der Transformation wird für die vielversprechenden Zelllinien von *O. basilicum* und *S. officinalis* ein positiver Nachweis erbracht.

Abstract

Mostly, low yields and high variability within the plant cell culture hamper an industrial implementation of the production of plant based active ingredients. To improve the biotechnological process of the production of oleanolic (OA) and ursolic (UA) acid using plant cell cultures in that respect, this thesis deals with the aspects of analysis and extraction of OA and UA, cryopreservation and enhancing OA and UA production of Salvia cells as well as the induction of hormone autotrophic cell cultures.

The suitability of different chromatographic techniques for qualitative and quantitative analysis of OA and UA is tested. A method based on thin-layer chromatography is suitable for fast screening of the presence of OA and UA. To quantify low contents of active ingredients more precisely, a method for extraction and analysis of triterpenic acids using HPLC-UV-detection is established and used for evaluation of diverse materials from (in vitro) plants of the Lamiaceae family. Furthermore, a metabolite screening of different (in vitro) plant extracts of selected Salvia species provides an overview of the chemical composition of the cultures and further active ingredients of potential interest.

OA and UA are located intracellular and thus their isolation requires a separation of cells from the culture medium after harvest. Filtration via e. g. a thin cloth or a filter press can be used for this step for the production of the itriterpenic acids from harvested hormone based *Salvia fruticosa* cell suspensions. Subsequently, the triterpenic acids can be quantitatively extracted with ethanol via classic maceration of high pressure homogenization. Thereby a proportion of 10 to 40 % (m/v) of fresh cell mass in ethanol is suitable. In regard to transfer the technique to industrial scale the maceration is more advantageous than high pressure homogenization, due to the more easy equipment.

Plant cell cultures, especially hormone based, are subjected to variations concerning the growth, the aggregation behaviour and the production of active ingredients. Cryopreservation ensures the preservation of the biosynthetic cell potential and therefore serves as stabilization of the biotechnological process. A two-step method with shortened precultivation is established for cryopreservation of a hormone based *S. fruticosa* cell suspension. After thawing and regeneration of the culture no deviation is observed regarding ploidy, growth and triterpene productivity in comparison with an untreated culture.

To enhance the yield of active ingredients, the effect of different elicitors on the production of triterpenic acids of a hormone based *S. fruticosa* cell suspension is evaluated. Thereby fungal elicitors, derived from the culture medium of *Aspergillus niger* and *Trichoderma virens* as well as cultivation in combination with a sucrose feed show promising results in regard to enhance the production of OA and UA.

Transformation of *Ocimum basilicum*, *S. fruticosa*, *S. officinalis* and *Rosmarinus officinalis* with *Agrobacterium tumefaciens* C58 wild type induces different hormoneautotrophic cell cultures. These grow in hormone-free culture medium for years. The production of OA and UA in hormone autotrophic cell cultures is lower than observed for the hormone based *S. fruticosa* cell suspension and varies between the cell cultures. Using an established protocol for verification of the transformation provides a positive evidence for the prospective cell lines of *O. basilicum* and *S. officinalis*.

Inhalt

Abkürzungen und Formelzeichen

2,4-D	2,4-Dichlorphenoxyessigsäure
6-BAP	6-Benzylaminopurin
A	Aufschlussgrad [%]
a	Einflussexponent (Anpassungsparameter)
AB I-Medium	Medium zur Transformation mit Agrobakterien
Ac	Enzymprodukt Accellerase XC
An	*Aspergillus niger*
CT	Kohlendioxidtransfer (engl. carbon dioxide transfer) [mmol l^{-1}]
CTR	Kohlendioxidtransferrate (engl. carbon dioxide transfer rate) [mmol $(l\ d)^{-1}$]
DC	Dünnschichtchromatographie
DMSO	Dimethylsulfoxid
DMAPP	Dimethylallylpyrophosphat
EI	Elektronenstoßionisation
FDA	Fluoreszeindiacetat
FPP	Farnesylpyrophosphat
GB5-Medium	Gamborg B5 Medium
GC-MS	Gaschromatographie mit Massenspektrometrie-Kopplung
GI	Wachstumsindex (engl. growth index)
GMP	Gute Herstellungspraxis (engl. Good Manufacturing Practice)
GUS	β-Glucosidase
GVO	genetisch veränderter Organismus
HE	Hefeextrakt
HPLC	Flüssigchromatographie (engl. high performance liquid chromatography)
IAA	Indol-3-essigsäure (engl. Indole-3-acetic acid)
IPT	Isopentenyltransferase
IPP	Isopentenylpyrophosphat
JS	Jasmonsäure
KIN	Kinetin
$k_L a$	volumetrischer Stoffübergangskoeffizient
k-Wert	Retentionsfaktor in der HPLC
k_1	Geschwindigkeitskonstante für „Reaktion [bar^{-2}]
LC-MS	Flüssigchromatographie mit Massenspektrometrie-Kopplung (engl. liquid chromatography-mass spectrometry)
LF	Leitfähigkeit [mS cm^{-1}]

log P	negativer dekadischer Logarithmus des n-Oktanol-Wasser-Verteilungs-koeffizienten
LS-Medium	Linsmaier & Skoog Medium
MP	Enzymprodukt MethaPlus
MS-Medium	Murashige & Skoog Medium
MVA	Mevalonsäure (engl. mevalonic acid)
N	Anzahl an Durchläufen bei Zellaufschluss
NAA	1-Naphthylessigsäure (engl. 1-naphthaleneacetic acid)
NADPH	Nocotonsäureamid-Adenin-Dinukleutid-Phosphat
OD_{600}	Optische Dichte bei einer Wellenlänge von 600 nm
OL	Ornithin-Lipide
OS	Oleanolsäure
OT	Sauerstofftransfer (engl. oxygen transfer) [mmol l^{-1}]
OTR	Sauerstofftransferrate (engl. oxygen transfer rate) [mmol $(l\ d)^{-1}$]
p	Druck [bar]
PCR	Polymerase-Kettenreaktion (engl. polymerase chain reaction)
PI	Propidiumiodid
pK_S-Wert	Säurekonstante
PL	Phosphatidylcholine
$R_{(max)}$	(maximale) Menge an Zielprodukt bei Zellaufschluss
RAMOS®	Respiration Activity MOnitoring System
rDA	Retro-Diels-Alder-Reaktion
R_f-Wert	Retentionsfaktor in der DC
RI	Retentionsindex nach Kovats
RP	Umkehrphase (engl. reversed phase)
RQ	Respirationsquotient
RS	Auflösung benachbarter Peaks im Chromatogramm
RT	Retentionszeit [min]
T	Temperatur [°C]
T-DNA	Transfer-Desoxyribonukleinsäure
Ti-Plasmid	Tumor induzierendes Plasmid (engl. tumor inducing plasmid)
TMS-	Trimethylsilyl-Verbindung
Tv	*Trichoderma virens*
US	Ursolsäure
WP-Medium	McCown Woody Plant Medium
YEB-Medium	Medium zur Kultur von Agrobakterien
α-Wert	Trenn- bzw. Selektivitätsfaktor in der Chromatographie
μ	spezifische Wachstumsrate [d^{-1}]

1. Einleitung und Problemstellung

Pflanzen zeichnen sich durch ein komplexes System von Inhaltstoffen mit enormer struktureller Vielfalt aus und besitzen als vielfältige Rohstoffquelle eine herausragende Bedeutung für den Menschen. Neben ihrer Funktion als Nahrungsquelle und Energielieferant, wird insbesondere Arzneipflanzen auf Grund ihrer krankheitslindernden Wirkung eine zentrale Rolle als Rohstoff für Phytopharmaka zugesprochen. Die Zulassung pflanzlicher Wirkstoffe für eine Anwendung in der Pharma- und der Kosmetikindustrie fordert von den Herstellern einen Nachweis über die Einhaltung der Guten Herstellungspraxis (GMP) (Moore 2009; Nally 2016). Dieser dient der Sicherung der Qualität der Produktionsabläufe und der Produktionsumgebung sowie auch der Erfüllung der behördlichen Regularien für die Vermarktung der Produkte. Um eine gleichbleibende Qualität gewährleisten zu können, müssen die Produktionsprozesse hinreichend stabil sein.

In der traditionellen Freilandkultur beeinflussen verschiedene äußere abiotische und biotische Faktoren die Stabilität der Produktion pharmazeutisch wirksamer sekundärer Pflanzenstoffe. Zu diesen Einflussfaktoren zählen die vorherrschenden regionalen und klimatischen Kulturbedingungen sowie ein Befall mit Schädlingen, welche Schwankungen im Wirkstoffgehalt des Pflanzenmaterials verursachen. Triterpensäuren sind insbesondere wegen ihrer vielfältigen pharmakologischen Eigenschaften in den Fokus der Forschung an Pflanzenwirkstoffen (Jie 1995; Schmandke 2004; Liu 2005; Topcu 2006; Pollier & Goossens 2012) gelangt. In der westlichen Welt wird die tägliche Aufnahme an Triterpensäuren auf ca. 250 mg pro Person und Tag bzw. im mediterranen Raum auf ca. 400 mg pro Person und Tag geschätzt (J. C. Furtado et al. 2017). Die zwei Vertreter dieser Stoffgruppe Oleanol- (OS) und Ursolsäure (US) zeichnen sich durch ein vielfältiges Spektrum an bioaktiven Wirkungen aus und sind daher insbesondere für die Pharma- und die Kosmetikindustrie interessant. Die Produktion dieser beiden Triterpensäuren auf dem klassischen Wege in Freilandkultur ist durch Schwankungen in der Qualitität des Pflanzenmaterials und Quantität der darin enthaltenen Wirkstoffe geprägt. Beispielsweise stellten Lee et al. (2009) für OS und US bei Pflanzenmaterial von *Prunella vulgaris* auf Basis der Herkunft eine Variation des Gehaltes heraus. Proben von Kraut-Sammlungen aus Korea und China wiesen eine regionspezifische Variation der Triterpengehalte im Bereich von 22 bis 31 % auf. Mit Hilfe einer Hauptkomponentenanalyse war eine klare Klassifizierung der Proben entsprechend der Herkunft in zwei Gruppen möglich.

Undifferenzierte pflanzliche Zellkulturen gelten als vielversprechende alternative Systeme für die Gewinnung wertvoller, gesundheitsfördernder pflanzlicher Sekundärmetabolite (Kolewe et al. 2008; Yue et al. 2016). Biotechnologische Verfahren mit pflanzlichen in vitro Kulturen bieten die Möglichkeit unter kontrollierten Bedingungen im Bioreaktor Pflanzenwirkstoffe, wie z. B. Triterpensäuren, in gleichbleibender Ausbeute über das ganze Jahr hinweg zu produzieren. Die Kommerzialisierung derartiger Produktionsverfahren scheitert jedoch teils aufgrund fehlender Intensität und Stabilität des Verfahrens hinsichtlich der Wachstums- und Produktbildungsraten der Kulturen. Für die Produktion pharmakologisch wirksamer Metabolite spielt die Sicherung einer hinreichenden Verfahrensstabilität über den gesamten Entwicklungsprozess (vgl. Abbildung 1) eine enorme Rolle. Sie soll die für die Pharma- und die Kosmetikindustrie geltenden Regularien der GMP sicherstellen.

Biotechnologische Alternativen zu pflanzlichen in vitro Kulturen wie z. B. gentechnisch modifizierte Bakterien oder Hefen, Enzymreaktionen oder chemische Synthesen sind für die Produktion von Triterpensäuren nur bedingt geeignet. Die Biosyntheseschritte zur Bildung von Triterpensäuren sind z. T. sehr komplex und deren Abfolge ist noch nicht vollständig geklärt. Zudem zeichnen sich Triterpensäuren durch eine fungizide und antimikrobielle Wirkung aus, was einer Produktion mit Bakterien oder Hefen entgegensteht. Zudem sind niedere Organismen nicht in der Lage die erforderlichen posttranslationalen Modifikationen der Enzyme vorzunehmen. Chemische Verfahren zur Synthese von Naturstoffen erfordern den Einsatz giftiger und umweltschädlicher Lösungsmittel und weisen geringe Produkterträge auf (Kolewe et al. 2008; Wilson & Roberts 2012). Dadurch werden die Umweltfreundlichkeit und die ökonomische Umsetzbarkeit dieser Verfahren eingeschränkt. Pflanzliche Zellen sind nicht nur in der Lage, unabhängig von äußeren Umwelteinflüssen im geschlossenen System dieselben Substanzen wie die Ursprungspflanze zu produzieren. Pflanzliche Zellkulturen besitzen auch das Potential, neuartige Wirkstoffe zu synthetisieren, welche in der Ursprungspflanze nicht vorkommen (Yue et al. 2016).

Nach aktuellen Verbraucher- und Forschungsberichten wird der biotechnologischen Gewinnung von Pflanzenwirkstoffen mittels Zellkulturen, welche branchenspezifisch auch als Pflanzenstammzelltechnologie bezeichnet wird, im Bereich der Kosmetik bereits ein Zugewinn auf dem Weltmarkt zugesprochen. So wurde der Weltmarkt für 2015 auf 1.668 Millionen USD geschätzt und soll im Jahr 2022 4.830,8 Millionen USD erreichen (John S. 22:26:56 UTC). Begründet ist dies mit der wissenschaftlichen Innovation und den neuen Möglichkeiten der Produktentwicklung, welche dieses Verfahren offenbart. Die Gewinnung von Extraktstoffen mit dem Ziel der Anwendung in den Bereichen Kosmetik und Pharmazie wird als sicher und sauber eingeschätzt, da kein Risiko einer Kontamination mit Pathogenen oder Umweltgiften vorliegt. Außerdem können Zellen der pflanzlichen in vitro Kultur gezielt gentechnisch modifiziert werden, ohne dass eine Gefahr der Auskreuzung mit Wildpflanzen besteht. Beispielsweise wurde für Tomatenzellkulturen nachgewiesen, dass unter bestimmten Bedingungen die Produktion der potentiellen Allergene α-Tomatin und Dehydrotomatin ausbleibt (Barbulova et al. 2014). Ein Produktionsverfahren basierend auf Pflanzenzellkulturen zeichnet sich zudem durch seine Nachhaltigkeit aus. Es beansprucht keine Agrarflächen, wodurch der Wasserverbrauch verringert wird und weniger Abfälle anfallen. Durch Elizitierung kann die metabolische Aktivität der Zellen gezielt beeinflusst und gesteigert werden. In vielen Fällen sind die Extraktionsprozesse zur Gewinnung der aktiven Wirkstoffe in Pflanzenzellkulturen einfacher und weniger zeitaufwändig als bei Freilandkulturen. Pflanzenzellkulturen stellen somit ein im Vergleich zur ganzen Pflanze vielseitiges und leistungsstarkes System zur Gewinnung bioaktiver Wirkstoffe, für z. B. die Hautpflege dar (Barbulova et al. 2014).

Trotz ihrer vielfältigen Vorteile gegenüber Freilandkulturen zeichnen sich Produktionsprozesse basierend auf der Pflanzenzellkulturtechnik zumeist durch geringe Produktgehalte und eine hohe Variabilität in der Zellkultur aus. Diese Faktoren erschweren eine Kommerzialisierung der Verfahren (Wilson & Roberts 2012). Die geringe Stabilität, ein langsames Wachstum und Hürden bei dem Scale-Up gelten als enorme Herausforderungen bei der Kommerzialisierung und Überführung pflanzenzellbasierter Prozesse zur Wirkstoffproduktion in den Produktionsmaßstab (Yue et al. 2016). Erste Erkenntnisse zur Produktion von Triterpensäuren mit pflanzlichen Zellkulturen wurden für *Salvia officinalis* (Bolta et al. 2000), *Eriobotrya japonica* (Taniguchi et al. 2002) und *Uncaria tomentosa* (Feria-Romero et al. 2005) beschrieben. Vorangegangene Untersuchungen an der Professur für Bioverfahrenstechnik der Technischen Universität Dresden haben gezeigt, dass eine *Salvia fruticosa* Suspensionskultur als alternatives Produktionssystem für die Gewinnung von Oleanol- und Ursolsäure geeignet ist (Haas 2014). Dabei stellte sich heraus, dass diese Suspension weitestgehend stabil wächst und eine feine Aggregatverteilung sowie eine vielversprechende Produktivität in Bezug auf die Triterpensäuren OS und US aufweist. Bisherige Untersuchungen zur Entwicklung eines Systems zur biotechnologischen Produktion von Oleanol- und Ursolsäure mit Hilfe pflanzlicher in vitro Kulturen sind von den eingangs beschriebenen Herausforderungen, insbesondere durch das Risiko der veränderlichen Stabilität, gekennzeichnet.

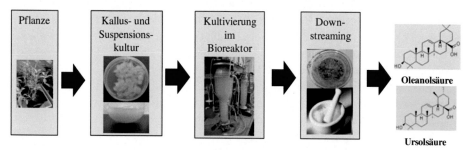

Abbildung 1 Schema zur Wirkstoffproduktion mit pflanzlichen Zellkulturen am Beispiel der Triterpensäuren aus Salbei

Die vorliegende Arbeit befasst sich, aufbauend auf den Ergebnissen der Dissertation von Haas (2014), mit dem Prozess zur Produktion von Triterpensäuren mit Pflanzenzellkulturen. Ziel dieser Arbeit ist es, einen Beitrag zur Optimierung und Stabilisierung eines Produktionsverfahrens zur Gewinnung von OS und US aus pflanzlichen Zellkulturen zu leisten. Um die Chance einer wirtschaftlichen Machbarkeit des Prozesses zur Produktion von Triterpensäurenen mit pflanzlichen Zellkulturen zu erhöhen, wurden für diese Arbeit folgende Untersuchungsbereiche ausgewählt:

Zunächst wurde eine leistungsfähige Analysenmethode zur Quantifizierung der Gehalte von OS und US entwickelt, welche für den Vergleich verschiedener Produktionssysteme, d. h. Pflanzen bzw. pflanzlichen Zell- und Gewebekulturen, einsatzbereit ist. Diese Methode wurde für die Selektion geeigneter Pflanzenarten zur Induktion von in vitro Kulturen, zur Selektion von geeigneten Zelllinien sowie auch der Prozessüberwachung und -optimierung genutzt. Weiterhin ermöglicht eine leistungsfähige Analytik der gewünschten Zielprodukte, Veränderungen, die im Verlauf des Prozesses hinsichtlich der Wirkstoffproduktion auftreten, detektieren zu können und damit die Produktivität des Systems einzuschätzen und eventuelle Abweichungen rechtzeitig identifizieren zu können. An die Methode wurden folgende Anforderungen gestellt: Die Analyse sollte möglichst einfach und robust sein, mit Hilfe der im Labor verfügbaren Ressourcen umsetzbar sein und möglichst den Anforderungen gemäß aktueller Trends zur Entwicklung nachhaltiger Verfahren zur „Grünen Chemie" entsprechen (Anastas & Eghbali 2010). Weiterhin sollte für das Projekt der Deutschen Forschungsgemeinschaft zur „Gewinnung von pharmakologisch relevanten Triterpenen auf pflanzlichen Zellkulturen" (BL345/10-1) ein Methodentransfer auf ein Flüssigchromatographie-Massenspektrometrie (LC-MS)-System möglich sein, um eine tiefergehende Strukturanalyse von Derivaten der Triterpensäuren zu realisieren. Zur Gewinnung von Reinsubstanzen wurde ebenso ein Transfer der Trennmethode auf ein präparatives Flüssigchromatographie (HPLC)-System angestrebt. Mit dem Ziel der nachhaltigen Nutzung der im Produktionsprozess gewonnenen Biomasse bzw. Extrakte, wurden die erfolgreich etablierten Salbeisuspensionkulturen aus Haas (2014) vergleichend mit den entsprechenden Pflanzenarten in einem Metabolitscreening mittels Gaschromatographie-Massenspektrometrie (GC-MS) hinsichtlich der Produktion weiterer nutzbringender und wertvoller Wirkstoffe untersucht.

In Bezug auf gesetzliche Vorschriften bzw. Regularien zur Extraktion pflanzlicher Wirkstoffe aus pflanzlichen in vitro Kulturen gibt es bisher nur Leitlinien bzw. Entwürfe zur Herstellung biopharmazeutischer Produkte in Pflanzen (European Medicines Agency 2018; Research Center for Drug Evaluation 2018). In beiden Dokumenten liegt der Fokus auf intakten Pflanzen als Produktionsorganismen. Die Übertragbarkeit und Gültigkeit für pflanzliche Zellkulturen ist ungewiss, da diese dort nicht explizit erwähnt werden. Daneben sind die GMP-Richtlinien für die Produktion pharmazeutischer Produkte nicht speziell auf Pflanzen ausgerichtet aber auch für Pflanzenzellkulturen von Bedeutung. Eine der Hauptanforderungen besteht darin, dass der genetische Hintergrund des Produktionsorganismus und seine genetische Stabilität ausreichend dokumentiert sind. Die Einlagerung von Stammkulturen ist eine Voraussetzung für die Sicherung von gut charakterisiertem Startmaterial. Für die Kryokonservierung pflanzlicher Zellkulturen muss eine Routinemethode entwickelt und validiert werden (Hellwig et al. 2004). Für die Prozessentwicklung besteht vor allem anfänglich eine große Herausforderung in der hohen Variabilität der Zellkultur. Wichtig ist die Festlegung eines geeigneten Zeitpunktes für die Ernte der Zellkultur, da sich der Zustand der Zellen sowie die biochemische Zusammensetzung im Verlauf der Kultivierung ändern. Für die Klärung der Kulturbrühe werden in größeren Maßstäben häufig die Dead-end oder Cross-flow-Filtration bzw. Kombinationen aus beiden angewendet (Hellwig et al. 2004). Die Funktion der Membran kann bei der Cross-flow-Filtration durch z. B. von den Pflanzenzellen produzierte Exopolysaccharide gestört werden, welche sich meist in Form einer Gelschicht auf der Membran ablagern (Hellwig et al. 2004). Für die hormonbasierte Salbeizellkultur im Fokus dieser Arbeit wurde keine verstärkte Produktion von Exopolysacchariden beobachtet. Die Gewinnung intrazellulärer Produkte ist den Verfahren, welche für ganze Pflanzen ausgelegt sind, ähnlich. In beiden Fällen erfolgt nach der Ernte zunächst ein Zellaufschluss um die Wirkstoffe freizusetzen. Hierbei ist das Spektrum für die Pflanzenzellkulturen geeigneter Methoden im Vergleich zu Techniken bei Pflanzenmaterial jedoch breiter. Dies ist damit begründet, dass bei Pflanzenzellkulturen keine Differenzierung des Gewebes in z. B. Blätter, Samen, Früchte vorliegt. Für die Prozessierung von Pflanzenzellkulturen wurden daher bisher die Nassvermahlung, Ultraschall, Hochdruckhomogenisation und enzymatische Behandlung angewendet. Die Wahl der Methode hängt insbesondere von dem zur Verfügung stehenden Equipment ab. Chemische Methoden sind weniger geeignet, da die Zugabe von Chemikalien deren anschließende Entfernung erfordert. Die Nassvermahlung und Ultraschallbehandlung weisen

Schwierigkeiten bei der Maßstabsvergrößerung auf. Nach dem Zellaufschluss muss der Extrakt geklärt werden. Hierbei können o. g. Verfahren angewandt werden, wobei die Zellbruchstücke durch ihre geringere Größe im Vergleich zu ganzen Zellen schwerer zu entfernen sind. Im Falle intrazellulärer Produkte ist die Wirkstoffkonzentration im Rohextrakt höher als bei sekretierten Substanzen. Für die Wirkstoffisolierung in einem industriellen Prozess sind zumeist robuste und wenig kostenintensive Chromatographie-Schritte von Vorteil. Dabei wird der damit einhergehende Verlust an Selektivität und Auflösung im Rahmen der regulatorischen Anforderungen akzeptiert (Hellwig et al. 2004). Über den Prozess der Bioaufarbeitung und Wirkstoffisolierung hinweg ist der Erhalt der Stabilität und Wirksamkeit der Produkte von enormer Bedeutung.

Basierend auf den im analytischen Maßstab gewonnenen Erkenntnissen und Erfahrungen zur Trennung der Triterpensäuren, wurde eine Maßstabsvergrößerung des Extraktionsprozesses zur Gewinnung der Zielprodukte aus den pflanzlichen Zellkulturen und die Aufbereitung der Triterpensäuren in Form von Wirkstoffextrakten angestrebt. Die Gewinnung von Triterpensäuren aus Pflanzenteilen im Produktionsmaßstab wurde bereits in der Literatur beschrieben, für pflanzliche Zellkulturen als Extraktionsgut liegen jedoch derzeit keine Erfahrungen vor. Generell sind bisher nur wenige Verfahren zur Gewinnung sekundärer Pflanzenstoffe aus pflanzlichen Zellkulturen im industriellen Maßstab bekannt. Für die Extraktbereitung wurde ein möglichst leicht skalierbares und nachhaltiges Verfahren in Anlehnung an die Prinzipien der „Grünen Extraktion" (Chemat et al. 2012) entwickelt, wobei toxische Substanzen umgangen werden. Mit Bezug auf die gewünschte Formulierung wurde die Gewinnung eines Rohextraktes angestrebt, welcher anschließend bei entsprechenden Reinheitsanforderungen an das Produkt mit Hilfe der präparativen HPLC zur Isolierung des reinen Wirkstoffes aufgetrennt werden kann.

Bei den Salbeisuspensionskulturen traten im Verlauf der Untersuchungen von Haas (2014) Instabilitäten mit Bezug auf das Wachstum, das Aggregationsverhalten und die Triterpenbildung auf. Neben den chemischen Fragestellungen bestand ein weiterer Ansatzpunkt dieser Arbeit folglich darin, Maßnahmen zur Stabilisierung des biotechnologischen Verfahrens zu untersuchen. Diese Maßnahmen fokussieren darauf, dass das biosynthetische Potenzial der Zellen erhalten bleibt, um somit eventuelle Störungen der Produktionsleistung der betrachteten Zellkulturen zu umgehen. Dies kann zum einen durch eine geeignete Methode zur Konservierung der Zellkultur über längere Zeiträume realisiert werden. Dabei sollten Veränderungen im biosynthetischen Potenzial über die Behandlungsschritte hinweg ausgeschlossen werden können. Für die Kryokonservierung pflanzlicher Zellen sind in der Literatur Vorgehensweisen für diverse Pflanzenarten beschrieben. Das Verfahren erfordert jedoch für die jeweilige Pflanzenspezies sowie auch den Kulturtyp spezifische Parameter. Zu den in dieser Arbeit untersuchten Pflanzen sind in der Literatur bisher keine geeigneten Protokolle beschrieben. Daher wurde in dieser Arbeit eine Methode zur Konservierung von Salbeisuspensionskulturen durch Tieftemperaturlagerung entwickelt. Eine weitere Möglichkeit zur Stabilisierung der Zellkultur besteht darin, physiologisch stabile Kulturen zu etablieren, die sich durch einen gleichbleibenden Phänotyp in Verbindung mit konstanter Stoffwechselaktivität bezüglich der Produktion der angestrebten Triterpene auszeichnen. Dafür wurden in dieser Arbeit mit Hilfe von Wild-Typ Agrobakterien genetisch stabile, hormonautotrophe Zellkulturen erzeugt, welche die angestrebten Triterpensäuren produzieren.

Um darüber hinausgehend eine Wirtschaftlichkeit des Produktionsverfahrens zu gewährleisten, müssen Maßnahmen zur Steigerung der Triterpensäureproduktivität der Zellkulturen getroffen werden. Bei pflanzlichen Zellkulturen mit dem Ziel der Produktion sekundärer Pflanzenstoffe eignen sich Ansätze zur Elizitierung sowie auch fed-batch Prozesse. Die Elizitierung löst in der Zellkultur eine Stressreaktion aus, wodurch u. a. die Produktion von Stress-abwehrenden Metaboliten, zu denen die Triterpensäuren gehören, in der Pflanzenzelle angeregt wird. Mit dem Ziel die Produktivität des biotechnologischen Verfahrens mit einer Salbeizellkultur zu erhöhen, wurde in dieser Arbeit der Effekt der Elizitierung mit bekannten Elizitoren sowie mit Pilzmediumfiltraten endophytischer Pilze untersucht. Ansätze zur Elizitierung der Triterpenproduktion in pflanzlichen in vitro Kulturen wurden bereits in der Fachliteratur für verschiedene Pflanzenspezies und verschiedene Arten von in vitro Kulturen beschrieben. Die für die Elizitierung relevanten Parameter müssen jedoch auf die jeweilige Pflanzenart und Zelllinie angepasst werden. In Bezug auf einen Fed-batch Prozess lieferten die Ergebnisse von Voruntersuchungen zur Zufütterung der Kohlenstoffquelle Saccharose von Haas (2014) eine Grundlage für eine Optimierung des Zellwachstums sowie der Produktion von Triterpensäuren in dieser Arbeit. Bei Suspensionen von *Taxus chinensis* verbesserte die gezielte Zufütterung von Saccharose effektiv das Wachstum und die Taxanproduktion und -produktivität (Wang et al. 1999). Anschließend wurden in dieser Arbeit die zwei Strategien zur Erhöhung der Triterpenproduktion in der Salbeizellkultur mittels Elizitierung und Saccharose Fed-Batch kombiniert.

Die Beantwortung der o. g. Fragestellungen soll die wirtschaftliche Relevanz des biotechnologischen Verfahrens zur Gewinnung von OS und US mit Salbeisuspensionskulturen für die industrielle Umsetzbarkeit verbessern und überhaupt ermöglichen.

2. Stand der Wissenschaft

2.1. Pflanzliche in vitro Kulturen als Quelle sekundärer Pflanzenstoffe

Pflanzliche in vitro Kulturen unterscheiden sich in dem Grad und der Art ihrer Differenzierung. Der Begriff Kallus bezeichnet alle Zell- und Gewebeformen, die nach Verwundung aus bereits differenzierten Geweben und Organen gebildet werden und ein „tumorartiges" Gewebe aufweisen (Heß 1992). Die Induktion von Kallus erfolgt an verwundeten Explantaten von Pflanzenmaterial, welche auf agarhaltigem Medium mit definierter Nährstoff-Zusammensetzung und häufig speziell kombinierten Wachstumsregulatoren der Gruppen der Zytokinine und Auxine sowie geeigneten organischen Zusätzen kultiviert werden. Als Ausgangsmaterial eignen sich besonders Pflanzen bzw. Pflanzenteile, die von Natur aus eine hohe Produktivität des angestrebten sekundären Pflanzenstoffes aufweisen. Durch Wachstumsregulatoren wird der undifferenzierte physiologische Zellzustand pflanzlicher Zellkulturen induziert und erhalten. Diese Wachstumsregulatoren, wie z. B. das synthetische Auxin 2,4-Dichlorphenoxyessigsäure (2,4-D) sowie die natürlichen Auxine Indol-3-essigsäure (IAA) und 1-Naphthylessigsäure (NAA), werden weit verbreitet dem Nährmedium extern zugeführt. Für 2,4-D wurden mutagene Eigenschaften nachgewiesen. Bei einer Karottenzellkultur zeigte sich eine steigende Häufigkeit von Methylierungen an der DNA in einem in der Pflanzenzellkultur gängigen Konzentrationsbereich von 0,5 bis 2 mg l^{-1}. Durch diese Methylierungen können Punktmutationen hervorgerufen werden (Phillips et al. 1994; Kumar & Mathur 2004). Weiterhin ist bekannt, dass Kallus und Suspensionskulturen, welche auf exogen zugeführten Wachstumsregulatoren basieren, eine genetische und karyologische Instabilität aufweisen (Towers & Ellis 1993). Bei langen Subkultivierungs-Zyklen werden die Zellen für einen längeren Zeitraum in der stationären Phase gehalten. Dies kann, insbesondere bei der Verwendung von 2,4-D (Mishiba et al. 2001), eine Erhöhung des Ploidiegrades vereinzelter Zellen verursachen, wodurch mixoploide Populationen enstehen (Towers & Ellis 1993). Dieser Vorgang wird als Endoreduplikation bezeichnet (Towers & Ellis 1993). Es gibt jedoch auch Beispiele für die bei der Kalluskultur mit 2,4-D auch in hohen Konzentrationen keine Änderungen bezüglich der Ploidie beobachtet wurden, wie für Zellen einer *Panax notoginseng* Kultur (Nosov et al. 2014). Die Änderung des Ploidiegrades der Zellen kann wiederum eine Änderung der Morphologie, des Wachstums sowie auch eine veränderte Metabolitsynthese bewirken (Towers & Ellis 1993; Cohen et al. 2013). Ein weiteres Einsatzgebiet von 2,4-D besteht in der Anwendung als Herbizid in der Landwirtschaft. Der Komplex pflanzlicher Zellkulturen unterliegt somit insbesondere bei älteren Kulturen und externer Zugabe von Wachstumsregulatoren einer starken Heterogenität bezogen auf den Phäno- und Genotyp. Eine weitere Möglichkeit pflanzliche Zellkulturen zu induzieren, besteht in der Transformation mittels *Agrobacterium tumefaciens*. Dieser Prozess wird im Abschnitt 2.2 näher ausgeführt.

Neben Kalluskulturen können durch eine geeignete Hormonkonzentration auch Gewebekulturen, sogenannte Spross- und Wurzelkulturen, erzeugt werden. Kallusgewebe entsteht bei alleiniger Zugabe von Auxinen sowie einem ausgeglichenen Verhältnis von Auxinen und Zytokininen. Bei einer höheren Konzentration an Zytokininen als an

S. Kümmritz, Produktion von Oleanol- und Ursolsäure mit pflanzlichen in vitro Kulturen,
Fortschritte Naturstofftechnik, https://doi.org/10.1007/978-3-662-62464-7_2

Auxinen erfolgt die Bildung von Adventivsprossen. Wenn die Konzentration an Auxinen die Konzentration der Zytokinine übersteigt, kommt es zur Ausbildung von Adventivwurzeln (Heß 1992).

Durch die Überführung der Kalluszellen in Flüssigmedium entsteht eine Suspensionskultur. Für stabile Zellkulturen und reproduzierbare Ergebnisse in experimentellen Untersuchungen sollten die Suspensionskulturen homogen sein (Heß 1992; Mustafa et al. 2011). Eine Suspensionskultur von Pflanzenzellen im Bioreaktor soll als alternatives System zur kontinuierlichen Produktion bestimmter sekundärer Pflanzenstoffe in hoher Quantität dienen. Die Pflanzenzellkultur stellt im Vergleich zu gut bioverfahrenstechnisch charakterisierten Systemen von Bakterienkulturen abweichende Anforderungen an den Bioprozess, siehe Tabelle 1. Da Pflanzenzellen wesentlich größer als Bakterienzellen sind (siehe auch Abbildung 2), wird ihre spezifische Oberfläche stark reduziert. Die zusätzlich verstärkte Bildung von Zellaggregaten schränkt den Stoffaustausch zwischen Zellen und Kulturmedium stark ein, was zu einem langsameren Teilungswachstum führt. Daher erfordern Pflanzenzellen im Vergleich zu Bakterien eine verlängerte Kulturdauer und somit auch höhere Produktionskosten. Die Kultivierung kann z. B. diskontinuierlich (batch- oder fed-batch Verfahren) oder kontinuierlich erfolgen. Die batch-Kultur wird am häufigsten umgesetzt (Heß 1992).

Eine biotechnologische Alternative zur Produktion sekundärer Pflanzenstoffe mit Pflanzenzellen besteht darin, das für die Biosynthese dieser Stoffe verantwortliche genetische Material in bioverfahrenstechnisch gut erforschte und beherrschte Mikroorganismen zu klonieren. Hierfür eignen sich z. B. *Escherichia coli* oder *Saccharomyces cerevisae*. Die Stoffwechselwege von Terpenoiden sind sehr komplex und zum Teil noch nicht definiert. Zudem müssen auch die an den zahlreichen Reaktionsschritten beteiligten Enzyme berücksichtigt werden. Die Schritte bei der Synthese des Kohlenstoffgerüstes höherer Terpene durch die Cytochrome P450 sind besonders anspruchsvoll und eine Terpenoidsynthese durch Mikroorganismen somit nur schwer realisierbar (Roberts 2007).

Neben der Produktion von Sekundärmetaboliten mit zellulären Systemen, könnte die Produktsynthese auch durch schrittweise Umsetzung verschiedener enzymatischer Reaktionen erfolgen. Für die komplexen Vorgänge der Biosynthese dieser Sekundärmetabolite ist jedoch zumeist ein Zusammenspiel einer Vielzahl verschiedener Enzyme notwendig. Dabei ist es schwierig den unterschiedlichen Anforderungen der Enzyme in einer geeigneten Matrix gerecht zu werden. In diesem Fall ist es einfacher, dafür auf das bestehende System Pflanzenzelle zurückzugreifen (Heß 1992). Zudem ist für Terpene die Abfolge der Biosyntheseschritte noch nicht vollständig geklärt (Roberts 2007).

Tabelle 1 Vergleich zwischen Bakterien und Pflanzenzelle in Suspensionskultur für Bioprozesse (Heß 1992; Roberts 2007; Yoshida 2017)

Merkmal	Bakterienzelle	Pflanzenzelle
Inokulationstiter	niedrig	hoch, 5-10 %
Größe	klein	groß
Durchmesser [µm]	1-10	40-200
Oberfläche [µm^2]	7-70	4500
Volumen [µm^3]	1-40	900 000
Wachstum	schnell	langsam
Zellverdoppelung [h]	0,33	20-200
Spezifische Wachstumsrate [h^{-1}]	2,10	0,01-0,046
Dauer einer batch-Fermentation	Tage	Wochen
Art des Wachstums	Einzelzellen	meist Aggregate von 5-1000 Zellen, aber auch Einzelzellen und noch größere Komplexe
Scherempfindlichkeit	niedrig	höher
Ansprüche an Belüftung	meist hoch	geringer
Sauerstoffaufnahmerate [mmol (l·h)$^{-1}$]	10-90	5-10
erforderlicher volumetrischer Stoffübergangskoeffizient (k$_L$a)	10-1000	10-50
Variabilität	stabil	groß[1]
Produktakkumulation	oft extrazellulär	meist zellassoziiert z. B. intrazellulär in der Vakuole
Produktionsphase	meist wachstums-entkoppelt	meist wachstums-assoziiert
Produkterträge	hoch	niedrig
posttranslationale Modifikation	einfach	komplex
Kompartimentierung	keine	hoch kompartimentiert
Kryokonservierung	gut etabliert	unausgereift
Wassergehalt [%]	75	>90

[1] insbesondere bei Zellkulturen mit Hormonzugabe

Einige pflanzliche Sekundärmetabolite können auch chemisch synthetisiert werden. Chemische Syntheseverfahren werden häufig durch eine enorme Molekülgröße sowie komplexe Strukturen wie z. B. vorhandene multiple chirale Zentren erschwert. Chemische Verfahren erfordern zumeist den Einsatz harscher Lösungsmittel und weisen geringe Produkterträge aus, wodurch die Umweltfreundlichkeit und ökonomische Umsetzbarkeit eingeschränkt werden (Kolewe et al. 2008; Wilson & Roberts 2012). Daneben sind pflanzliche Zellkulturen auch dazu befähigt neuartige Wirkstoffe zu produzieren, welche in der Ursprungspflanze nicht vorkommen (Yue et al. 2016).

Ein weiterer Vorteil pflanzlicher Zellkulturen besteht darin, dass sie intrinsisch sicher sind, d. h. dass sie weder humane Pathogene enthalten, noch Endotoxine produzieren (Hellwig et al. 2004). Durch genetische Modifikation induzierte in vitro Zellkulturen stellen zudem kein Risiko für die Umwelt dar, da das veränderte Material bei der Kultur in geschlossenen Systemen nicht in die Umwelt gelangt. Pflanzenzellen als Produktionssysteme umgehen die Risiken einer Kontamination mit Mykotoxinen oder Pflanzenschutzmitteln. Daneben zeichnen sie sich im Vergleich zu ganzen Pflanzen durch einen geringeren Gehalt an Nebenprodukten aus, wie z.B. Fasern, Öle, Wachse. Dies vereinfacht den Prozess zur Produktgewinnung und -isolierung. Ein weiterer Vorteil besteht darin, dass die GMP-konformität der Herstellung biologischer Wirkstoffe mit Pflanzenzellen über alle Prozesschritte implementiert werden kann (Hellwig et al. 2004).

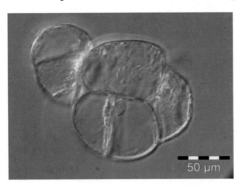

Abbildung 2 *Salvia officinalis* **Zellen in Suspension (Tag 8 der Kultivierung) aus Song (2012)**

2.2. Hormonautotrophe Pflanzenzellkulturen für die Produktion pflanzlicher Wirkstoffe

Pflanzliche Zellkulturen besitzen gegenüber differenzierten pflanzlichen in vitro Systemen verschiedene Vorteile. Beispielsweise zeichnen sich Zellkulturen im Vergleich zu differenzierten Gewebekulturen wie Spross- oder Hairy Root Kulturen durch eine homogenere Morphologie aus. In der Suspensionskultur gewährleistet eine gute Durchmischung eine weitestgehend einheitliche Verteilung der Nährstoffe, was sich positiv auf das Wachstum auswirkt (Mustafa et al. 2011). In Abhängigkeit von dem Aggregationsverhalten der Zellen ist in der Zellsuspensionskultur eine repräsentative Probenahme zur Analyse des Wachstums sowie der Produktion der Zellen möglich. Bei differenzierten

Kulturen ist die Charakterisierung erschwert, da beispielsweise das Biomassewachstum nur indirekt verfolgt werden kann. Die heterogene Struktur von Gewebekulturen führt häufig zu größeren Schwankungen bei den Kenngrößen. Dies erfordert eine höhere Anzahl von Analysenproben und stellt somit auch einen größeren Aufwand für die Untersuchungen dar. Für die Entwicklung von Produktionsprozessen ist die Zellkultur von Vorteil, da im Labor gewonnene Erkenntnisse und optimierte Prozesse leichter in einen größeren Maßstab überführt werden können.

Wachstumsregulatoren induzieren und erhalten den undifferenzierten physiologischen Zellzustand pflanzlicher Zellkulturen. Wie im Abschnitt 2.1 beschrieben, beherbergen insbesondere synthetisch hergestellte Wachstumsregulatoren wie das Auxin 2,4-D das Risiko einer Heterogenität innerhalb der Zellkultur in Bezug auf den Geno- und Phänotyp sowie charakteristischen Eigenschaften der Kultur. Im Juni 2015 stufte die Internationale Agentur für Krebsforschung, eine spezialisierte Behörde der WHO, 2,4-D als „möglicherweise karzinogen (Gruppe 2B)" ein. In einer Pressemitteilung wird dies damit begründet, dass für 2,4-D eine Induktion von oxidativem Stress nachgewiesen wurde. Dieser Prozess ist auch für den Menschen relevant. Daneben wurde bei in vivo- und in vitro-Studien eine immunosupressive Wirkung beobachtet. Ein Zusammenhang zwischen der Exposition mit 2,4-D und einem Non-Hodgkin Lymphom, einer Gruppe maligner Lymphome, sowie anderer Krebsarten wurde nicht nachgewiesen (IARC 2015). Eine Exposition mit 2,4-D sowie ein Eintrag von 2,4-D in die Umwelt sollten daher bei der Anwendung in der Pflanzenzellkultur vermieden werden. Die duldbare tägliche Aufnahmemenge (ADI-Wert) liegt für 2,4-D bei 0,05 mg, der akzeptable Wert für die Anwenderexposition (AOEL-Wert) bei 0,15 mg pro kg Körpergewicht und Tag (EU Pesticides database - European Commission o. J.). Bei einer Person mit einem Körpergewicht von 60 kg wäre dieser bei einer Exposition mit 45 l Medium, welches 0,2 mg l^{-1} 2,4-D enthält, bereits erreicht. Auch wenn die Kultivierung pflanzlicher Zellkulturen in geschlossenen Systemen erfolgt, stellen eine Exposition bei der Prozessführung sowie ein Eintrag in die Umwelt über z. B. Prozessabwässer ein erhöhtes Sicherheitsrisiko dar. Zudem ist bei der Prozessentwicklung zu berücksichtigen, inwiefern 2,4-D in dem Endprodukt des Gewinnungsprozesses wie z. B. der Zellbiomasse oder dem daraus gewonnenen Extrakt enthalten ist. Dieser Aspekt steht derzeit bei der Auslegung und Entwicklung pflanzenbiotechnologischer Prozesse zumeist nicht im Fokus. Es ist jedoch denkbar, dass die neue Rechtslage einen zusätzlichen Aufwand bei der Zulassung eines derartigen Produktionsverfahrens erfordert. Daraus ergeben sich Bestrebungen nach alternativen Methoden zur Induktion von pflanzlichen Zellkulturen.

Eine Möglichkeit, eine exogene Hormonzugabe zu umgehen und dennoch den dedifferenzierten Zellzustand zu erhalten, beruht auf der Verwendung hormonautotropher Pflanzenzellkulturen. Mit einem phytopathogenen Bakterium *Agrobacterium tumefaciens* ist es möglich, Pflanzenzellen zu transformieren, welche hinsichtlich des Bedarfes an Wachstumsregulatoren autonom sind. Die infizierten Pflanzenzellen synthetisieren selbst Auxine wie z. B. IAA oder Cytokinine z. B. Isopentenyladenin. *A. tumefaciens* ist ein ubiquitäres Bodenbakterium und somit läuft der Vorgang der Transformation auch unter natürlichen Bedingungen im Freiland ab. Dabei entsteht in der Übergangszone zwischen Spross und Wurzel eine Gewebewucherung, welche auf Grund ihrer Form als Wurzelhalsgalle bezeichnet (engl. crown galls) wird. Die Infektion tritt dabei häufig in der regenreichen Jahreszeit bzw. bei hoher Luftfeuchtigkeit an z. B. frisch geschnittenen Bäumen auf (Salama et al. 2014). Sofern keine zusätzlichen heterologen Gene eingebracht wurden, handelt es sich daher nicht um genetisch veränderte Organismen nach dem Gentechnikgesetz (GenTG). Im Vergleich zu Zellkulturen mit externer Hormonzugabe zum Nährmedium ist diese Art der pflanzlichen in vitro Kultur durch verschiedene Vorteile gekennzeichnet. Der transferierte Genabschnitt wird stabil in die Tumorzellen integriert (Thomashow et al. 1980). Die Tumore können daher theoretisch zeitlich unbegrenzt ohne externe Zugabe von Wachstumsregulatoren in Form eines Kallus in der Zellkultur vermehrt werden (Bresinsky et al. 2008; Brennicke & Schopfer 2010; Heldt et al. 2015; Kado 2014). In diesem transgenen Gewebe können sekundäre Pflanzenstoffe synthetisiert werden, welche bei normalem Kallus nicht vorkommen (Towers & Ellis 1993). In einer mit *A. tumefaciens* transformierten Zelllinie von *Cosmos sulphureus* CAV. wurde die Produktion von antibakteriellen Farbstoffen Thiarubinen beobachtet, welche in der klassischen hormonbasierten Kalluskultur ausblieb (Towers & Ellis 1993). Daneben werden für transformierte Kalluskulturen ein stabiles Wachstum über Jahre hinweg (Bauer et al. 2004) schnellere Wachstumsraten sowie verbesserte biosynthetische Aktivitäten im Vergleich zu normalen Zellkulturen beschrieben. Neben dem verbesserten Wachstum zeigte eine transformierte Zellkultur von *Taxus* sp. auch eine stabile Produktion (Ketchum et al. 2007). Weiterhin liegt der aktuelle Marktpreis für 2,4-D mit Anwendung in der Pflanzenzellkultur bei 444 € je kg (2,4-Dichlorophenoxyacetic acid D7299 2019). Damit trägt der Verzicht auf diese Komponente bei der Herstellung von Kulturmedium zu einer Kostenersparnis bei. Bei der Transformation kann die Integration der bakteriellen T-DNA in das pflanzliche Genom an verschiedenen Stellen und auch mehrfach erfolgen (Berry et al. 1996; Brennicke & Schopfer 2010). Jede durch Transformation erzeugte Zelllinie besitzt folglich ein spezifisches Genmaterial. Die damit einhergehende genetische Variation kann sowohl morphologische als auch metabolische Diversität zwischen transformierten Zellen der gleichen Wirtspflanze hervorrufen.

Das phytochemische Ergebnis der Transformation kann nicht vorhergesagt werden. In einigen Fällen wurden in der Kalluskultur pflanzliche Metabolite synthetisiert, welche in der Suspension nicht nachweisbar waren. In anderen Fällen wurde die Metabolitsynthese im Vergleich zur Ursprungspflanze deutlich gesteigert, in weiteren wurde sie verringert. Die Auswahl des Inokulums, des Kulturmediums und anderer Kulturbedingungen stellen wichtige Einflussgrößen auf die Metabolitsynthese (transformierter) pflanzlicher Zellkulturen dar (Towers and Ellis 1993).

Bereits seit über 100 Jahren werden die Ursache und die ablaufenden Prozesse bei der Wurzelhalsgallenkrankheit erforscht (Hwang et al. 2015). Im Jahre 1907 beschrieben Erwin Smitz und Charles Townsend eine Pflanzenkrankheit, bei der an den Wurzelhälsen verschiedener Pflanzen gallenartige Wucherungen auftraten (Kahl & Zimmermann 1980). Ein mit Keimzahlen von bis zu 500 Bakterien pro Gramm Boden (BVL 2005) auftretendes, phytopathogenes, gram-negatives Bodenbakterium stellte sich als Verursacher dieser autonomen Wucherungen an verwundeten Pflanzen heraus. Diese Wucherungen werden in Abhängigkeit des Verhältnisses an Auxinen zu Cytokininen bzw. des daraus resultierenden Grades an Differenzierung der Zellen als Tumore oder Teratome bezeichnet (Ohmstede 1995; Gohlke & Deeken 2014). Die tumorartige Morphologie dieser Wucherungen brachte diesem Vertreter der Agrobakterien seinen Namen. *A. tumefaciens* (neu: *Rhizobium radiobacter*) besitzt ein überaus breites Wirtsspektrum. Bisher wurde für 640 Pflanzenarten aus 93 Pflanzenfamilien, zu denen sowohl Mono- als auch Dikotylen gehören, eine Anfälligkeit gegenüber *A. tumefaciens* nachgewiesen (BVL 2005). Davon werden mindestens 41 Pflanzenfamilien auf natürliche Weise infiziert, wobei krautige Pflanzen für eine Infektion besonders empfänglich sind. *A. tumefaciens* wurde bereits extensiv als Vektor für das Einbringen von Fremd-DNA in andere Pflanzenspezies verwendet (Towers & Ellis 1993). In der Grundlagenforschung wird *Arabidopsis thaliana* als Modellpflanze für die Aufklärung der Vorgänge bei der Tumorbildung herangezogen (Kado 2014).

Im *genetic engineering* sowie in der Pflanzenforschung findet der Vertreter *A. tumefaciens* Wildtypstamm C58 (ATCC 33970) breiten Einsatz. 2001 wurde die Genomsequenz dieses Stammes erstmalig vollständig entschlüsselt. Das Genom umfasst 5,67 Mb mit einem zirkulären und einem linearen Chromosom sowie 2 Megaplasmiden (Ti-Plasmid pTiC58 und ein zweites pAtC58). Das Ti-Plasmid mit einer Größe von ca. 200 Kb ist für die Induktion des Tumorgewebes verantwortlich (Ti = engl. tumor inducing) und enthält einen Abschnitt, der bei der Infektion in das Pflanzengenom integriert wird (siehe Abbildung 3). Dieser Abschnitt wird als T-DNA (T = Transfer) bezeichnet und variiert in der Länge bei verschiedenen Tumorlinien (Hwang et al. 2015; Kado 2014). Der Integrationsprozess ist in Abbildung 4 dargestellt und wird im Folgenden erläutert. Die Infektion umfasst den Transfer der T-DNA sowie virulenter Proteine in die Pflanzenzelle (Gohlke & Deeken 2014). Die *vir*-Region wirkt zusammen mit einer der T-DNA identischen Region, der sogenannten A-Region, am Transfer und der Tumorauslösung mit. Das Genexpressionsverhalten der Wirtspflanze ist abhängig von dem Agrobakterien-Stamm, der Pflanzenspezies und dem infizierten Zelltyp (Gohlke & Deeken 2014).

2.2.1. Ablauf der Infektion und Tumorbildung mittels *A. tumefaciens*

2.2.1.1.   Anheftung von Agrobakterien an Pflanzenzellen

In der Natur infizieren Agrobakterien Pflanzen über Wundstellen, die sich insbesondere an der Übergangszone zwischen der Wurzel und dem Spross beispielsweise durch Scheuern am Erdboden bilden. Die Bindung der Bakterien an das Pflanzengewebe erfolgt in zwei Schritten: einer zunächst reversiblen Verbindung mit anschließender Vernetzung über Zellulosefibrillen. Die erste lockerere und reversible Bindung entsteht über bakterielle Polysaccharide, die an die Polysaccharide an der Oberfläche pflanzlicher Zellen knüpfen. Die Agrobakterien synthetisieren hierfür saure, kapsuläre und zellassoziierte Polysaccharide mit Acetylfunktion. Die Synthese dieser Polysaccharide wird durch die *att*R-Gene codiert. Mutationen an den *att*R-Genen heben die Virulenz der Bakterien auf. Chromosomale Gene sind für die Vorgänge an den Zellmembranen verantwortlich (Towers & Ellis 1993). Die chromosomalen Virulenzgene *chv*A, *chv*B und *exo*C verschlüsseln die Synthese, deren Verarbeitung sowie den Export von zyklischen β-1,2-Glykanen und anderen Zuckern, welche für die Anbindung der Bakterien an die Pflanzenzelle relevant sind. Mutationen an den *chv*A und *chv*B Genen rufen enorme Defizite bei der Anheftung der Bakterien hervor. Diese Bakterien sind folglich entweder avirulent oder in ihrer Virulenz stark eingeschränkt. Mutanten mit veränderten *chv*B Genen können ihre Virulenz bei einer Kultivierung bei 19 °C wieder erlangen. Anderen Mutanten der Agrobakterien, welche als *att*-Mutanten bezeichnet werden, fehlt die Möglichkeit der bakteriellen Anhaftung. Sie sind folglich avirulent und können ihre T-DNA nur über Mikroinjektionen in das Cytoplasma der Pflanzenzelle einschleusen. Dabei werden der Export der T-DNA und vermutlich auch die Funktion des VirE2 Proteins unnötig. Die Infektion von Pflanzenzellen kann bei Abwesenheit von Wundstellen auch über Stomata erfolgen (Gelvin 2000; Buonaurio 2008).

Im Anschluss an die lose Verbindung werden von den Bakterien Zellulosefibrillen ausgebildet, die eine Vielzahl an Bakterien an der Oberfläche der Wundstelle vernetzen. Die Zellulosesynthese der Bakterien ist nicht essentiell für die Ausbildung des Tumors unter Laborbedingungen. Sie unterstützt jedoch den Vorgang in Natura. Mutanten mit einer veränderten Zellulosesynthese werden im Vergleich zu Wildtyp-Bakterien leichter von der Pflanzenoberfläche abgewaschen (Gelvin 2000).

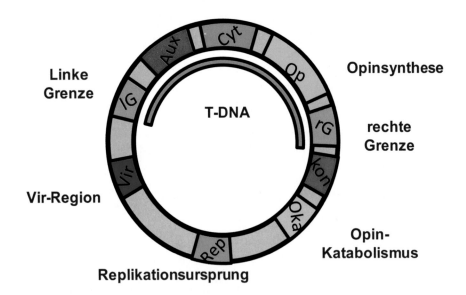

Abbildung 3 Aufbau des Ti-Plasmid von *Agrobacterium tumefaciens*:
lG – linke Grenze, Abschnitte der T-DNA (Aux –Auxine, Cyt – Cytokinine, Op –
Opine), rG – rechte Grenze, kon – konjugativer Gentransfer, Oka – Opin-
Katabolismus, Rep – Replikationsursprung, Vir – Virulenz-Region (virA bis F)

2.2.1.2. Induktion der Virulenz-Gene

Die Virulenz der Agrobakteriums beruht neben dem Vorhandensein chromosomaler Virulenz-Genen (*chv* Gene) vor allem auf sogenannten *vir* Genen, die auf dem Ti-Plasmid in einer 30-40 kb *vir*-Region verschlüsselt sind. Beide Virulenzgene werden durch verschiedene Signale und umweltspezifische Faktoren in der Rhizosphäre aktiviert Die *chv* Gene sind verantwortlich für die Chemotaxis der Bakterien zu pflanzlichen Wundstellen hin und die Anheftung der Bakterien daran. Die *vir*-Region enthält sechs Operons (*vir*A, *vir*B, *vir*G, *vir*C, *vir*D und *vir*E) (Abbildung 3), welche direkt an der Übertragung der T-DNA beteiligt sind. Die daran anschließenden *vir*F und *vir*H Gene codieren Proteine, welche die Erkennung des ss-T-DNA Komplexes im Zellkern unterstützen (*vir*F) oder die Effizienz der Übertragung steigern (*vir*H). Letzteres beruht darauf, dass von der Pflanzenzelle produzierte antibakterielle Substanzen entgiftet werden. Daher wird den VirH-Proteinen auch eine Bedeutung für die bakterielle Anheftung und die Wirtsspezifität nachgesagt (Buonaurio 2008; Ashraf et al. 2012; Hwang et al. 2015; Kado 2014).

Das chromosomal verschlüsselte chvE-Protein ist auf die Bindung von Zuckern im periplasmatischen Raum spezialisiert. Die gebundenen Monosaccharide interagieren direkt mit der periplasmatischen Domäne von VirA (Buonaurio 2008). Das membrangebundene VirA-Protein fungiert als Sensor des Bakteriums für die Signale der Pflanzen wie beispielsweise Phenole, neutrale oder saure Zucker, einen niedrigen pH-Wert im Bereich von 5,2 bis 6 sowie einen niedrigen Phosphatgehalt in der Umgebung (Pitzschke & Hirt 2010). Durch die Bindung von phenolischen Substanzen, wie z. B. Acetosyringon wird das VirA-Protein autophosphoryliert (Abbildung 4). Neben Acetosyringon werden auch andere Stimulatoren für die Induktion der *vir* Gene, wie beispielsweise Vanillin, Methylsinapat, Methylferulat, Methylsyringat, Syringaaldehyd und Coniferylalkohol beschrieben. Zur Transformation pflanzlicher Zellen mit *A. tumefaciens* wird unter Laborbedingungen am häufigsten Acetosyringon verwendet (Gelvin 2006). Als Antwort auf die Erkennung von Phenolen oder Zuckern aktiviert das VirA-Protein das cytoplasmatische VirG-Protein durch Transphosphorylierung, womit die Transkription der übrigen *vir*-Gene ausgelöst wird. Das Temperaturoptimum für diese Reaktion beträgt etwa 25 °C und liegt somit unterhalb der Kultivierungstemperatur der Agrobakterien (28 bis 30°C). Bei Temperaturen von über 32 °C wird virA deaktiviert und behindert somit eine Expression der anderen *vir*Gene (Gelvin 2000, 2006; Escobar & Dandekar 2003).

Die T-DNA weist am linken und am rechten Ende sich wiederholende Sequenzen von Basenpaaren auf (Abbildung 3). Die durch das VirG-Protein aktivierten sequenz- und DNA-Strang-spezifischen Endonukleasen VirD1 und VirD2 fügen an der linken und rechten Grenzsequenz der T-DNA einen DNA-Einzelstrangbruch ein (Abbildung 4). VirD1 bindet an die Ursprungsregion des einzelstrangigen-T-DNA-Moleküles (ss-T-Strang). Das VirD2-Protein wird nun an das 5′-Ende geknüpft und fungiert als Führungsprotein. Es geleitet die gekappte Einzelstrang-DNA als ss-T-Strang-VirD2 Komplex aus dem Bakterium in die Pflanzenzelle. VirE2 ist ein DNA-bindendes Protein und bindet die Einzelstrang-DNA-Sequenz kooperativ (Gelvin 2000; Buonaurio 2008; Ashraf et al. 2012).

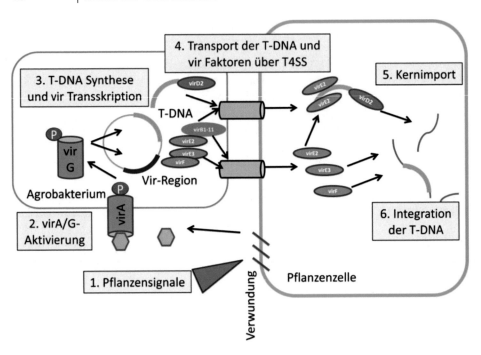

Abbildung 4 Schema zur Interaktion zwischen A. tumefaciens und Pflanzenzellen: 1. Induktion pflanzlicher Signale, 2. Aktivierung von Vir A/G und 3. Auslösung der Synthese der T-DNA sowie Expression der vir Gene in A. tumefaciens, 4. Transport der T-DNA über Sekretionssystem T4SS und Transfer der vir-Proteine in die Pflanzenzelle zur Bildung eines T-DNA/Vir Protein-Komplexes. 5. Import des T-DNA-Komplexes durch Kernporen in den Zellkern der Wirtszelle, wobei 6. die T-DNA durch illegitime Rekombination in die Chromosomen der Wirtszelle integriert wird, in Anlehnung an Pitzschke & Hirt (2010)

2.2.1.3.   Transfer des T-Stranges in die Pflanzenzelle

Die T-DNA wird nun als sogenannter „T-Komplex" mit einer Länge von ca 3,6 µm und einem Außendurchmesser von ca. 15,7 nm aus dem Agrobakterium über ein VirB/D4 Typ IV Sekretionssystem in die Pflanzenzelle übertragen (Abbildung 4). Dieses Sekretionssystem wird durch das virB Operon und die virD4 Gene codiert. Das Protein VirB2 unterstützt die Ausbildung eines Pilus, dessen Funktion noch nicht vollständig geklärt ist. Dieser Pilus ist entscheidend für die Transformation. Gelvin (2000) nimmt an, dass der Pilus und folglich auch das VirB2-Protein direkt mit der Pflanzenzelle interagieren. Die am T-Komplex befindlichen Proteine VirD2 und VirE2 enthalten pflanzenaktive Signalsequenzen, welche auf die Ortung des pflanzlichen Zellkerns ausgerichtet sind (engl. „nuclear localization signal" NLS). VirD2 enthält zwei NLS-Regionen. Die erste, eine einteilige Sequenz, befindet sich in der N-terminalen Region des Proteins. In Verbindung mit β-Galactosidase führt diese NLS das chimäre Protein zum Pflanzenzellkern. Die zweite Sequenz ist zweigeteilt und führt Fusionsproteine nicht nur zu Zellkernen von Pflanzen, sondern auch zu Zellkernen von Hefen und tierischen Zellen. Das

VirE2-Protein enthält zwei verschiedene zweiteilige NLS-Regionen, die gebundene Reporter-Proteine zum Pflanzenzellkern führen. VirE2 akkumuliert in den durch Aceto-syringon aktivierten Agrobakterien und fungiert hauptsächlich in der Pflanzenzelle. Ohne dieses VirE2-Protein verbleibt die nackte Einzelstrang-DNA im Cytoplasma. Es schützt den T-Strang bei der Passage durch den Kernporen Komplex vor einem nukleo-lytischen Abbau sowie einer fehlerhaften Erkennung des T-Stranges. Mutationen an *vir*E2 können eine sehr eingeschränkte Virulenz bewirken, sodass ungeschützte T-Stränge im pflanzlichen Cytoplasma, dem Zellkern oder beiden abgebaut werden (Gel-vin 2000; Buonaurio 2008; Ashraf et al. 2012). Nach Bindung des T-Komplexes über die NLS an pflanzliche Importine wird dieser in den Zellkern eingeschleust (Abbildung 4). Das VirF-Protein scheint zusammen mit dem Proteasom der Wirtszelle in den Abbau des T-Komplexes im Zellkern involviert zu sein und somit die chromosomale Integration der T-DNA zu unterstützen (Pitzschke & Hirt 2010). Lacroix & Citovsky (2009) fanden heraus, dass ein pflanzenspezifisches Protein namens VIP1 an das VirE2-Protein sowie die Histone des Pflanzenzellkerns bindet und somit den Eintritt des T-Komplexes in den Zellkern ermöglicht. Die Vorgänge, bei denen die T-DNA in das Kerngenom integriert wird, sind bisher nicht vollständig aufgeklärt (Gelvin 2000; Bresinsky et al. 2008; Pitz-schke & Hirt 2010).

Nach Gelvin (2000) ist unklar, ob die T-DNA mittels Strang-Invasion von lokal denaturierter Pflanzen-DNA und anschließenden Reparaturmechanismen integriert wird oder, ob der T-Strang vor der Integration extrachromosomal in eine doppelsträngige Form überführt wird. Da VirD2 kovalent an den T-Strang gebunden ist, wird durch Gel-vin (2000) vermutet, dass VirD2 eine Rolle bei dem Integrationsprozess spielt. Eine Mutation an der konservierten Domäne nahe dem Carboxy-Terminus des VirD2, der sogenannten ω-Domäne, bewirkt eine Abnahme der Tumorentwicklung und nachweis-lich Störungen bei der Integration der T-DNA. Dabei wird die Effizienz der Integration der T-DNA gemindert, nicht jedoch deren Präzision. VirE2 scheint eher eine indirekte Rolle bei der Integration der T-DNA zu spielen.

2.2.1.4.   Hormonsynthese in der Pflanzenzelle

Die T-DNA von Wildtyp *A. tumefaciens* enthält eine onkogene Region (Abbildung 3), die eine vom Stamm abhängige Anzahl von *onc*-Genen umfasst, welche die Bildung von Wachstumsregulatoren codieren (Escobar & Dandekar 2003). Nach der Infektion und Integration der bakteriellen T-DNA in das pflanzliche Genom erfolgt eine veränderte Synthese verschiedener Wachstumsregulatoren durch die Auslösung der Expression dieser Onkogene. Mit der Veränderung im Hormonhaushalt wird bei den transformierten Zellen eine Ausbildung von Tumoren bei der Vermehrung hervorgerufen (Gohlke & Deeken 2014). Für die Ausbildung undifferenzierter Tumore (Abbildung 5) und sprossähnlicher Teratoma sind zwei *onc*-Gene verantwortlich, *tumor morphology shoot 1* und 2 (*tms1* und *tms2*) (Ikeuchi et al. 2013). Im ersten Schritt wird Tryptophan durch die Tryptophanmonooxygenase, welche im *tms1*-Gen verschlüsselt ist, in das Zwischenprodukt Indol-3-acetamid umgewandelt. Dieses wird durch die Amidohydrola-se, einem Produkt des *tms2*-Gens, umgehend in das Auxin IAA konvertiert. Nicht trans-formierte Pflanzen nutzen für die IAA-Synthese einen abweichenden Biosyntheseweg z. B. einen dreistufigen Prozess über Tryptamin. Das dritte *onc*-Gen der bakteriellen T-

DNA, die *tumor morphology root*, codiert eine Isopentenyl-Transferase (ipt) (Ikeuchi et al. 2013), welche eine Isopreniod-Seitenkette auf Dimethylallylpyrophosphat überträgt. Dadurch entsteht Isopentenyladenosin-5´-monophosphat, die erste Zwischenstufe der pflanzlichen Cytokinbiosynthese (Gelvin 1990). Die Aktivität der drei *onc*-Gene steuert das Wachstum und die Organbildung und ist daher für die Hormonautotrophie der Tumore verantwortlich (Endress 1994). Das Fehlen dieser Gene ermöglicht die Aufzucht morphologisch normaler transgener Pflanzen. Bei der Deletion eines Genes kommt es zur Ausbildung von Teratomen, d. h. differenziert wachsender Tumore wie z. B. Spross- oder Wurzelteratome (Bresinsky et al. 2008).

Abbildung 5 Tumor induziert durch Infektion aus mit *A. tumefaciens* C58 an *Arabidopsis* (Ikeuchi et al. 2013)

Die Morphologie der Tumore wird vor allem durch das Verhältnis der gebildeten Auxine und Cytokinine bestimmt. Wurzelhalsgallen kommen in der Natur morphologisch als unstrukturiertes Kallusgewebe oder als Teratome mit differenzierten Strukturen von Sprossen oder Blättern vor. Weiterhin beeinflussen die Anzahl der in das Pflanzengenom integrierten T-DNA, die Ursprungspflanze, die Infektionsstelle sowie eine exogene Zugabe von Wachstumsregulatoren die Morphologie des Tumors (Gelvin 1990). Bei der Infektion mit einem sprossinduzierenden Agrobakterien-Stamm kann durch Zugabe von Auxin eine Bildung undifferenzierten Gewebes erfolgen. Eine chemische Analyse der Auxin- und Cytokinin-Gehalte bestätigte den Einfluss von Mutationen in der T-DNA auf das Gleichgewicht zwischen den Wachstumsregulatoren (Buonaurio 2008). Da das Bakterium die Gene für die Synthese der Wachstumsregulatoren in die Pflanzenzelle überträgt, ist für den dauerhaften Erhalt der Wurzelhalsgallentumore keine Kokultur mit den Agrobakterien erforderlich (Gelvin 1990; Buonaurio 2008).

2.2.1.5.   Opinsynthese

Neben der Synthese der Onkogene codiert ein anderer Genabschnitt der T-DNA die Synthese von Opinen (*ops*-Gene), welche eine aminosäureähnliche Struktur aufweisen und von den Agrobakterien als Hauptquelle für Kohlenstoff und Stickstoff genutzt werden und von den Pflanzen nicht verwertet werden können. Agrobakterien Stämme können anhand der von den Tumoren gebildeten Opine klassifiziert werden: Oktopin, Nopalin, Agropin oder Succinamopin. Am weitesten verbreitet sind Oktopin und Nopalin (Sciaky et al. 1978; Trigiano & Gray 1999). Der hypervirulente *A. tumefaciens* Wildtyp-Stamm C58 ist ein Vertreter vom Nopalin-Typ (Hwang et al. 2013) und enthält eine

Nopalinsynthase, welche die Kondensation von α-Ketoglutarat und Arginin in Nopalin in den infizierten Pflanzenzellen katalysiert. Der Promotor der Nopalinsynthase (nos-Promotor) zählt zu den „Eukaryonten-Promotoren" und wird in der Gentechnik häufig mit Fremdgenen kombiniert, die in das Agrobakterium übertragen werden sollen. Die Gene für den Abbau der Opine befinden sich auf dem Ti-Plasmid außerhalb der T-DNA und werden nicht in das Pflanzengenom inkorporiert. Pflanzen können die gebildeten Opine nicht verwerten (Bresinsky et al. 2008; Buonaurio 2008; Hwang et al. 2013; Kado 2014).

Neben *A. tumefaciens* existieren weitere phytopathogene Bakterien, die aufgrund ihrer Fähigkeit zur Auxinsynthese eine Gallenbildung an Pflanzen verursachen. Ein Beispiel dafür ist das Bakterium *Pseudomonas savastanoi*, welches die Oliven- und Oleander-Knoten-Krankheit hervorruft. Nach (Gelvin 1990) weist die DNA dieses Bakteriums im Gegensatz zu den Agrobakterien keine signifikante Homologie zur DNA der Pflanzen auf. *Pseudomonas savastanoi* synthetisiert IAA, wodurch tumorartige Wucherungen, welche auch als Baumkrebs bezeichnet werden entstehen. Im Gegensatz zur Tumorbildung bei *A. tumefaciens* ist für den Erhalt der undifferenzierten Zellstruktur bei *Pseudomonas savastanoi* eine dauerhafte Bakterienkokultur erforderlich (Singh et al. 2014).

Auf den Angriff der Agrobakterien reagiert die Pflanzenzelle nicht mit einer hypersensitiven Reaktion wie bei einem Angriff von anderen Phytopathogenen wie z. B. Herbivoren. Daher werden auch keine systemischen Resistenzen ausgebildet. Die Intensität der Abwehr der Pflanzen in den ersten Stunden der Kokultivierung hängt vom Pflanzensystem und vom Agrobakterium ab. Während der Tumorbildung wird die Abwehr der Pflanze verstärkt. Dadurch ändert sich das physiologische Verhalten der transformierten Zellen drastisch. Durch die Transformation wird aus einer auxotrophen Zelle der Wirtspflanze mit aerobem Stoffwechsel eine heterotrophe, Transport- und Zuckerabhängige Zelle mit anaerobem Stoffwechsel. In der Natur beziehen die Wurzelhalsgallen Kohlenstoff und Stickstoff intensiv von der Wirtspflanze und nutzen diese primär zum Wachstum des Tumors. Wurzelhalsgallen von *Arabidopsis* zeigten eine erhöhte Expression von Genen für Saccharose-abbauende Enzyme. Kationen und Anionen gelangen in die Tumorzellen über membrangebundene Kanäle und Transporter (Gohlke & Deeken 2014).

A. tumefaciens stellt das erste lebende Beispiel für den horizontalen Gentransfer zwischen Bakterien und Eukaryoten dar (Kado 2014). Die T-DNA des Wildtypstammes inhibiert durch die hormonelle Veränderung die Regeneration von transgenen Pflanzen. Für die Erzeugung transgener Pflanzen wird daher die T-DNA des Wildtypstammes entfernt und durch ein entsprechend passendes Konstrukt ersetzt (Komari et al. 2006). Da über dieses Bakterium auch genetisch veränderte Plasmide anderer Mikroorganismen und somit pflanzenfremde Gene in das Pflanzengenom integriert werden können, besteht die Möglichkeit, die Pflanzenzellen mit zusätzlichen und besonderen Eigenschaften zu versehen (Heß 1992; Hwang et al. 2015). Dies ist beispielsweise für eine Verbesserung der Qualität von Nutzpflanzen von Bedeutung. Die einfache Genübertragung der T-DNA von *A. tumefaciens* in Pflanzenzellen ist auch ein bedeutendes biotechnologisches Werkzeug z. B. in der Pflanzenzüchtung (Heß 1992; Gohlke & Deeken 2014).

2.2.2. Einflussfaktoren auf die Transformation

Die Übertragung der Gene von Agrobakterien auf pflanzliches Gewebe ist auf verschiedenen Wegen möglich. Biologische Methoden funktionieren nur, wenn die Wirtsspezifität der Bakterien zu der zu transformierenden Pflanze passt. In diesem Fall kann eine direkte Injektion der Bakteriensuspension in das meristematische Gewebe vorgenommen werden oder eine Kokultur von Bakterien und Blattstücken erfolgen. Bedingt durch die Wirtsspezifität der Bakterien sind diese Methoden nur eingeschränkt geeignet (Endress 1994). Als Alternative kommen chemische oder physikalische Methoden in Betracht, die eine direkte Übertragung der nackten DNA ermöglichen. Geeignete Techniken für eine stabile Expression durch direkten Gentransfer sind die Partikelbombardierung, Silikon Carbid-Fasern und die Elektroporation (Wilson & Roberts 2012).

Eine Vielzahl von Schritten bei der agrobakterienvermittelten-Transformation kann die Transformation einer speziellen Pflanze limitieren. Diese umfassen die Synthese von Phenolen als Induktoren der vir-Gene durch die Pflanze, die bakterielle Anhaftung, den Transfer der T-DNA in das Cytoplasma, die Translokation der T-DNA im Zellkern und die Integration der T-DNA. Viele Pflanzenspezies sind resistent gegenüber der Transformation, produzieren aber Substanzen, welche die vir-Gene auslösen. Die exogene Zugabe von Substanzen, welche die vir-Gene der Bakterien vor der Kokultur induzieren, erhöht die Transformation meist nicht. Bei einigen Arten ist dies jedoch für eine effiziente Transformation erforderlich. Die bakterielle Anhaftung kann ebenso die Transformation einschränken. Für die meisten Pflanzenspezies ist in vielen Transformationsprotokollen die erfolgreiche Integration der T-DNA der limitierende Schritt. Dabei beeinflusst pflanzliches Gewebe, welches für die Transformation genutzt wird, ebenso die Intensität sowie auch den Ablauf der Integration der T-DNA (Gelvin 2000).

Weiterhin sind die Konzentration der Bakterien sowie auch die Dauer der Exposition des pflanzlichen Explantates mit den Bakterien für den Transformationserfolg entscheidend.

2.2.3. Methoden zum Nachweis der Transformation

Um nachzuweisen, dass die gebildeten Kalluszellen auf einer Transformation mit A. tumefaciens beruhen, sind verschiedene Ansätze möglich. Ein indirekter Nachweis kann über die von den transformierten synthetisierten Opine oder die Synthese der Wachstumsregulatoren erfolgen. Die genetische Transformation kann bei erfolgreicher Übertragung der Abschnitte der T-DNA, welche die Opinsynthese codieren, die induzierten Tumore bzw. Teratome dazu befähigen, für die Agrobakterien verwertbare Opine zu synthetisieren. Bei Stämmen von A. tumefaciens werden häufig entweder Oktopin oder Nopalin metabolisiert. Ein Vorhandensein dieser Opine im gebildeten Tumorgewebe lässt auf eine stattgefundene Transformation mit A. tumefaciens schließen (Kado 2014). Erste Methoden zum Nachweis der Transformation wurden mit Hilfe chromatographischer Methoden wie z. B der HPLC zum Nachweis von Nopalinsäure vorgenommen (Ohmstede 1995). Bei Shaw et al. (1988); Berry et al. (1996) und Ghosh et al. (1997) werden Methoden zum Nachweis der von den Tumoren synthetisierten Opine mittels Papierchromatographie beschrieben. Allerdings wurde auch beobachtet, dass die Opinsynthese nach mehreren Subkultivierungszyklen stagnierte (Wolf & Koch 2008).

Eine weitere Möglichkeit besteht darin, die von den Tumoren gebildeten Auxine und Cytokinine nach Extraktion aus dem pflanzlichen Material z. B. spektrometrisch zu bestimmen. Ebenso ist eine enzymatische Bestimmung der Guajacol-Peroxidase möglich, welche eine Oxidierung der IAA bewirkt und somit an der Regulierung der IAA-Bildung beteiligt ist (Singh et al. 2014). Bestimmte Wachstumsregulatoren werden generell von Pflanzenzellen synthetisiert. Bei der Bestimmung der Konzentration der von den Tumoren gebildeten Hormone kann keine klare Abgrenzung der durch die Transformation hervorgerufenen Veränderungen in der Hormonkonzentration von der pflanzeneigenen Hormonproduktion getroffen werden. Von den durch die Transformation verstärkt hormonproduzierenden Zellen können auch benachbarte Zellen versorgt werden.

In der Molekularbiologie von Pflanzen wird häufig das β-Glucosidase (GUS)-Reportergen aus *E. coli* in das betreffende Agrobakterium transferiert und als nicht-invasiver Selektionsmarker für den Nachweis der Transformation pflanzlicher Zellen genutzt. Die GUS hydrolisiert das Glykosid X-Gluc unter Abspaltung von Glucuronsäure. In einer Folgereaktion entsteht in Gegenwart von Sauerstoff ein tiefblauer Indigofarbstoff. Es wurde jedoch auch nachgewiesen, dass eine transiente Expression von GUS-Aktivität kein direkter Beweis für die Integration der T-DNA ist (Gelvin 2000). Dieser Assay wird durch verschiedene endogene Faktoren des Materials verschiedener Pflanzenteile beeinflusst. Insbesondere nicht-proteinogene Faktoren, wie z. B. Pflanzenphenole werden als mögliche Inhibitoren betrachtet. Den Grad der Inhibierung des GUS-Assay abzuschätzen ist schwierig, da dieser einem breiten Variationsbereich unterliegt. Der Gehalt und die Art der phenolischen Substanzen variieren innerhalb der Pflanzenspezies, dem Gewebe, dem Wachstumsstadium sowie auch den physiologischen Bedingungen (Fior & Gerola 2009). Dies schränkt die Glaubwürdigkeit insbesondere quantitativer Aussagen des GUS-Assays stark ein. Zudem muss dieses GUS-Reportergen in den natürlich vorkommenden Wildtypstamm des Agrobakteriums zunächst kloniert werden.

Neben dem GUS-Assay, kann auch ein Markergen für das grün fluoreszierende Protein in das Agrobakterium eingeschleust werden und als Indikator für die Transformation pflanzlicher Zellen herangezogen werden. Der Vorteil in dieser Methode besteht darin, dass eine hohe Anzahl potentieller Zellklone schnell gescreent und selektiert werden kann (Wolf & Koch 2008). Es handelt sich hierbei, wie auch bei dem GUS-Assay um gentechnologische Methoden, die nicht mehr als natürliche Transformation betrachtet werden können, was die Akzeptanz des mit einem derartigen Prozess hergestellten Produktes beim Verbraucher einschränken könnte.

Die hier beschriebenen indirekten Methoden zum Nachweis der Transformation über synthetisierte Metabolite sind nur bedingt geeignet. Methoden zum direkten Nachweis der Transformation beruhen auf dem Nachweis bestimmter Gensequenzen der übertragenen T-DNA mit Hilfe molekularbiologischer Methoden (Tabelle 2). Einen Nachweis für das hormonautotrophe Wachstum in Folge einer Transformation von *Mentha* sp. mit dem hypervirulenten Stamm *A. tumefaciens* A281 erbrachten (Berry et al. 1996) mit Hilfe von Primern, welche für die in der T-DNA verschlüsselten *ipt*-Gene für die Cytokininsynthase spezifisch sind. Bauer et al. (2002) untersuchten die Transformation von *Coleus blumeii* mit verschiedenen Agrobakterien-Stämmen mit Gensequenzen, welche die Opinsynthese codieren. Der Nachweis über die Transformation für die Agrobakterienstämme B6S3 und A281 erfolgte über das *6a* Gen (codiert Oktopinsynthase), sowie für den Stamm 8196 über das *mas1* Gen (codiert Mannopinsynthase). Die Abwesenheit der Bakterien, d. h. Sterilität der Pflanzenzellkultur, wurde hier durch Abwesenheit der *virB10* Gene nachgewiesen (Bauer et al. 2002), da die *vir*-Gene nicht in das Pflanzengenom inkorporiert werden.

Neben spezifischen Genabschnitten der T-DNA dient die Virulenz und somit auch ihre Pathogenität (=Ausbildung eines Krankheitsbildes) als weiteres Unterscheidungskriterium zwischen verschiedenen Stämmen der Agrobakterien. Es gibt Stämme, die eine starke Virulenz aufweisen und solche, denen diese Eigenschaft fehlt (Sawada et al. 1995). Letztere sind für die Erzeugung von Wurzelhalsgallen ungeeignet. (Sawada et al. 1995) entwickelten ein Primer-Set (*vcr* und *vcf*) mit dessen Hilfe es möglich ist, die Anwesenheit der *vir*-Gene über Fragmente vom Ti- und Ri-Plasmid verschlüsselten *VirC1* und *VirC2* Gene in Zelllysaten und reinen Zellkulturen zu detektieren. Mit diesem universellen Primer-Set können sowohl Agrobakterienstämme von *A. tumefaciens* als auch *A. rhizogenes* nachgewiesen werden.

Tabelle 2 Beispiele zur Überprüfung der *A. tumefaciens* (Wildtyp) Transformation mittels gentechnischer Methoden

Bakterienstamm	Gen-Abschnitt	Bedeutung/Funktion	Quelle
A. tumefaciens **A281**	*ipt*	Hormonsynthese, Nachweis der Tumorbildung	Berry et al. (1996)
A. tumefaciens **8196**	*mas1*	Mannopinsynthese, Nachweis über bakteriellen Ursprung	Bauer et al. (2002)
	virB10	Virulenz, Nachweis über Sterilität der Pflanzenzellkultur	
A. tumefaciens **B6S3** *A. tumefaciens* **A281**	*6a*	Oktopinsynthese, Nachweis über bakteriellen Ursprung	
A. tumefaciens ssp. und *A. rhizogenes* ssp.	*vcr/vcf*	Virulenz, Nachweis über Sterilität der Pflanzenzellkultur	Sawada et al. (1995)

2.2.4. Nutzung von mit *A. tumefaciens* induzierten Zellkulturen als biotechnologisches Produktionssystem

Die mit Hilfe der Transformation mit *A. tumefaciens* induzierten Kalluskulturen können durch Hormonzugabe zu einer ganzen Pflanze ausdifferenziert werden aber auch weiterhin hormonautotroph in der Zellkultur vermehrt werden. Die Transformation mit Agrobakterien findet daher weit verbreitet Einsatz in der grünen Gentechnik bei der Pflanzenzüchtung durch die Generierung genetisch veränderter Pflanzen über das Einschleusen von Fremdgenen. Die Nutzung von *A. tumefaciens* Wildtyp zur Generierung hormonautotropher Zellkulturen, welche als Produktionssystem sekundärer Pflanzenstoffe genutzt werden sollen, wird im Vergleich zu gentechnisch veränderten Agrobakterien weitaus seltener betrachtet. Beispiele hierfür sind in Tabelle 3 aufgeführt. In vielen Fällen handelt es sich um gentechnisch veränderte Stämme, die, wie bereits beschrieben mit speziellen Markergenen wie z. B. GUS versehen sind um eine einfache Selektion der Transformanten zu ermöglichen. Ein Beispiel hierfür ist die Zellsuspension von *Artemisia annua* zur Produktion von Artemisinin (Sallets et al. 2014). Weitere Beispiele werden in Gómez-Galera et al. (2007) beschrieben.

Einige Beispiele aus Tabelle 3 zielen auf die Transformation von Pflanzenzellen mit Wildtyp-Bakterien zur Produktion pharmazeutisch relevanter Wirkstoffe mit in vitro Kulturen (Han et al. 1994; Chen et al. 1997, 1999; Ghosh et al. 1997; Salama et al. 2014). Studien mit *Cataranthus roseus* von Singh et al. (2014) sind ein Beispiel für die Tumorbildung an Pflanzen. Hierbei wird eine kommerzielle biotechnologische Produktion der Peroxidase angesprochen, eine Verwendung dieser in vitro Kulturart zur Gewinnung sekundärer Pflanzenstoffe jedoch nicht (Singh et al. 2014). Ghosh et al. (1997) etablierten durch Transformation mit *A. tumefaciens* C58 Wildtyp sprossähnliche Teratome von *Artemisia annua*, die sich als vielversprechendes System für die Artemisinin-Produktion herausstellten. Die Bildung dieses Anti-Malaria-Wirkstoffes wurde nur bei differenzierten Sprosskulturen beobachtet.

Tabelle 3 Beispiele für die transgene Zellkulturen zur Produktion pflanzlicher Wirkstoffe

Pflanzenspezies	Zielprodukt	Agrobakterienstamm	Quelle
Salvia miltiorrhiza	Tanshinone	*A. tumefaciens* C58	Chen et al. (1997a)
	Phenolsäuren Rosmarinsäure und Lithospermsäure	*A. tumefaciens* C58	Chen & Chen (1999)
Taxus	Taxol	*A. tumefaciens* Bo52 und C58	Han et al. (1994)
Eucalyptus tereticornis	antikanzerogene und antihyperlipidämische Substanzen	*A. tumefaciens* C58	Salama et al. (2014)
Cataranthus roseus	Peroxidase	*A. tumefaciens* C58	Singh et al. (2014)
Artemisia annua	Artemisinin	*A. tumefaciens* C58 und N2/73	Ghosh et al. (1997)

2.2.5. Rechtliche Situation zur Transformation von Pflanzen-zellen

Die Verwendung von genetisch veränderten Organismen (GVO) ist umstritten (Ishii & Araki 2016) und wird in der EU durch sehr strenge Bestimmungen und komplexe Genehmigungsverfahren zum Anbau und Inverkehrbringen von GVO´s reguliert. Zudem erfordert sie bei der Zulassung dabei gewonnener Produkte in der Lebens- und Futtermittelkette eine gründliche wissenschaftliche Risikobewertung (Europäisches Parlament 2015). Gentechnik wird vom Verbraucher auch im Bereich der Medizinalpflanzen kritisch betrachtet (Canter et al. 2005). Gemäß § 3 Nr. 3 des Gentechnik Gesetzes GenTG (GenTG - Einzelnorm 1993) ist ein „gentechnisch veränderter Organismus ein Organismus, mit Ausnahme des Menschen, dessen genetisches Material in einer Weise verändert worden ist, wie sie unter natürlichen Bedingungen durch Kreuzen oder natürliche Rekombination nicht vorkommt…". Gemäß einer Fachmeldung (BVL 2012) wird durch Agrobakterien infiziertes Pflanzengewebe, sofern es sich nicht um Gameten-bildende Organe handelt, nicht als GVO betrachtet. Wenn die hierfür verwendeten Agrobakterien ein Transgen auf der T-DNA enthalten, erfolgt eine Einstufung der Bakterien als GVO. Ein Beispiel für derartige Transgene sind Markergene. Diese werden häufig als Selektionsmarker z. B. für Antibiotikaresistenzen oder Glucuronidase-Aktivität zur Überprüfung der Transformation herangezogen. Das Vorhandensein dieser Markergene bedingt jedoch laut Bundesinstitut für Risikobewertung durch die Einstufung als GVO einen erhöhten Aufwand bei Untersuchungen in Zulassungsverfahren, die für eine Sicherheitsbewertung erforderlich sind (BfR 2009). Gemäß einer Studie des schweizerischen Bundesamtes für Umwelt (BAFU 2013) kann keine konkrete Aussage bezüglich der Einstufung mit Hilfe von Wildtyp Agrobakterien hervorgehenden in vitro Kulturen getroffen werden, da der unter Laborbedingungen durchgeführte Prozess auch in der Natur vorkommt. Seitens des Bundesamtes für Verbraucherschutz und Lebensmittelsicherheit (BVL 2005) wird *A. tumefaciens* als Spender- oder Empfängerorganismus für gentechnische Arbeiten in Risikogruppe 1 eingestuft. Im Umgang mit *A. tumefaciens* besteht folglich kein Risiko für die Gesundheit des Menschen bzw. die Umwelt.

Die Zulassung des Produktionsverfahrens durch die dafür zuständige Behörde ist immer noch die größte Hürde bei der Kommerzialisierung insbesondere im Nahrungsmittelbereich (Davies & Deroles 2014). Gentechnisch veränderte Pflanzen zur Produktion von Nahrungsmitteln werden in vielen Ländern nicht akzeptiert. Pflanzliche Zellkulturen mit gentechnischen Veränderungen sollten nur unter definierten und kontrollierten Bedingungen in Bioreaktoren lebensfähig sein. Dennoch ist auch für diese Produktionssysteme von einer eingeschränkten Akzeptanz durch den Verbraucher und strengeren regulatorischen Vorschriften auszugehen. Die Vermeidung von Transgenen und einer damit verbundenen verbesserten Akzeptanz durch den Verbraucher in Verbindung mit niedrigeren regulatorischen Anforderungen werden als vorteilhaft angesehen. Es gibt bereits Hinweise, dass „nicht-gentechnisch veränderte" Pflanzenzellkulturen vom Verbraucher als „natürlich" oder „natur-identisch" betrachtet werden könnten, wodurch die Akzeptanz gesteigert wird. Die geltenden regulatorischen Vorschriften in diesem Fall schwanken von Land zu Land und sollten vereinheitlicht werden (Davies & Deroles

2014). Aus diesen Gründen wurden für die Untersuchungen in der vorliegenden Arbeit genetisch unveränderte Agrobakterien vom Wildtyp verwendet.

2.3. Triterpensäuren Oleanol- und Ursolsäure

Diverse Pflanzenfamilien gelten als Quellen für Triterpenoide: Leguminoseae, Cucurbitaceae, Betulaceae, Meliaceae, Rhamnaceae, Rutaceae, Cactaceae, Araliaceae, Apocyanaceae, Moraceae, Ericaceae und Lecithidaceae. Auch Pflanzen und Bäume der Familien Dipterocarpaceae, Anacardaceae und Bursaceae enthalten terpenoidreiche Harz-Exudate. Triterpene sind in allen Teilen von Pflanzen in Form von freien Alkoholen, Säuren, Methylestern, Acetaten, Ethern und Glykosiden zu finden (Bhat et al. 2005). Oleanol- und Ursolsäure sind pentazyklische Triterpensäuren, die in einer Vielzahl von Pflanzen frei oder glykosyliert vorkommen (Heinzen et al. 1996). Glykosylierte Triterpensäuren werden als Saponine bezeichnet und sind aufgrund der hydrophilen Polysaccharidkette in Kombination mit der hydrophoben Steroidstruktur grenzflächenaktiv (Heldt et al. 2015). Triterpene und Saponine weisen eine giftige oder abschreckende Wirkung gegen Herbivore sowie auch eine antimikrobielle Aktivität gegen Bakterien, Pilze und Viren auf (Wink 2015). Saponine besitzen eine schädigende Wirkung auf die Zellmembran, die sich z. B. in der Auflösung der Plasmamembran von Pilzen äußert und sind daher für diese toxisch (Heldt et al. 2015).

Lipophile sekundäre Pflanzenstoffe, zu denen die Triterpensäuren gehören, kommen in Pflanzen in Membranen von Organellen oder dem endoplasmatischen Retikulum vor (Ludwig-Müller & Gutzeit 2014). Triterpene im Speziellen sind vor allem in Harzkanälen, Ölzellen, Ölbehältern, Drüsenschuppen und Drüsenhaaren, Milchröhren sowie der Kutikula enthalten (Wink und Schimmer 2010).

In der Pflanze sind meist nur sehr geringe Gehalte an Triterpensäuren zu finden (Vgl. Tabelle 4). Das Vorkommen von OS ist auf wenige Pflanzenspezies, wie insbesondere Vertreter der Familie der *Oleaceae* beschränkt. Die zu dieser Familie gehörende Olive (*Olea oleuropea*) dient noch heute als Hauptquelle für die kommerzielle Gewinnung von OS. Dabei werden vor allem Nebenprodukte der Olivenindustrie verwendet (Pollier & Goossens 2012). Als Bezugsquelle für US gilt vor allem der Apfeltrester (Cargnin & Gnoatto 2017).

Beispiele für Verfahren zur biotechnologischen Produktion von OS und US sind in Tabelle 5 aufgeführt. Die heterologe Expression von Triterpensäuren mit entsprechend transformierten Hefen stellt eine zunehmende Konkurrenz zur pflanzenbasierten biotechnologischen Produktion von OS und US dar (Tabelle 5). Bisher wurde mit dieser Technik von Lu et al. (2018) ein maximaler volumetrischer Ertrag von 123 mg l^{-1} für OS bzw. 156 mg l^{-1} erzielt.

Tabelle 4 Beispiele für Vorkommen von Oleanol- (OS) und Ursolsäure (US) in Pflanzenmaterial, Gehaltsangaben beziehen sich auf das Trockengewicht

Pflanzenart und -teil	Pflanzenname trivial	Gehalt [mg g^{-1}]		Quelle
		OS	US	
Malus domestica Borkh. cv. Fuji, Apfelschalen	Apfel	6	3	Siani et al. (2014)
Ocimum basilicum Blätter	Basilikum	Spuren	3	Jäger et al. (2009)
Olea europaea L. Blätter	Olivenbaum	31	9	Jäger et al. (2009)
Rosmarinus officinalis Blätter	Rosmarin	9	16	Razboršek et al. (2008)
		12	29	Jäger et al. (2009)
Salvia officinalis L. Blätter	Echter Salbei	6	20 bis > 50	Hänsel et al. (1994)
		7	18	Jäger et al. (2009)
		16	38	Janicsák et al. (2006)
Salvia fruticosa, syn. triloba L. Blätter	Dreilappiger Salbei	k.A.	5 (von insgesamt 80 für Triterpensäuren)	Hänsel et al. (1994)
Salvia hypoleuca BENTH, Wurzel	k.A.	0,005	k.A.	Saeidnia et al. (2012)
Sambucus nigra L. Rinde	Holunder	1	3	Jäger et al. (2009)
Sambucus nigra L. Blätter			6	
Syzygium aromaticum L. Blüte	Nelke	16	Spuren	Jäger et al. (2009)
Thymus vulgaris L. Blätter	Thymian	4	9	Jäger et al. (2009)
Viscum album L. Sproß	Mistel	9	-	Jäger et al. (2009)

k.A. keine konkrete Angabe

Tabelle 5 Beispiele für biotechnologische in vitro Produktionssysteme von Oleanol- (OS) und Ursolsäure (US), Gehaltsangaben beziehen sich auf das Trockengewicht

Pflanzenart	Kulturart	Gehalt [mg g^{-1}]		Quelle
		OS	US	
Salvia officinalis	Zellsuspension	1,3	1,3	Haas (2014)
Salvia fruticosa	Zellsuspension	1,5	3,2	Haas (2014)
Salvia virgata	Zellsuspension	1,3	1,4	Haas (2014)
Salvia officinalis	Zellsuspension	-	Max. 0,1	Bolta et al. (2000)
Perilla frutescens	Zellsuspension	1,3	2,2	Wang et al. (2004)
Uncaria tomentosa	Zellsuspension[a]	Summe OS und US ca. 1,7		Feria-Romero et al. (2005)
Eriobotrya japonica	Kallus	7,6	1,3	Taniguchi et al. (2002)
Calendula officinalis	Zellsuspension	0,8[a]	-	Wiktorowska et al. (2010)
Ocimum tenuiflorum	Hairy roots	-	1,6	Sharan et al. (2019)
Lantana camara	Zellsuspension[a]	1,4	3,8	Kumar et al. (2016)
Saccharomyces cerevisiae, genetisch transformiert	Suspension[b]	2,1	1,6	Lu et al. (2018)

[a]elizitierte Kultur
[b]fed-batch Kultur

2.3.1. Biosynthese

Die Triterpenbildung erfolgt im Zytosol über den Mevalonat-Weg, welcher vom Methyl-erythrityl-phosphat-Weg in den Plastiden für die Synthese von Mono-, Di- und Tetraterpenen verschieden ist (Heldt et al. 2015). Der Syntheseweg für OS und US ist in Abbildung 6 dargestellt. Terpene stammen aus dem Fettsäuremetabolismus (Ludwig-Müller & Gutzeit 2014). Bei der Photosynthese wird in der Lichtreaktion in den Pflanzen aus jeweils sechs Molekülen CO_2 und O_2 Glucose gebildet. Durch Glykolyse erfolgt der Abbau in Pyruvat, welches in Acetyl-Coenzym A umgewandelt wird. Zwei Moleküle Acetylcoenzym A werden gekoppelt und es entsteht Acetoacetylcoenzym A. Dieses reagiert mit einem weiteren analogen Molekül zu Hydroxymethylglutarsäure, welches mittels der Fettsäuresynthase unter Oxidation von dem reduzierten Nicotinsäureamid-Adenin-Dinukleotid-Phosphat (NADPH) zu einem wichtigen Zwischenprodukt, der Mevalonsäure (MVA) reagiert. Dieses wird durch Adenosintriphosphat phosphoryliert und ergibt MVA-5-diphosphat. Durch Decarboxylierung und gleichzeitige Eliminierung des Pyrophosphates entsteht eine Isopren-Einheit aus Isopentenylpyrophosphat (IPP). In Gegenwart einer Isomerase, welche SH-Gruppen enthält, reagiert IPP zu Dimethylallylpyrophosphat (DMAPP). DMAPP und IPP kondensieren katalysiert durch die Geranyltransferase zu Geranylpyrophosphat, dem Vorläufermolekül für Monoterpene. Eine weiter fortschreitende Addition von IPP führt zur Bildung von Farnesyl- (FPP) und Geranyl-Geranyl-Pyrophosphaten, welche die Vorläufermoleküle für Sesqui- und Diterpene darstellen. Durch Kopplung zweier FPP Moleküle und Oxidation von NADPH entsteht Squalen, das Vorläufermolekül der Triterpenoide und Steroide (Bhat et al. 2005; Breitmaier 2006). Squalen wird epoxidiert zu 2,3-Oxidosqualen. Anschließend erfolgt eine Zyklisierung durch Amyrinsynthasen, wodurch das Oleanan- bzw. Ursan-typische Triterpenoid-Grundgerüst erhalten wird. Die Amyrine werden nun mit Hilfe von spezifischen Cytochrom P450 Oxidasen in einer 3-Schrittreaktion an der Position C28 oxidiert. Dies führt zur Bildung von OS und US (Pollier und Goossens 2012; Thimmappa et al. 2014; Misra et al. 2017). Die Oxidationsschritte, die durch Cytochrom P450-abhängige Monooxygenasen katalysiert werden, erfolgen am endoplasmatischen Retikulum (Ludwig-Müller und Gutzeit 2014). Saponine entstehen durch eine Glykosilierung mittels Glykosyltransferasen an der 3- und/oder an der C28-Position (Thimmappa et al. 2014).

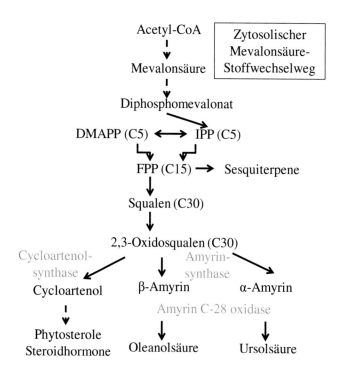

Abbildung 6 Biosynthese von Triterpensäuren nach Misra et al. (2017)

2.3.2. Wirkungsspektrum

Für ätherische Öle verschiedenster Pflanzenfamilien sind antimikrobielle Wirkungen in vitro gegen eine Vielzahl von Mikroorganismen wie gram-positive und gram-negative Bakterien, Hefen und Pilze bekannt. Für einige Triterpene wurden ebenfalls antimikrobielle Wirkungen nachgewiesen (Reichling 2010). So zeigten einige Triterpene vom Oleanan-Typ eine fungizide Wirkung (Reichling 2010). Triterpene allgemein weisen apoptosefördernde, antiangiogenetische und antitumorale Eigenschaften auf. Daneben wurde ihre Beteiligung am Schlüsselfaktor der Transkription bei Entzündungsprozessen NF-κB als Inhibierungsfaktor nachgewiesen (Cargnin & Gnoatto 2017). Triterpenglykoside, sogenannte Saponine, zeichnen sich durch fungizide und auch insektizide Wirkung aus. Die fungizide Wirkung besteht darin, dass pflanzliche Saponine durch ihre chemische Struktur den Membransteroiden wie z. B. Ergosterol bei Pilzen ähneln und somit in die pilzliche Membran eingelagert werden können. Dabei bilden sie Komplexe mit den Sterolen der pilzlichen Zellmembran, wodurch Porenstrukturen und Membran-Aggregate entstehen. Dadurch wird die Pilzmembran zerstört. Oleanolsäure-haltigen Saponinen wurde eine Resistenz gegen Schädlingslarven von Kreuzblütlern nachgewiesen (Ludwig-Müller & Gutzeit 2014).

OS wird mit zahlreichen pharmakologischen Eigenschaften beschrieben. Eine der bedeutendsten ist ihre leberschützende Wirkung. In China wird OS rezeptfrei für die Anwendung beim Menschen gegen Leberstörungen oder virale Hepatitis eingesetzt.

Obwohl die Verwendung als leberschützendes Arzneimittel weit verbreitet ist, ist der Wirkmechanismus bisher noch nicht vollständig aufgeklärt. Es wird beschrieben, dass OS die Bildung antioxidativer und entgiftender Enzyme, über die Akkumulation des sogenannten Nrf2-Regulators fördert. OS soll auch die Bildung von Gallensäure inhibieren und damit vor Entzündungen an der Leber, Fibrosen oder Zirrhosen schützen (Pollier & Goossens 2012).

Eine antioxidative Wirkung der OS beruht nicht nur auf Radikalfänger-Eigenschaften sondern auch darauf, dass die Expression antioxidativer Enzyme wie z. B. Katalase, Thioredoxin Peroxidase und Glutathion begünstigt wird. Daneben werden auch antikanzerogene und entzündungshemmende sowie anti-arthritische Wirkungen beschrieben. OS und ähnliche Triterpenoide induzieren die Apoptose von Krebszellen und bewirken durch u. a. die entzündungshemmenden Eigenschaften eine Veränderung der Tumorumgebung. Diese Entzündungsprozesse spielen eine bedeutende Rolle bei der Entwicklung und Ausbreitung von Krebs. Der genaue Wirkmechanismus ist jedoch bisher unbekannt (Claude et al. 2004; Pollier & Goossens 2012).

Ungebundene Oleanolsäure ist neben anderen Triterpensäuren ein Bestandteil der epikutikularen Wachse von Pflanzen. Dort besteht ihre natürliche Funktion in dem Schutz vor Verdunstung. Zudem bilden die Kristalle eine erste Barriere gegen Pathogene. In Olivenblättern sowie auch der Wachsschicht auf Äpfeln und Birnen ist Oleanolsäure in Form reiner Kristalle enthalten und bildet dort eine physische Barriere gegen einen Angriff durch Pilze. Glykokonjugierter Oleanolsäure (als Saponin) wird als Abwehrstoff gegen Herbivore oder Pathogene vermutet. Eine allelopathische Wirkung ist ebenso möglich (Claude et al. 2004; Pollier & Goossens 2012). Die glykosilierten Triterpene zeichnen sich durch eine erhöhte Polarität und bessere Bioverfügbarkeit aus (Thimmappa et al. 2014).

Ursolsäure weist eine anti-HIV-1 Wirkung auf, welche insbesondere durch die C-3 Hydroxyl-, die C-17 Carboxylsäure-Gruppe und die C-19 Substituenten hervorgerufen wird (Reichling 2010). Gegen grampositive Bakterien wie z. B. *Staphylococcus* sp. sowie auch kariogene Bakterien wie Streptokokken zeigte US in vitro antimikrobielle Eigenschaften. Daneben werden auch antiprotozoische Wirkungen beispielsweise in vitro gegen Plasmodesmen, Trichomonen und Leishmanien beschrieben. US reguliert zahlreiche molekulare Signalwege in Verbindung mit Krebs, Entzündungen, neurologischen und kardiovaskulären Erkrankungen. In der Antikrebs-Therapie sind positive Eigenschaften von US gegen Brust-, Darm-, Leber-, Magen-, Bauchspeicheldrüsen-, Haut-, Prostata-, Gebärmutterhalskrebs sowie Leukämie bekannt. Eine Vielzahl der Studien basiert derzeit noch auf in vitro Modellen. Einige Nachweise erfolgten bereits in vivo Modellen wie z. B. für den Dickdarm- sowie den Bauchspeicheldrüsenkrebs. Zudem wiesen verschiedene Studien US einen entscheidenden Einfluss auf Entzündungsprozesse nach. Daneben hat US Potential als Arzneimittel gegen Hirnschäden. Auch anti-arthritische Wirkungen (Ratten-Modell), positive Wirkungen auf die Haut und antihyperlipidämischen Eigenschaften werden für US beschrieben (Kashyap et al. 2016; Cargnin & Gnoatto 2017).

US ist relativ untoxisch mit einer mittleren letalen Dosis LD_{50} von 9,26 g kg^{-1} für den Extrakt im Maus-Modell (Kashyap et al. 2016) und wird aufgrund hautfördernden, anti-aging- und entzündungshemmenden Eigenschaften (Tarvainen et al. 2010) in Kosmetika eingesetzt.

2.4. Analytik von Triterpensäuren und Metabolitscreening in pflanzlichen Zellkulturen

Die für die Analyse und Isolierung von Triterpensäuren relevanten Eigenschaften sind in Tabelle 6 aufgeführt: Das Molekulargewicht von OS und US beträgt 456,71 g mol^{-1}. Beide Moleküle sind daher wenig flüchtig. Der negative dekadische Logarithmus des n-Oktanol-Wasser-Verteilungs-koeffizienten (log P) beträgt für OS und US ca. 6,4, wodurch beide Isomere hydrophob und daher schlecht wasserlöslich sind (Claude et al. 2004). Als Lösungsmittel für die Triterpensäuren eignen sich vor allem n-Butanol, aber auch niedrige Alkohole wie Methanol und Ethanol (Schneider et al. 2009). Mit einer Säurekonstante (pK$_S$-Wert) von ca. 5 gehören OS und US zu den mittelstarken Säuren wie beispielsweise auch Essigsäure (pK$_S$-Wert von 4,75). Triterpensäuren sind schwache chromophore, wodurch die Empfindlichkeit der Detektion mittels UV gering ist und daher verschiedene chromatografische Techniken zur Bestimmung der Triterpensäuren herangezogen werden müssen um valide Aussagen treffen zu können (Claude et al. 2004; Martelanc et al. 2009).

Tabelle 6 Charakteristische Eigenschaften von Oleanol- (OS) und Ursolsäure (US)

Chemische und physikalische Eigenschaften	OS	US	Quelle
Molare Masse [g mol^{-1}]	456,71		(PubChem 2019a,b)
Schmelzpunkt [°C]	310	289 bis 290	Du & Chen (2009)
Log P	6,46	6,32	Claude et al. (2004)
pK$_S$-Wert	5,29	5,11	

Für die Trennung und Bestimmung von Triterpenoiden sind in der Literatur verschiedene Techniken beschrieben: Dünnschichtchromatographie (DC), Flüssigchromatographie (HPLC), Kapillarelektrophorese, Gaschromatographie (GC) gekoppelt mit einem Flammenionisationsdetektor oder einem Massenspektrometer (MS) (Pollier & Goossens 2012).

2.4.1. Bestimmung von Oleanol- und Ursolsäure mittels DC

Die Dünnschichtchromatographie ist trotz zahlreicher Neuentwicklungen von technischen Lösungen im Bereich der Chromatographie noch immer die Methode der Wahl zur schnellen qualitativen Analyse z. B. zum Screening einer Vielzahl pflanzlicher Extrakte auf bestimmte Wirkstoffe in pharmazeutischen Produkten. Ein enormer Vorteil dieser Technik besteht in ihrem günstigen Preis-Leistungs-Verhältnis. Ein weiterer Vorteil liegt in dem geringen apparativen Aufwand und dem schnell vorliegenden Analysenergebnis im Vergleich zur z. B. HPLC oder GC. Viele Proben können gleichzeitig in kurzer Zeit ohne aufwendige Vorbereitung und Durchführung analysiert werden.

Die Identifikation von Standardsubstanzen in komplexen Probenmatrices erfolgt anhand des Retentionsfaktors (R_f-Wert). Dieser Wert erlaubt eine qualitative Analyse von Komponenten eines DC-Chromatogrammes, da er für jede Verbindung charakteristisch ist und vom chromatographischen System abhängt (Dünnschichtchromatographie (DC) - Chemgapedia 2019). Der R_f-Wert berechnet sich wie folgt:

$$R_f - Wert = \frac{\text{Strecke zwischen Startlinie und Substanzzone [mm]}}{\text{Strecke zwischen Startlinie Fließmittelfront [mm]}} \qquad \text{(Formel 1)}$$

Die Dünnschichtchromatographie wird in der Naturstoffchemie für analytische und präparative Fragestellungen angewandt. Beispiele analytischer Fragestellungen sind die Kontrolle von Fraktionen bei Trennprozessen, bei Identitäts-, Stabilitäts- und Reinheitsprüfungen und ggf. auch Gehaltsbestimmungen. Die präparative Technik wird zu der Isolierung reiner Substanzen bzw. Fraktionen genutzt. Die Dünnschichtchromatographie weist jedoch gegenüber in der Naturstoffanalytik ebenso weit verbreiteten Verfahren wie der HPLC einige Vorteile auf. Beispielsweise können die getrennten Banden von der DC-Platte direkt isoliert werden und für eine anschließende Gehaltsbestimmung oder Strukturaufklärung genutzt werden. Weiterhin zeichnet sich die Dünnschichtchromatographie insbesondere durch einen geringen apparativen Aufwand sowie einen geringen Bedarf an Zeit und Untersuchungsmaterial aus. Daneben erfordert diese Technik einen vergleichsweise geringeren Verbrauch an Lösungsmitteln und ermöglicht die zeitgleiche Analyse mehrerer Proben, auch ohne weitere Vorbehandlung der Extrakte. Sie bringt daher schnelle Ergebnisse und das ohne großen apparativen Aufwand. Daher behält die Dünnschichtchromatographie ihre Bedeutung als wichtiges Instrument phytochemischer Untersuchungen auch weiterhin. Dieses Trennverfahren ist sehr gut für die schnelle Analytik von Extraktstoffen aus Vielstoffgemischen geeignet. Diese Technik kommt z. B. bei der Reinheitsprüfung von Phytoextrakten zum Einsatz (Wójciak-Kosior 2003; Heilmann 2010).

Die Dünnschichtchromatographie wird für die Analytik verschiedenster Terpenoidklassen weit verbreitet eingesetzt. Silicagel mit Korngrößen von ca. 15 μm bzw. für eine bessere Auflösung in der Hochleistungsdünnschichtchromatographie 6 μm eignet sich hier für eine Vielzahl an Trennproblemen. Die mobile Phase zur Trennung von Triterpenen enthält polare und unpolare Anteile. Geeignete Mischungen sind z. B.: Hexan mit Aceton/ Ethylacetat/ Chloroform oder Diethylether; Chloroform mit Methanol; Toluol mit Acetat, Chloroform mit Aceton; Toluol mit Ethylacetat; Essigsäure mit n-Butanol sowie n-Butanol mit Essigsäure und Wasserzusatz. Reine Lösungsmittel sind nur für Trennung einiger Mono- und Sesquiterpene geeignet. Die Dünnschichtchromatographie eignet sich zur Isolierung weniger mg von Terpenoiden und gehört zu den schnellsten Methoden für eine Charakterisierung biologischer Materialien. Die Visualisierung der Substanzflecken ist mit einer Vielzahl geeigneter Sprühreagenzien möglich (Bhat et al. 2005; Heilmann 2010).

Bisherige Arbeiten zur Trennung der beiden Positionsisomere waren vor allem unter Anwendung der Hochleistungs-DC erfolgreich (Wójciak-Kosior 2003, 2007; Martelanc et al. 2009). In Vorarbeiten durch Vogler (2009) wurde eine Methodik zum Screening von pflanzlichen Extrakten auf das Vorhandensein der Triterpensäuren entwickelt, welche in dieser Arbeit fortführend auf Ihre Leistungsfähigkeit überprüft wird.

2.4.2. Bestimmung von Oleanol- und Ursolsäure mittels HPLC

Die HPLC gehört zu den am weitesten verbreiteten chromatographischen Trennmethoden von Substanzgemischen. Im Vergleich zur DC werden hier um den Faktor 10 höhere Trennstufenzahlen erreicht, welche bei 10 cm Säulenlänge und 5 µm Partikeln zwischen 4000 und 10.000 liegen (Heilmann 2010). Speziell zur qualitativen und quantitativen Bestimmung und Isolierung von Triterpensäuren gilt die HPLC als die zuverlässigste Methode (Bhat et al. 2005). Eine Auswahl etablierter Methoden zur Trennung und Bestimmung von OS und US mittels HPLC ist in Tabelle 7 aufgeführt. Bedingt durch die strukturelle Ähnlichkeit beider Triterpensäuren werden hohe Anforderungen an die Selektivität der HPLC-Methode gestellt. Wichtige Parameter für die Selektivität einer HPLC-Methode sind laut Kromidas (2012): die verwendete Säule (stationäre Phase), die Zusammensetzung der mobilen Phase, die Säulen-Temperatur und die Fließgeschwindigkeit der mobilen Phase.

Für die Analyse von OS und US werden häufig Umkehr-(RP)-Phasen verwendet. Kommerziell verfügbare RP-Säulen sind durch unterschiedliche physikalisch-chemische Eigenschaften gekennzeichnet (Kromidas 2012) und haben daher besonders bei sensiblen Trennaufgaben in Kombination mit den weiteren HPLC-Parametern einen entscheidenden Einfluss auf den Trennerfolg. Als Eluenten kommen zur Trennung von OS und US sowohl Mischungen mit Methanol oder Acetonitril als auch Pufferlösungen und Modifier wie z. B. Cyclodextrine (Claude et al. 2004) oder Tetrahydrofuran (Zacchigna et al. 2009) zum Einsatz. Die Detektion erfolgt zumeist im UV-Licht (Muffler et al. 2011; Kümmritz et al. 2014), aber auch Methoden unter Anwendung eines Lichtstreudetektors wie z. B. von Bérangère et al. (2004) sind beschrieben. Bei der Verwendung eines UV-Detektors besteht das Problem, dass beide Triterpensäuren schwache Chromophore sind und das Absorptionsmaximum mit Wellenlängen von 205 bis 220 nm (Siani et al. 2014) in dem Bereich liegt, in dem Methanol eine hohe Eigenabsorption aufweist (Aprentas 2017).

Die bereits beschriebenen Methoden sind für die in dieser Arbeit gestellten Anforderungen an die HPLC-Methode nur bedingt geeignet. Puffersalze, welche von Lee et al. (2009) und Olszewska (2008) verwendet werden, beeinträchtigen die Lebensdauer einer HPLC-Säule, sowie auch des Gerätes. Zudem sind diese für eine Übertragung der

Methode auf eine HPLC gekoppelt mit der MS sowie auch auf eine präparative HPLC ungeeignet. Die Verwendung flüchtiger Fließmittel ermöglicht eine rückstandsfeie Aufkonzentrierung der Extrakte im Anschluss an die Analyse durch Verdampfung (Heilmann 2010). Unter diesen Bedingungen kann die Trennmethode auf ein LC-MS System sowie auch in die präparativen HPLC übertragen werden.

Vor einigen Jahren gab es einen Engpass bei der Bereitstellung von Acetonitril. Weiterhin wird Acetonitril nach verschiedenen Leitfäden zur Kategorisierung von Lösungsmitteln als problematisch angesehen. Methanol hingegen wird, auch wenn es laut EG-VO Nr. 1272/2008 für den Menschen toxisch ist (Verordnung (EG) Nr. 1272/2008 des Europäischen Parlaments und des Rates vom 16. Dezember 2008 über die Einstufung, Kennzeichnung und Verpackung von Stoffen und Gemischen, zur Änderung und Aufhebung der Richtlinien 67/548/EWG und 1999/45/EG und zur Änderung der Verordnung (EG) Nr. 1907/2006 (Text von Bedeutung für den EWR) 2008), als weniger problematisch bis empfohlen eingestuft (Prat et al. 2014). Zudem ist Acetonitril wegen seiner geringen Elutionsstärke für die Trennung von OS und US nicht geeignet (Olszewska 2008).

OS und US haben einen überwiegend hydrophoben Charakter (Vgl. Tabelle 6). Basierend auf den Empfehlungen nach Kromidas (2012) eignen sich daher unpolare stationäre Phasen in gepufferten Eluenten für dieses Trennproblem. Ein hydrophober Charakter von RP-Phasen ergibt sich aus einer starken Belegung der Phase (ggf. verstärkt durch metallionenfreie Kieselgelmatrix), einer Polymerschicht an der Oberfläche sowie einer hydrophoben Matrix (z. B. aus Graphit oder Polymer). Um das Maximum an Selektivität aus einer chromatographischen RP-Phase herauszuholen eignet sich Methanol als Eluent besser als Acetonitril. Bei Säuren im sauren Puffer ist Methanol besonders gut geeignet, für neutrale Moleküle eignen sich reine Methanol-Wasser-Mischungen (Kromidas 2012).

Tabelle 7 Beispiele von HPLC-Methoden zur Bestimmung von Oleanol- und Ursol-säure

Säule	Mobile Phase; Fluss	Trenn-modus	T [°C]	Analysen-zeit [min]	Quelle
Lichrospher ®100RP-18 (125 x 4 mm ID, 5 µm Partikel, 100°A Poren, 350 m² g^{-1} Oberfläche, 21 % Kohlenstoff, kein endcapping)	Acetonitril-Phosphat-Puffer (pH 3,5) mit Cyclodextrin; 1 ml min^{-1}	isokratisch	25	> 15	Claude et al. (2004)
Luna C18 (250 x 4,6 mm ID, 5 µm Partikel, mit endcapping)	Phosphat-Puffer mit Methanol (12:88, V/V) bei pH 2,8; 0,8 ml min^{-1}	isokratisch	25	> 25	Lee et al. (2009)
Nucleodur Gravity C18 (250 x 4,6 mm ID, 5 µm Partikel)	Methanol-wässrige Ortho-phosphorsäure (90:10, V/V); 0,6 ml min^{-1}	isokratisch	k.A.	> 25	Olszewska (2008)
LiChrosorb RP18 (250 x 4,6 mm ID, 5 µm Partikel)	Methanol-Wasser-Tetrahydrofuran (94:5:1, V/V/V), eingestellt auf pH 5 mit Essigsäure; 1 ml min^{-1}	isokratisch	22	ca. 11	Zacchigna et al. (2009)
Hypercarb-S (100 x 4,6 mm ID, 5 µm Partikel)	Acetonitril-Chloroform-Tetrahydrofuran (50:50:0,5, V/V/V), 1 ml min^{-1}	isokratisch	k.A.	< 5	Bérangère et al. (2004)
XB-C18 (250 x 4,6 mm ID, 5 µm Partikel)	Methanol mit 0,1 % Ameisensäure (A) und Wasser mit 0,15 % Ameisensäure, (V/V) (B), 0,8 ml min^{-1}	Gradient	30	> 55	Li et al. (2009)

Da pflanzliche Zellkulturen unter Umständen nicht nur die gewünschten Zielsubstanzen produzieren, sondern ggf. auch chemisch ähnliche Substanzen oder abgewandelte Strukturen, sollte eine Übertragbarkeit der Methode auf LC-MS Systeme gewährleistet sein. Eine wesentliche Voraussetzung hierfür ist, dass der Eluent vollständig verdampfbar ist. Aus diesem Grund sollten Salz-haltige Eluenten wie z. B. Phosphat-Puffer vermieden werden. Zudem können Salze leicht auskristallisieren und dadurch die Lebensdauer der Säule stark beeinträchtigen.

Eine weitere Anforderung an die analytische Bestimmung der Triterpensäuren mittels HPLC bestand in dieser Arbeit darin, eine einfache Übertragung der Trennmethode in den präparativen Maßstab zu gewährleisten. Dafür sollte die Trennung isokratisch erfolgen, da dies den Aufwand für den Trennprozess vereinfacht. Gradiententrennungen erfordern im Gegensatz zu isokratischen Trennvorgängen nach jedem Lauf ein Äquilibrieren der Säule, wobei der Durchsatz verringert wird. Zudem trägt die Verwendung isokratischer Methoden ebenso zur Entwicklung einer nachhaltigen HPLC-Analytik bei indem z. B. Lösungsmittel, welches für das Äquilibrieren erforderlich wäre, eingespart wird (Kromidas 2012).

Die präparative HPLC zielt im Gegensatz zur analytischen HPLC insbesondere auf die Gewinnung reiner Substanzen mit hoher Produktivität (Ausbeute) und hohem Durchsatz (Kromidas 2012). Für die Bewertung der präparativen HPLC sind daher u.a. folgende Kenngrößen relevant: die Reinheit [%], der Ertrag [%], die Produktivität [g (l d)$^{-1}$], der Eluentverbrauch [l g^{-1}]. Diese Technik wird auch in der Bioaufarbeitung für Substanzen mit hohen Reinheitsanforderungen angewandt. Der Marktpreis der Zielprodukte sollte mindestens 1000 € je kg betragen damit die Wirtschaftlichkeit des Verfahrens gewährleistet ist. Präparative LC-Säulen mit einem Innendurchmesser im Bereich von 5 bis 15 cm sind in der Isolierung von sekundären Pflanzeninhaltsstoffen weniger verbreitet, da der Lösungsmittelverbrauch im Vergleich zur Menge an isoliertem Reinstoff sehr hoch ist. Häufiger werden hierfür semipräparative bzw. analytische Anlagen mit Mehrfachinjektion eingesetzt. Die semipräparative Technik wird bei der Isolierung von Naturstoffen mit sehr ähnlichen Eigenschaften verbreitet angewandt. Das Ziel der Isolierung und Reinigung einer Substanz ist auch das Ziel semipräparativer Methoden. Diese sind gegenüber präparativen Verfahren aufgrund der geringeren Anschaffungskosten der Säule und dem geringeren Lösungsmittelverbrauch (präparative Verfahren meist 100 ml min^{-1}) vorteilhaft. Die Konfiguration der HPLC und die Methodenparameter ähneln bei semipräparativen Trennverfahren stark denen analytischer Methoden. Semipräparative Verfahren erlauben Fließgeschwindigkeiten bis zu 25 ml min^{-1} (bei analytischen liegt diese bei max. 10 ml min^{-1}). Die semipräparativen Säulen sind zumeist etwas größer als die des analytischen Trennverfahrens, jedoch kleiner als bei präparativen Verfahren und daher günstiger in der Anschaffung. Die Probenaufgabe erfolgt meist durch Mehrfachinjektion, wobei die entsprechenden interessanten Fraktionen der eluierenden Peaks in Gefäßen gesammelt werden (Heilmann 2010).

Ein Großteil der für die Bestimmung von OS und US publizierten HPLC-Methoden weist eine gute Trennung der Analyten von weiteren Probenbestandteilen auf. Jedoch ist die Trennung beider Moleküle voneinander häufig nicht vollständig ausgeprägt z. B. (Lee et al. 2009; Wójciak-Kosior et al. 2013). Für eine quantitative Auswertung von Chromatogrammen sollte eine Basislinientrennung der Peaks vorliegen. Beide

Peaks sollten an der Basislinie beginnen und auch wieder zur Basislinie zurückkehren (Kromidas & Kuss 2008). In dieser Arbeit ist dies von besonderer Relevanz, da die zu erwartenden Gehalte in neu induzierten pflanzlichen in vitro Kulturen gering sein können, aber auch durch die de novo-Synthese von analogen Substanzen zu den beiden Triterpensäuren die Trennung erschwert werden kann.

Die Auflösung R_s beschreibt den Abstand zweier benachbarter Peaks an der Peakbasis (Basisbreiten w_b) (Formel 2). Dies ist die Größe, deren Verbesserung in der Chromatographie angestrebt wird. Dabei soll die Auflösung angemessen sein, d.h. für eine fehlerfreie und robuste Quantifizierung 1,8 bis 2 betragen. Eine höhere Auflösung bewirkt eine unnötige Verlängerung der Analysenzeit. Die Analysenzeit der HPLC-Methode sollte 30 min nicht überschreiten (Kromidas 2014).

R ist abhängig von der Bodenzahl, dem Trennfaktor und dem Retentionsfaktor (siehe Formel 3 und Formel 4). Die Bodenzahl ist ein Maß für die Verbreiterung der Substanzzone, d. h. die Peakbreite, und basiert auf Diffusionsvorgängen. Sie wird von einer Vielzahl von Parametern beeinflusst wie z. B. dem Injektionsvolumen, der Temperatur, der Eluentzusammensetzung, dem Fluss und ist nur schwer zu vergleichen. Der Trennfaktor α (Selektivitätsfaktor) gilt als ein Maß für die Fähigkeit eines chromatographischen Systems, bestehend aus stationärer und mobiler Phase sowie auch der Temperatur, zwei bestimmte Komponenten zu trennen (Formel 5). Der α-Wert beschreibt die Aufenthaltsdauer der zwei Komponenten in der stationären Phase, ist also stoffspezifisch und ein Maß dafür, inwiefern das chromatographische System beide Komponenten voneinander unterscheiden kann. Dieser Wert wird aus dem Verhältnis der Nettoretentionszeiten beider Komponenten gebildet und kennzeichnet den Abstand beider Peaks im Chromatogramm, wobei die Berechnung von Peakspitze zu Peakspitze erfolgt. Im Unterschied zur Auflösung spielt die Peakform dabei keine Rolle. Der Retentionsfaktor k beschreibt die Wechselwirkung einer Substanz im chromatographischen System, z. B. die Änderung der Verweilzeit der Substanz in der stationären Phase im Vergleich zur mobilen Phase. Der Retentionsfaktor ist abhängig von chemischen Einflüssen wie der stationären Phase, der mobilen Phase und der Temperatur und bleibt von der Säulendimension und dem Fluss unbeeinflusst (Kromidas 2012).

$$R_S = \frac{t_{R2} - t_{R1}}{(w_1 + w_2)/2} \qquad \text{(Formel 2)}$$

$$R = \frac{1}{4}\sqrt{N} \cdot \frac{\alpha - 1}{\alpha} \cdot \frac{k_2}{k_2 + 1} \qquad \text{(Formel 3)}$$

$$k = \frac{t_s}{t_m} \qquad \text{(Formel 4)}$$

$$\alpha = \frac{k_2}{k_1} \qquad \text{(Formel 5)}$$

R – Auflösung

N – Bodenzahl

t_s – Nettoretentionszeit

t_m – Totzeit

k_1 – Retentionsfaktor der schneller eluierenden Komponente

k_2 – Retentionsfaktor der langsamer eluierenden Komponente

α – Trennfaktor

Zur Verbesserung der Auflösung R ergeben sich drei Möglichkeiten. Mit einer Erhöhung der Wechselwirkung der Substanzen wird der k-Wert erhöht. Bei isokratischen Trennungen sollte k für eine geeignete Analysendauer, Robustheit und Auflösung zwischen 2 bis 8 betragen. Durch eine stoffspezifische Veränderung wird der α-Wert erhöht. Bei einer Erhöhung der Trennleistung nimmt die Bodenzahl N zu. Durch „physikalische" Veränderungen wie z. B. Vergrößerung des Säuleninnendurchmessers oder der Säulenlänge sowie eine Verringerung der Flussrate nimmt die Totzeit zu und damit auch die Retentionszeit. In einigen Fällen wird dadurch eine bessere Trennung erreicht. Daneben bestehen die Möglichkeiten, die Retentionszeit und folglich auch die Analysenzeit konstant zu halten und die Peakform zu verbessern durch z. B. den Ersatz von Methanol durch Acetonitril, kleinere Partikel der stationären Phase bzw. besser gepackte Säulen. Weiterhin kann die Wechselwirkung der Substanz mit der stationären Phase durch „chemische" Methoden erhöht werden. Dadurch wird jedoch die Retentionszeit verlängert. Beispiele hierfür sind die Änderung des Eluenten, der stationären Phase oder Absenkung der Temperatur. Wenn beide Komponenten unterschiedlich auf diese Änderungen reagieren z. B. durch pH-Wert-Änderung, kann die Trennung ebenfalls verstärkt werden. Nach Formel 2 reagiert die Auflösung auf eine Änderung von α am empfindlichsten. Um eine ausreichende Selektivität einer HPLC-Trennaufgabe vorzuweisen, sollte der Trennfaktor α Werte im Bereich von 1,05 bis 1,1 betragen. Der pH-Wert der mobilen Phase sollte ca. ± 0,5 pH-Einheiten um den pKs-Wert der zu trennenden Komponenten variiert werden, um eine möglichst hohe Selektivität und auch hohe Robustheit zu erreichen. Geringfügige Veränderungen des pH-Wertes der mobilen Phase im Bereich des pKs-Wertes der zu trennenden Komponenten können eine starke Variation der Retentionszeit hervorrufen, was die Robustheit der Trennungen negativ beeinflusst. Der pH-Wert der mobilen Phase sollte für eine reproduzierbare Trennung um mindestens 2 pH-Einheiten vom pKs-Wert abweichen (Kromidas 2012).

Um die Auflösung der Oleanol- und Ursolsäure im HPLC-Chromatogramm zu verbessern, eignen sich Cyclodextrine als Zusatz zur mobilen Phase. Cyclodextrine sind natürliche, zyklische Oligosaccharide, die sowohl hydrophile Bereiche außen als auch hydrophobe Bereiche innen aufweisen. Durch die Bildung von Einschluss-Komplexen und damit unterschiedliche Wechselwirkung der Substanzen, verändert sich der chromatographische Trennprozess. Daher können Cyclodextrine als Modifikatoren in der HPLC die Auflösung der Trennung verbessern. Im Fall der beiden Triterpensäuren geschieht dies durch die verstärkte hydrophobe Wechselwirkung der Säuren mit derivatisierten Cyclodextrinen, wobei OS stärker als US reagiert (Claude et al. 2004). Allerdings ist diese Technik nicht für eine Applikation bei der LC-MS sowie eine Übertragung auf eine präparative Isolierung geeignet, da die Cyclodextrine hierfür aus dem Zwischenprodukt abgetrennt werden müssten.

Darüber hinaus sollten in dieser Arbeit Nachhaltigkeitsaspekte nicht nur bei der Auslegung eines Produktionsprozesses eine Rolle spielen, sondern auch bei dem Monitoring berücksichtigt werden. In jüngster Zeit entwickelte sich ein Trend zu nachhaltigen Laboren und auch in der öffentlichen Beschaffungsrichtlinie sind verschiedene Umweltaspekte verankert. In der Chemie findet dieser Ansatz zunehmend Interesse bei der Entwicklung nachhaltiger Methoden in der Chromatographie (Płotka et al. 2013). Dieser

Trend zur Entwicklung einer „grünen Methode" zur Bestimmung von OS und US sollte in dieser Arbeit soweit möglich berücksichtigt werden.

2.4.3. Metabolitanalyse pflanzlicher Zellkulturen mittels GC-MS

Die GC-EI/MS ist zweifelsohne die leistungsfähigste Technik für die Trennung, Quantifizierung und Strukturaufklärung von sehr ähnlichen Isomeren. Die Bodenzahl für die HPLC liegt im Bereich von 1000 bis 8000, für die GC hingegen bei ca. 10 000 (Chromatographie - Chemgapedia 2019). Daher kann mit Hilfe der GC im Vergleich zu den zuvor beschriebenen chromatographischen Trenntechniken eine bessere Auflösung ähnlicher Komponenten erreicht werden.

Pflanzen gelten als vielfältige Quelle diverser Metabolite mit u. a. gesundheitsfördernden oder anderen bioaktiven Eigenschaften. Bei der Betrachtung pflanzlicher in vitro Kulturen als Systeme zur Produktion von biobasierten Wirkstoffen werden die Kulturen meist nur auf das Vorhandensein einzelner Komponenten hin untersucht. Der Einfluss des ganzen Metabolismus bleibt dabei unberücksichtigt. Mit der Erstellung metabolischer Profile können zum Beispiel Informationen über die pflanzlichen Stoffwechselwege erlangt werden. Die damit gewonnenen Erkenntnisse über die biochemischen Vorgänge in der Pflanzenzelle sind für die Produktion der Zielkomponenten relevant. Die Anwendung der GC-MS-Technik ermöglicht hierfür eine ungerichtete Analyse zur Identifikation einer Vielzahl nicht nur pflanzlicher Metabolite. Für einen erfolgreichen quantitativen Vergleich verschiedenster Metabolitgruppen und diverser Kulturarten sind bereits zahlreiche Beispiele in der Literatur beschrieben. Die Umgebung pflanzlicher Zellen in vitro weicht sowohl physiologisch als auch biochemisch von der einer intakten Pflanze im Freiland ab. Ebenso ist die Pflanzenzellkultur diversen Faktoren mit Einfluss auf die Metabolitsynthese unterlegen. Daher kann auch das biochemische Potential verschiedenster Kulturen untereinander starke Abweichungen aufweisen. Für die Produktion sekundärer Pflanzenstoffe sollten somit die Metabolitprofile über den Verlauf der Kultivierung unter verschiedenen Bedingungen sowie auch bei einer Maßstabsvergrößerung des Prozesses regelmäßig auf den Erhalt des biosynthetischen Potentiales untersucht werden (Georgiev et al. 2010).

Metabolomanalysen z. B. unter Anwendung der Massenspektrometrie eignen sich zur Analyse komplexer metabolischer Strukturen in biologischen Proben wie z. B. Organismen, Gewebestrukturen oder Zellen unter definierten Bedingungen. Metabolitanalysen werden in Bezug auf den angestrebten Informationsgewinn differenziert in das metabolische Profiling, die Metabolit-Target-Analyse und das metabolische Fingerprinting. Die metabolische Profilanalyse zielt darauf ab innerhalb vorgegebener Strukturklassen wie z. B. organischen Säuren, Aminosäuren und Kohlenhydraten, so viele Metabolite wie möglich aufzufinden. Die absolute Konzentration der Metabolite in der Ursprungsprobe steht dabei im Hintergrund. Das Profiling beabsichtigt den Vergleich der Anteile von Komponenten zwischen verschiedenen Proben in Bezug auf deren relative Intensität. Im Gegensatz dazu wird bei der Zielkomponenten-Metabolitanalyse durch spezifizierte Analysenprotokolle die absolute Konzentration einer konkreten Komponente bestimmt. Mit dem metabolischen Fingerprinting werden nicht einzelne Komponenten analysiert sondern Strukturmuster als Fingerabdruck aller messbaren Substanzen in der Probe erfasst und anschließend mit chemometrischen Methoden z. B. der Diskriminanzanalyse ausgewertet. Die Diversität der Strukturklassen von Metaboliten bedingt, dass wenn nur eine eingeschränkte Art der Probenaufarbeitung für die GC-Analytik verwendet wird, nicht sicher gestellt ist, dass damit auch sämtliche in der komplexen Probe vorhandene Metabolite erfasst werden. Vielmehr sollten verschiedene Techniken hierfür kombiniert werden um das komplexe Metabolitprofil abbilden zu können. Neben der GC-MS Analyse eignen sich zur Metabolitanalyse komplexer Proben z. B. die Kernspinresonanzspektroskopie sowie auch die Flüssigchromatographie gekoppelt mit der Massenspektrometrie. Die GC-MS gilt als der „Goldstandard" für Metabolomanalysen (Hill und Roessner 2013). Sie zeichnet sich durch eine hohe Trennleistung, sowie robuste Quantifizierungsmethoden aus. Die GC-MS ermöglicht zudem eine genaue Identifizierung verschiedenster Metabolite. Gegenüber anderen Analysensystemen für Metabolomanalysen sind die Anschaffungskosten vergleichsweise gering und ebenso die Kosten für den Betrieb und die Instandhaltung. Weiterhin unterstützen sowohl kommerzielle als auch öffentlich zugängige EI-Spektrenbibliotheken die Anwendung der GC-MS für die Errichtung einer Metabolomic-Plattform. Um das Jahr 2000 hat sich die Anwendung der GC-MS-Technologie für die Metabolitanalyse als Methode der Wahl etabliert. Diese Technik ermöglichte simultane Bestimmungen von 150 Komponenten in *Solanum tuberosum*, von über 200 Komponenten *in Lycopersicon esculentum* sowie von 326 Komponenten in *Arabidopsis thaliana* Extrakten von denen ca. 50 % identifiziert werden konnten (Roessner et al. 2002). In jüngster Zeit wurde die Methodik auf verschiedenste Anwendungen implementiert und zur Analyse diverser Pflanzenspezies und Gewebe herangezogen. Die GC ist vor allem für die Trennung niedermolekularer und flüchtiger Komponenten geeignet. Die Flüchtigkeit höhermolekularer Substanzen kann durch chemische Derivatisierung in flüchtige Metabolite erhöht werden. Diese müssen für eine erfolgreiche GC-Analytik jedoch thermisch stabil sein. Die Quantifizierung der Metabolitgehalte erfolgt in der GC-MS zum einen über die externe, aber auch über die interne Kalibrierung. Für die Auswertung der komplexen Datensysteme der ungerichteten Analyse müssen statistische Verfahren der Bioinformatik herangezogen werden (Hill und Roessner 2013).

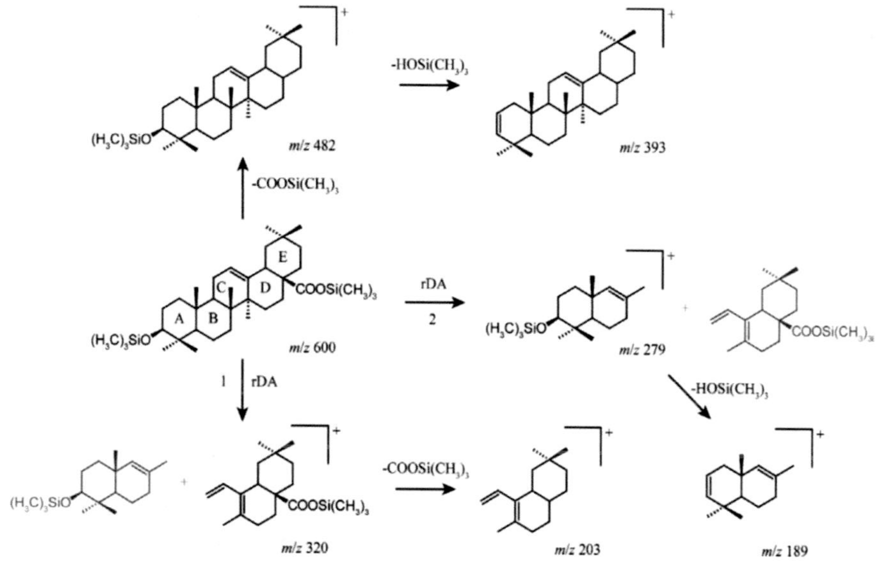

Abbildung 7 Fragmentierungsverhalten und charakteristische Fragmente der Oleanolsäure im EI-MS-Spektrum in Anlehnung an Pollier & Goossens (2012)

Für die GC-Analytik von Triterpensäuren ist bedingt durch das hohe Molekulargewicht, die hohe Polarität und die schlechte Verdampfbarkeit eine vorangegangene Derivatisierung erforderlich. Weit verbreitet wird dies durch Trimethylsilylierung (TMS) realisiert (Bhat et al. 2005; Pollier & Goossens 2012). Die Fragmentierungsmuster, welche bei der Trimethylsilylierung von OS und Ionisierung mittel Elektronenstoßverfahen (EI) in der Massenspektrometrie erhalten werden, sind in Abbildung 7 dargestellt. Ursolsäure zeichnet sich durch ein ähnliches Fragmentierungsverhalten aus (Razboršek et al. 2008). An der C12-C13- Doppelbindung erfolgt eine Retro-Diels-Alder (rDA)-Reaktion unter Öffnung des C-Ringes. Dabei entstehen die Fragmente des ABC$^+$-Ringes und des C$^+$DE-Ringes, wodurch die Ladung am Teil des Diens umgekehrt wird. Bei OS entsteht dabei das Ion mit der m/z 320, welches in der Folgereaktion seine TMS-Carboxylgruppe abspaltet. Dies führt zu dem Ion mit der m/z 203. Durch weitere Abspaltung des E-Ringes entsteht das Ion mit m/z 133. Über eine alternative Route der rDA-Reaktion, bei der durch den Transfer eines H-Atomes während der Öffnung des C-Ringes zu dem geladenen Molekülteil ABC$^+$ führt, entsteht das weniger intensive, aber auch charakteristische Ion bei m/z 279. Durch Abspaltung der TMSi-Hydroxylgruppe entsteht das Fragmention bei m/z 189. Das Molekülion führt zu dem Signal bei m/z 600. Durch Abspaltung der Methylgruppe entsteht das Ion m/z 585, durch Abspaltung der TMSi-Carboxylgruppe das Ion bei m/z 482, durch Verlust der TMSi- Carboxyl- und TMSi-Hydroxylgruppe das Ion mit m/z 393. Das Ion bei m/z 73 entspricht dem TMSi-Fragment. Eine Unterscheidung der Signale ist über die Intensität der Signale bei m/z 133 und m/z 320 möglich, welche für US intensiver sind als bei OS (Razboršek et al. 2008; Pollier & Goossens 2012).

Die GC-MS Analysen mit EI von freien Triterpensäuren, -acetaten und Trimethylsilylestern weisen niedrige Nachweisgrenzen auf und sind im Vergleich zu einer

Thermospray-Flüssigchromatographie mit EI durch eine hohe Selektivitat gekennzeichnet (Heinzen et al. 1996).

2.5. Bioaufarbeitung pflanzlicher Zellkulturen und Isolierung von Triterpensäuren

2.5.1. Aufarbeitung zellbasierter Produkte

In Bioprozessen liegt das gewünschte Zielprodukt nach der Kultivierung der Organismen in einer hoch komplexen Matrix aus Zellen und Medium vor. Das Ziel bei der Gewinnung des reinen Wirkstoffes besteht darin, zumeist Einzelkomponenten aus diesem vielfältigen Gemisch verschiedenster Substanzen mit möglichst geringen Verlusten zu isolieren. Dies erfordert eine auf die spezifischen Anforderungen der Zielprodukte bzw. Zellen angepasste Kombination verschiedener Aufarbeitungsstufen (siehe Abbildung 8). Nach der Kultivierung müssen die Zellen bzw. nach einem Zellaufschluss müssen die Zellrückstände von der Nährlösung abgetrennt werden. Anschließend erfolgen die Isolierung und die Konzentrierung des Wirkstoffes, welchen sich die Feinreinigung anschließt. Vor allem mechanische und thermische Trennverfahren sowie Verfahren zur Desintegration der Zellen spielen eine Rolle bei der Gewinnung zellbasierter Produkte. Diese Verfahren bewirken beispielsweise eine Abtrennung der Zellen vom Medium, einen Zellaufschluss sowie auch eine Konzentrierung oder Abtrennung von Stoffen unterschiedlichster Molekulargröße. Gängige Techniken, die in der Aufarbeitung zellbasierter Produkte Anwendung finden, sind die Zentrifugation, die Filtration, der Zellaufschluss, die Extraktion und die Chromatographie.

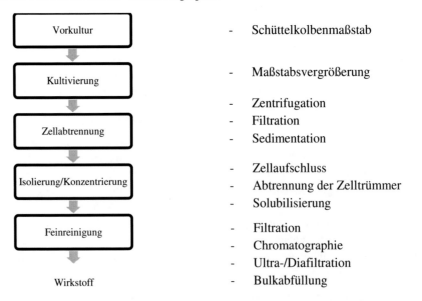

Vorkultur	- Schüttelkolbenmaßstab
Kultivierung	- Maßstabsvergrößerung
Zellabtrennung	- Zentrifugation - Filtration - Sedimentation
Isolierung/Konzentrierung	- Zellaufschluss - Abtrennung der Zelltrümmer - Solubilisierung
Feinreinigung	- Filtration - Chromatographie - Ultra-/Diafiltration
Wirkstoff	- Bulkabfüllung

Abbildung 8 Prozessablauf für die Wirkstoffproduktion bei intrazellulären Produkten

Die Abtrennung der Zellen vom Kulturmedium kann in Abhängigkeit von den Zelleigenschaften mittels Sedimentation, Zentrifugation oder Filtration vorgenommen werden. Pflanzenzellen zeichnen sich durch einen, im Vergleich zu Mikroorganismen, hohen Wassergehalt aus. Viele sekundäre Pflanzenstoffe, zu denen auch die Triterpensäuren OS und US gehören, werden bevorzugt in der stationären Phase der Kultivierung gebildet. In dieser Wachstumsphase erfolgt eine Vakuolisierung der Zellen. Die dabei steigende Konzentration des intrazellulären Wassers verringert den ohnehin geringen Dichteunterschied zwischen den Zellen und dem umgebenden Medium zusätzlich. Bei Trennprozessen mit geringem Dichteunterschied kommen Filtrationsverfahren zum Einsatz. Für die Abscheidung der Pflanzenzellen aus dem Nährmedium eignet sich beispielsweise die Kuchenfiltration, wobei die Zellen bzw. Zellbruchstücke sich auf dem Filter in Form eines sogenannten Filterkuchens anlagern und davon manuell oder mit mechanischen Austragshilfen entfernt werden können. Dabei muss der Trennprozess kurzzeitig unterbrochen werden. Eine wichtige Voraussetzung für das vollständige Abscheiden der Zellen ist, dass die Porengröße der Filtermembran wesentlich kleiner als die Größe der Zellen bzw. -bruchstücke ist. Die Größe von Pflanzenzellen liegt im µm-Bereich, wobei die Zellen meist Aggregate aus hunderten Einzelzellen bilden. Filtermembranen sind mit Porengrößen im Bereich weniger µm bei der Tuchfiltration bis in den pm-Maßstab in diversen Materialien verfügbar. Die Kuchenfiltration kann auch bei hohen Biomassekonzentrationen angewandt werden und eignet sich auch zum Waschen des Zellkuchens. Dadurch können Substanzen, welche nachfolgende Aufarbeitungsschritte stören, wie z. B. Zucker, entfernt werden. Probleme bei der Kuchenfiltration bestehen vor allem darin, dass die Membran schnell verstopfen kann (sogenanntes „Clogging") und sich Deckschichten bilden (Fouling). Die Kuchenfiltrationsprozesse können semikontinuierlich und kontinuierlich ausgelegt sein. Bei letzgenannter erfolgt der Kuchenaufbau in regelmäßigen Abständen. Die Intensität der Reduktion der Feststoffkonzentration in der Suspension durch die Filtration wird als Abscheidegrad bezeichnet. Druckfilter und Drucknutschen sind klassische Bauarten für diesen Filtrationstyp. Filtrationszentrifugen mit Schälvorrichtung nutzen zusätzlich die Zentrifugation und können diskontinuierlich oder auch kontinuierlich mittels Schneckenaustrag im industriellen Prozess hierfür eingesetzt werden (Chmiel 2011; Storhas 2013).

Wenn das Zielprodukt intrazellulär vorliegt, müssen die Zellen nach der Abtrennung vom Kulturmedium aufgeschlossen werden. Dabei wird das Zielprodukt freigesetzt und steht für weitere Aufarbeitungsschritte zur Verfügung. Der dafür erforderliche Aufwand bzw. Energieeintrag hängt davon ab, in welchem Zellkompartiment das Zielprodukt lokalisiert ist. Je besser das Produkt in der Zellstruktur geschützt ist, desto aufwendiger gestaltet sich dessen Freisetzung. Die Zerstörung der Zellstruktur kann durch physikalische, chemische und biologische Effekte erfolgen. Verfahren zum Zellaufschluss unterteilen sich in: mechanische, physiko-chemische und biologische Verfahren. Mechanische Verfahren nutzen u. a. Ultraschall, Nassvermahlung in Kugelmühlen oder Hochdruck-homogenisation. Zu den physiko-chemischen Verfahren zählen die Einwirkung von osmotischem Druck, Gefrieren und Auftauen, Gefriertrocknung sowie die Zugabe von Detergenzien und Lösungsmitteln. Der chemische Zellaufschluss bewirkt meist eine Permeabilisierung der Zellwand, was eine Diffusion von intrazellulären Stoffen aus der Zelle heraus ermöglicht. Die Einwirkung von Viren, Phagen, Antibiotika und lytischen Enzymen wird bei biologischen Verfahren genutzt. Biologische Verfahren wie die enzymatische Hydrolyse sind sehr schonend und werden weit verbreitet in Mikroorganismen, die eine hohe Zellstabilität aufweisen z. B. zur Isolierung von DNA eingesetzt. Die biologischen Verfahren sind sehr aufwendig und kostenintensiv. Daneben erfolgt eine Zugabe biologisch aktiver Komponenten, welche in zusätzlichen Aufarbeitungsschritten aus dem komplexen Gemisch entfernt werden müssen. Aus diesem Grund ist ein Einsatz biologischer Verfahren zur Gewinnung pflanzlicher Sekundärmetabolite aus Pflanzenzellen nicht denkbar. Mechanische und physiko-chemische Verfahren zeichnen sich durch eine gute Skalierbarkeit aus und eignen sich daher für die Entwicklung industrieller Prozesse. Bei der mechanischen Zerkleinerung ist eine möglichst effektive Nutzung der auf die Zellen eingebrachten Energie anzustreben. Der dafür erforderliche Leistungseintrag erfolgt beispielsweise durch Prall, Reibung, Druck, Pressung und Kavitation. Mittels Desintegration wird durch den Energieeintrag die strukturelle Integrität der Zelle aufgehoben, d. h. die Zellwand wird aufgebrochen und es entstehen Zelltrümmer und der zellinterne Wirkstoff wird freigesetzt. Dabei wird der Zellstoffwechsel unterbrochen und die Zelle ist nicht mehr lebensfähig. Die Zerstörung der Zelle kann vollständig oder auch nur teilweise erfolgen. Neben den Zielprodukten können auch andere unerwünschte Zellinhaltsstoffe austreten. Das Ziel des Zellaufschlusses besteht darin die Desintegration so auszulegen, dass die Zielprodukte freigesetzt werden und die Zellbruchstücke leicht abzutrennen sind. Sind die Zelltrümmer zu stark verkleinert, ist deren Abtrennung aus der Zellbrühe problematisch, da z. B. der Größenunterschied zu den Partikeln der Zellbrühe zu gering ist. Um Kosten zu vermeiden und auch, weil bei dem mechanischen Zellaufschluss ein großer Teil der eingetragenen Energie in Wärme umgewandelt wird, sollte der Energieeintrag möglichst gering gehalten werden. Ein intensiver Energieeintrag kann bei temperaturempfindlichen Produkten ebenfalls Schädigungen hervorrufen (Chmiel 2011; Storhas 2013; Kröger & Meyer-Rogge 2016).

In der Aufarbeitung biologischer Produkte wird für den Zellaufschluss im Produktionsmaßstab am häufigsten der Hochdruckhomogenisator verwendet. Diese Technik kommt beispielsweise auch in der Lebensmittelindustrie u. a. bei der Dispergierung von Milch zum Einsatz. Der Hochdruck-homogenisator besteht aus einer Hochdruckpumpeneinheit (Verdrängerpumpe), welche die Suspension verdichtet, und einer Homogenisiereinheit. Die Zellsuspension wird zumeist mit geringem Vordruck über eine Kolbenpumpe prozessiert. In der Homogenisiereinheit erfolgt die Umsetzung des entstehenden Druckes in Geschwindigkeit, Scherung, Normal- und Zugspannungskräfte durch ein Ventil und es bildet sich eine stark kavitierende Strömung. Diese Kavitation bewirkt durch eine spontane Druckabsenkung die Zerstörung der Zellen. Die Druckabsenkung geht mit starken Spannungskräften der Scher- und Normalspannung einher. Scherkräfte wirken an den Ventilwänden auf die Flüssigkeit. Am Prallring erfolgt eine Prallbeanspruchung. Daneben kommt es zu Geschwindigkeitsänderungen des Fluids, Turbulenz und Kavitation. Durch den Zerfall von Kavitationsdampfblasen werden Drücke bis zu 10^5 bar erreicht. Das Homogenisierventil verschleißt dabei sehr schnell. Bei Homogenisationsvorgängen mit einer geringen Prozesszeit von ca. 200-250 ms, welche jedoch von dem erforderlichen Druck abhängt, und einer gleichbleibenden Druckdifferenz beeinflusst der Durchsatz die Desintegration nicht (Storhas 2013). Für den Hochdruckhomogenisationsprozess ergeben sich folgende Haupteinflussgrößen auf den Zellaufschluss: die Druckdifferenz der Homogenisation, die Anzahl der Passagen, das Design des Homogenisierventils, die Konzentration der Zulaufsuspension, das Lösungsmittel und die

Prozesstemperatur. Neben den Hochdruckhomogenisatoren werden in der industriellen Bioverfahrenstechnik für den mechanischen Zellaufschluss auch Rührwerkskugelmühlen verwendet (Kampen 2006). Hochdruckhomogenisatoren und Rührwerkskugelmühlen sind für den Zellaufschluss im industriellen Maßstab geeignet. Dabei kann ein Aufschlussgrad von 85 % erreicht und mit Energiekosten von 0,02 bis 0,1 € pro kg Feuchtmasse gerechnet werden (Chmiel 2011). Die Aufschlussparameter und die Zellaufschlussrate lassen sich bei diesen Technologien jedoch nur bedingt einstellen (Uhlmann et al. 2013).

Der Zerkleinerungsgrad α beschreibt das Ausmaß der Verringerung der Partikelgröße bei dem Zellaufschluss und wird aus dem Quotienten des Größtkorndurchmessers im Aufgabegut und dem des zerkleinerten Produktes berechnet. Wenn die Zellen lediglich aufgerissen werden und keine formale Zerkleinerung stattfindet, kann α auch den Wert 1 annehmen. Die Erhöhung der Temperatur bei der Hochdruckhomogenisation stellt ein Maß für den Leistungseintrag dar (Storhas 2013). Als weitere Größe, welche den Erfolg des Zellaufschlusses beschreibt, gilt der Aufschlussgrad A (Kampen 2006; Storhas 2013; Uhlmann et al. 2013). Dieser kann direkt durch eine mikroskopische Beurteilung des Zerstörungsgrades z. B. anhand der Lebendzellzahl bestimmt werden Die Bestimmung der Lebendzellzahl liefert jedoch subjektive Ergebnisse und gestaltet sich für pflanzliche Zellkulturen schwierig, da es bisher keine zuverlässige mikroskopische Methode dafür gibt und eine Vermehrung auf Nährmedium zur Bestimmung der Regenerationsfähigkeit der Zellen einen hohen zeitlichen Aufwand darstellt. Alternativ kann die Freisetzung des Zielproduktes als indirekte Methode zur Beurteilung des Zellaufschlusses herangezogen werden. Wenn der intrazelluläre Salzgehalt von dem des Mediums verschieden ist, kann die Bestimmung von A über die Änderung der Leitfähigkeit erfolgen. Allgemein wird der Aufschlussgrad über den Quotienten aus der Menge an freigesetztem Zielprodukt und maximal möglicher Menge an Zielprodukt R_{max} errechnet und prozentual angegeben (Formel 6). Folglich wird bei einem A von 100 % von einem Totalaufschluss gesprochen. R_{max} kann aus dem Aufschlussgut mit Hilfe einer Referenzmethode zur Analytik der Zielprodukte bestimmt werden:

$$A = \frac{R}{R_{max}} \cdot 100 \ [\%]. \quad \text{(Formel 6)}$$

A   – Aufschlussgrad [%]

R   – Momentanwert der Menge an Zielprodukt

R_{max} – maximale Menge an Zielprodukt

k_1 – Geschwindigkeitskonstante für Reaktion [bar^{-2}]

$$ln\left(\frac{100}{100-A}\right) = k_1 \cdot N \cdot p^a \quad \text{(Formel 7)}$$

N   – Anzahl der Durchläufe

p   – Druckdifferenz [bar]

Die Kinetik des Aufschlusses beschreibt das Modell von Hetherington aus dem Jahre 1971 (Kampen 2006) (Formel 7). Dabei ist der Aufschlussgrad abhängig von der Anzahl der Durchläufe und dem Druck im Homogenisator. Die Faktoren k_1 und a kennzeichnen den Zelltyp, die Wachstumsphase, das Kulturmedium, das Design des Ventils, die Temperatur und auch die Trockenmasse.

Die Vorhersage wurde durch Erweiterungen dieses Modells durch Kleinig, Middelberg und O'Neill präzisiert (Kampen 2006). An den Zellaufschluss ergeben sich folgende Anforderungen: Der Aufschlussgrad sollte nahezu 100 % betragen und dabei eine quantitative Freisetzung der Zielprodukte erwirken. Zellinhaltsstoffe sollen austreten und dabei soll aber das Zielprodukt nicht geschädigt werden. Auch Produktverunreinigungen durch z. B. unreine Gefäße sind insbesondere bei pharmazeutischen Produkten zu vermeiden. Der Zellaufschluss allgemein ist für Zerkleinerungen bei Größtkorndurchmessern von 50 bis 1 μm geeignet (Storhas 2013).

Die Wahl der Technik und die geforderten Parameter des Zellaufschlusses müssen individuell auf den jeweiligen Organismus und das angestrebte Produkt angepasst werden. Der wichtigste Einflussparameter des Hochdruckhomogenisationsprozesses ist die Druckdifferenz. Der am Homogenisierventil aufgebaute Vordruck ist proportional zum mechanischen Aufschlusseffekt. Je größer die Druckdifferenz beim Aufschluss ist, desto mehr Zellen werden innerhalb einer Passage aufgeschlossen. Um einen Zellaufschluss zu erreichen, ist eine Mindestdruckdifferenz erforderlich, welche von der Art des aufzuschließenden Mikroorganismus und seiner Strukturstabilität abhängt. Der Zulaufkonzentration wird von Storhas (2013) ein geringer Einfluss auf die Homogenisation zugesprochen. Im Bereich von 3,5 bis 24 % Trockenmasse ist der Aufschlussgrad unabhängig von der Trockenmassekonzentration (Kampen 2006). Für eine effektive Nutzung der Energie sollte die Trockenmassekonzentration möglichst hoch gewählt werden. Hohe Biomassekonzentrationen gehen jedoch mit hohen Viskositäten und einer stark begrenzten Beweglichkeit der Einzelpartikel einher und haben somit einen starken Einfluss auf die Verfahrenstechnik. Da die Wertprodukte in der Regel temperaturempfindlich sind, kann eine Geschwindigkeitserhöhung des Aufschlusses durch Temperaturerhöhung meist nicht genutzt werden. Je Zyklus und 100 bar Druckdifferenz erfolgt eine Temperaturerhöhung von ca. 2,4 °C. Ein produktschädigender Einfluss kann z. B. durch eine Kühlung im Prozessraum oder einen zusätzlichen Kühlschritt verhindert werden. Daneben sollte die Druckstufe möglichst niedrig gewählt werden, damit der Energieeintrag niedrig bleibt. Um dennoch einen vollständigen Aufschluss zu garantieren, sollte die Zykluszahl erhöht werden (Storhas 2013). Dadurch werden jedoch die Durchsatzeffizienz und die Partikelgröße verringert.

Osmotische Effekte bewirken einen starken Einfluss auf den Zellaufschluss. Eine Überführung der Zellen in eine Lösung mit geringerer osmotischer Aktivität führt zu einer deutlichen Verbesserung des Zellaufschlusses (Kampen 2006). Der Einfluss des pH-Wertes auf den Zellaufschluss ist zumeist gering (Kampen 2006). Er kann jedoch eine chemische Lyse der Zellen bewirken und bei pH-empfindlichen Produkten Schädigungen herbeiführen. Die Viskosität zeigte keinen Einfluss auf den Zellaufschlusseffekt von Hefezellsuspensionen (Kampen 2006). Bei Zellen, die eine hohe Stabilität aufweisen, können biologische und chemische Zusätze die Anzahl erforderlicher Passagen verringern. Für die Auslegung des Verfahrens zum Zellaufschluss spielt die Stabilität der Zellwand eine wichtige Rolle. Diese hängt von diversen Faktoren wie z. B. den Kultivierungsbedingungen und der Wachstumsphase der Zellen ab. Mit Hilfe der Mikromanipulation, bei der eine vereinzelte Zelle zwischen zwei Stempeln zusammengepresst wird, können die mechanischen Eigenschaften von Mikroorganismen untersucht werden. Aus dem Kraft-Weg-Diagramm erfolgt die Ermittlung der für das Aufplatzen der Zellen erforderlichen Kraft. Wenn die Zelle beansprucht wird, reagiert diese zunächst mit einer elastischen Verformung, welche bis zu 50 % des Zelldurchmessers erreichen kann. Diese Deformation wird durch die Osmolarität des Mediums und die Geschwindigkeit der Beanspruchung beeinflusst. Für pflanzliche Zellen der Tomate wurde hiermit beispielsweise eine Berstkraft von 5 mN ermittelt, bei Hefen liegt diese im Bereich von 10-175 µN, bei *E. coli* hingegen bei 3,6 µN (Kampen 2006). Beispielsweise benötigt *S. cerevisiae* einen relativ geringen Energieeintrag beim Zellaufschluss. Für *E. coli* hingegen ist dieser relativ hoch. Bei suspendierten Mikroorganismen, welche eine niedrige Viskosität aufweisen, eignen sich auch Rührwerkskugelmühlen zum mechanischen Zellaufschluss (Brixius 2003; Kampen 2006; Storhas 2013). Daneben kann die Beanspruchung in einem Rotationsviskosimeter zur Bestimmung der mechanischen Stabilität herangezogen und der Elastizitätsmodul aus den Kraft-Weg-Kurven bestimmt werden. Eine Bestimmung des Elastizitätsmoduls bei pflanzlichen Zellkulturen ist nicht bekannt und gestaltet sich schwierig, da die hierfür üblichen Methoden auf Festkörper ausgelegt sind. Eine Übertragung auf Zellsuspensionen wird als schwierig eingeschätzt.

Das Aufschlussprinzip der sogenannten French Press ist dem des Hochdruckhomogenisators sehr ähnlich. Die French Press wurde anfänglich als Zellaufschlussgerät mit diskontinuierlichem Betrieb entwickelt und eignete sich wegen des geringen Prozessiervolumens von ca. 50 ml nur zur Anwendung im Labormaßstab. Weiterentwicklungen dieses Ursprungsmodells wie die Hughes Press und die X-Press arbeiten mit gefrorenen Suspensionen bei höherem Druck bis zu 500 bar. Daneben gibt es zahlreiche Konstrukte, die für spezielle Anwendungen ausgelegt wurden. Neuere Entwicklungen zur Erweiterung des Einsatzbereiches ermöglichen auch eine satzweise Verarbeitung größerer Volumina. In der Literatur wird für Hochdruckhomogenisationsprozesse im Technikums- und Produktionsmaßstab ein Durchsatz von 30 bis 8000 l h^{-1} angegeben (Kampen 2006; Uhlmann et al. 2013).

2.5.2. Gewinnung von Triterpensäuren aus Pflanzen

In der Pharmazie werden pflanzliche Wirkstoffe zumeist als pflanzenbasierte Zubereitungen, sogenannte Phytopharmaka, angewandt. Für die Herstellung pflanzenbasierter Extrakte werden überwiegend getrocknete, seltener frische pflanzliche Drogen, schrittweise durch das Zermahlen, das Sieben und den Extraktionsvorgang aufgearbeitet. Allgemein kommen für die Extraktion von Naturstoffen und Phytopharmaka aus Pflanzen vielfältige Techniken zum Einsatz. Ondruschka und Klemm (2008) geben einen Überblick über die aktuell angewandten Verfahren zur Phytoextraktion im technischen Maßstab. Auch wenn die moderne Technik neue, hocheffiziente Verfahren für die Extraktion pflanzlicher Wirkstoffe wie beispielsweise Ultraschall-Extraktion und Mikrowellenextraktion im analytischen Maßstab bereitstellt, ist die Umsetzung dieser Techniken im Produktionsmaßstab ökonomisch nicht vertretbar. Hier werden häufig klassische Extraktionsverfahren mit Ethanol angewandt. Somit gab es in den letzten Jahren keine oder unwesentliche Entwicklungen auf dem technischen Entwicklungsstand der Extraktion von Naturstoffen aus Pflanzenmaterial. Gegenwärtig unterliegt die Herstellung von Arzneimitteln, die Wirkstoffe pflanzlichen Ursprungs enthalten, nach Fahr und Voigt (2015) folgenden Anforderungen: Die Wirkstoffgewinnung soll gemäß den Anforderungen des Arzneibuches ohne Veränderungen in stabilen Verfahren erfolgen. Dabei sind hohe Ausbeuten anzustreben und eine langfristige Stabilität der Wirkstoffgehalte zu gewährleisten. Ausgangsstoffe für die Herstellung von pflanzlichen Arzneiformen sind Frischpflanzen, getrocknete Pflanzen, Pflanzenteile und pflanzliche Rohprodukte. Nach dem Sammeln bzw. auch Trocknen erfolgt eine Vorbehandlung der Drogen in der z. B. Metallteile entfernt werden und Schadinsekten abgetötet werden. Anschließend wird die Droge durch Ausschaltung der Enzymaktivität stabilisiert. Dazu erfolgen entweder eine Inaktivierung z. B. durch Wasserentzug oder eine irreversible Schädigung z. B. durch Hitze oder Ethanol. Für die Herstellung pflanzlicher Arzneiformen kommen Press- oder Extraktionsverfahren zum Einsatz. Bei Pressverfahren werden aus der Frischpflanze mit Hilfe von z. B. Spindelpressen oder hydraulischen Pressen sogenannte Presssäfte mit wasserlöslichen Zellbestandteilen gewonnen. Bei Extraktionsverfahren werden zerkleinerte Frischpflanzen oder getrocknetes Pflanzenmaterial mit einem Auszugsmittel versetzt. Die Eignung der Art und der Konzentration eines Mittels zur Extraktion eines Wirkstoffes hängen von dessen Löslichkeit und dessen Stabilität ab. Meist werden Ethanol-Wasser-Mischungen als Extraktionsmittel verwendet (Fahr & Voigt 2015). Die Zerkleinerung des Pflanzenmaterials ist eine Voraussetzung für die Gewinnung pflanzlicher Inhaltsstoffe. Je kleiner die Bruchstücke sind, desto größer ist die Oberfläche, welche das Extraktionsmittel angreift. Eine zu starke Zerkleinerung bewirkt jedoch auch eine zumeist schwierigere Abtrennung der Partikel vom Extrakt. Daneben wird die sorptive Wirkstoffbindung an der Partikeloberfläche mit Abnahme der Partikelgröße verstärkt. Die Löslichkeit und Stabilität der Wirkstoffe sind charakteristische Merkmale, die bei der Prozessauslegung zur Wirkstoffgewinnung berücksichtigt werden müssen. Häufig werden Wasser oder Ethanol als Extraktionsmittel eingesetzt, da beide eine hohe Extraktionskraft für eine Vielzahl pflanzlicher Metabolite aufweisen. Wässrige Lösungen beherbergen jedoch ein hohes Risiko von mikrobiellem Befall, da auch Zucker extrahiert werden, die den Mikroorganismen als Nahrung dienen. Daneben kann es zu einem raschen Abbau der Wirkstoffe durch hydrolytische und enzymatische Spaltungsreaktionen kommen. Bei wässrigen Lösungen können Wirkstoffe durch eine starke Quellung zurückgehalten werden. Ethanol bewirkt keine Quellung der Zellmembranen und trägt zur Stabilisierung der Wirkstoffe bei. Zudem dient es als Fällungsmittel für Proteine und hemmt dadurch die Enzymaktivität. Optimale Wirkstoffausbeuten werden zumeist mit Ethanol-Wasser-Mischungen mit 30 bis 70 % (V/V) Ethanol erreicht. Glykoside und Saponine sind im Allgemeinen in Wasser und Ethanol gut löslich. Ethanolische Extrakte enthalten Harze, Balsame und Chlorophyll, z. T. auch organische Säuren, anorganische Salze und Zucker (Fahr & Voigt 2015).

Der Extraktionsprozess gliedert sich in zwei Phasen: die Auswasch- und die Extraktionsphase. Das vorbehandelte Drogenmaterial wird mit dem Extraktionsmittel versetzt, wobei das Lösungsmittel leicht in die Zellen eindringt und ausgewählte Zellbestandteile aufnimmt. Dieser Übergang der Wirkstoffe in das Lösungsmittel erfolgt sehr schnell und wird als Auswaschphase bezeichnet. Je kleiner die Partikel der Drogen sind, desto mehr gewinnt diese Phase an Bedeutung. Die Extraktionsphase gestaltet sich komplexer: Die geschrumpfte Zellwand muss zunächst aufquellen, damit die Lösungsmittelmoleküle in das Zellinnere gelangen. Da die Zellulosegerüstsubstanzen der Zellwand Flüssigkeitsmoleküle binden, bilden sich sogenannte Intermizellarräume. Diese Zwischenräume ermöglichen den Übergang des Extraktionsmittels in das Zellinnere. Diese

Quellvorgänge treten vor allem bei Extraktion mit Wasser auf. Daher ist die Verwendung von Alkohol-Wasser-Mischungen bei der Herstellung pharmazeutischer Zubereitungen häufig vorteilhafter gegenüber dem Lösungsmittel (Fahr & Voigt 2015).

Im getrockneten Pflanzenmaterial ist das Protoplasma geschrumpft und die Zellinhaltsstoffe liegen in kristalliner oder amorpher Form vor. Bei Zugabe von Lösungsmittel quillt das Protoplasma und die Zellinhaltsstoffe werden gelöst. Diese gelösten Substanzen diffundieren getrieben durch das Konzentrationsgefälle zwischen der Lösung im Zellinneren und der Zellumgebung durch die Membran in das Zelläußere. Dieser Übergang erfolgt bis zum Ausgleich des Konzentrationsgefälles. Ein Transport von Kolloiden wird durch die Porenweite bestimmt (Fahr & Voigt 2015).

Nach kühler Lagerung über wenige Tage wird der Ansatz für die Herstellung von Fluidextrakten filtriert. Zur Gewinnung von Trockenextrakten wird der Auszug eingedampft (Fahr & Voigt 2015). Durch Extraktion von Pflanzenmaterial werden in der Pharmazie verschiedene Arzneiformen gewonnen, z. B. wässrige Auszüge, Tinkturen und Extrakte. Bei wässrigen Auszügen beträgt das Verhältnis Droge zu Auszugsmittel meist 1:10. Bei Tinkturen wird häufig Ethanol mit 70 % (V/V) bei einem Verhältnis Droge zu Auszugsmittel von 1:5 bis 1:10 verwendet. Bei der pharmazeutisch-technologischen Klassifizierung von Extrakten erfolgt die Einteilung nach der Beschaffenheit. Das Extraktionsmittel Ethanol wird häufig z. B. mittels Destillation verdampft und dabei werden aus Fluidextrakten sogenannte Dick- oder Trockenextrakte erhalten. Im Labormaßstab wird dies mittels Rotationsverdampfern und im industriellen Maßstab durch Dünnschichtverdampfer bei Temperaturen unter 50 °C umgesetzt. Schonendere Verfahren sind die Gefrier- oder auch Sprühtrocknung. Die Gefriertrocknung erfolgt frei von thermischer Belastung, dauert jedoch mit mehreren Stunden relativ lange. Die Sprühtrocknung verläuft in einem Arbeitsgang durch Zerstäubung und ist somit sehr schnell.

Eine gängige Methode zur Bereitung pflanzlicher Extrakte im industriellen Maßstab stellen die Mazeration in Rührkesseln mit Temperaturkontrolle im batch-Betrieb sowie davon abgeleitete Verfahren dar (Kassing et al. 2010). Bei diesem einfachen und schonenden Verfahren zur Wirkstoffextraktion, welches vom lat. *macerare* „ein-, aufweichen, wässern" abgeleitet ist, wird das zerkleinerte Pflanzenmaterial mit dem Extraktionsmittel versetzt und unter Lichtausschluss gelagert. Dadurch werden von Licht katalysierte Reaktionen oder Farbänderungen vermieden. Die Bearbeitungszeit reicht laut Arzneibuch von 4 bis 10 d, wobei 5 d in der Regel ausreichen um das Konzentrationsgleichgewicht der Extraktstoffe zwischen dem Zellinneren und der Flüssigkeit zu erreichen. Durch den Ruhezustand wird der Wirkstoffübergang verlangsamt. Während der Extraktionszeit kann der Ansatz wiederholt geschüttelt werden z. B. dreimal täglich, um den Konzentrationsausgleich zu beschleunigen. Es handelt sich bei der Mazeration somit um ein nicht erschöpfendes Auszugsverfahren, da die Extraktion der Pflanzeninhaltsstoffe nur bis zum Konzentrationsausgleich erfolgt. Ein hoher Wirkstoffanteil bleibt bei diesem diskontinuierlichen Verfahren zurück. Um den Prozess, der mehrere Tage dauert, wirtschaftlicher zu gestalten, gibt es mehrere Möglichkeiten wie beispielsweise die Remazeration, eine Temperaturerhöhung und eine erhöhte Bewegung. Bei der Remazeration erfolgt eine 2-fache Extraktion mit jeweils der halben Menge an Extraktionsflüssigkeit. Dies führt zu einer Erhöhung des Konzentrationsgefälles. Eine

Mazeration bei erhöhter Temperatur im Bereich von 30-50 °C kann die Wirkstoffausbeute erhöhen und wird als Digestion bezeichnet. Eine Temperatursteigerung führt zu
einer Erhöhung der Löslichkeit. Bei anschließender Abkühlung wird die Löslichkeit der
Extraktstoffe verringert, was eine Abscheidung dieser Komponenten im Ansatz bewirkt.
Durch intensives Schütteln bei einer Schüttelmazeration wird der Konzentrationsausgleich beschleunigt und somit die Extraktionszeit auf z. B. 10 bis 30 min verkürzt. Daneben gibt es die Turboextraktion, auch Wirbelextraktion genannt, bei der durch die
Verwendung spezieller Ultra-Turrax-Geräte rotierende Schlagmesser die Zerkleinerung
des Pflanzenmaterials intensivieren und durch verstärktes Wirbeln der Extraktionsflüssigkeit die Lösungs- und Diffusionsvorgänge beschleunigen. Die industrielle Umsetzung
dieses Verfahrens ist vom Reagenzglas bis in den 10.000 l-Maßstab möglich (Fahr &
Voigt 2015). Durch die Einwirkung von Ultraschall kann eine Ausbeutesteigerung erzielt werden. Die Extraktionszeit liegt hier bei 5 bis 15 min. Jedoch muss überprüft werden, ob es nach Anwendung dieses Verfahrens zu chemischen Veränderungen in den
Wirkstoffen kommt. Mittels Ultraschall gewonnene Extraktstoffe unterliegen häufig
verstärkt hydrolytischen und oxidativen Prozessen. Letztere sind wegen des erhöhten
Energieaufwandes zumeist nur für kleinere Ansätze geeignet. Um eine vollständige
Extraktion der Zielprodukte aus dem Pflanzenmaterial zu erzielen, erfolgt die Prozessierung mehrstufig. Derartige Mazeratoren können in Arbeitsvolumina bis zu 6.000 l ausgelegt werden. Bei der Perkolation erfolgt eine mehrfache Erneuerung des Lösungsmittels.
Es handelt sich somit um eine vielstufige Mazeration. Hierbei wird zwischen dem Zellinneren und der Extraktionsflüssigkeit permanent ein Konzentrationsgefälle aufrecht-
erhalten. Dieser Prozess wird daher als kontinuierliches Verfahren bezeichnet. Dadurch
kann eine erschöpfende Extraktion des Pflanzenmaterials erreicht werden. Durch die
damit verbundene ständige Neueinstellung des Konzentrationsgefälles wäre hier theoretisch eine Totalextraktion der Wirkstoffe möglich. Praktisch werden mit diesem Verfahren meist 95 % der extrahierbaren Stoffe gewonnen. Dieses Verfahren ist nicht für stark
quellende und sehr voluminöse Drogen geeignet. Die genaue Vorgehensweise bei der
Perkolation ist im Deutschen Arzneibuch vorgeschrieben. Die Vorteile der Perkolation
liegen in den hohen Wirkstoffausbeuten, der optimalen Ausschöpfung des Ausgangsmaterials und den kurzen Herstellungszeiten. Jedoch sind eine regelmäßige Wartung und
Beobachtung erforderlich. Bei einer Reperkolation wird das Pflanzenmaterial in mehrere
Teile aufgeteilt. Das Soxletverfahren zeichnet sich durch einen geringeren Lösungsmittelverbrauch aus, da es im Rückflusskühler kondensiert wird. Jedoch ist der Energieverbrauch dieses Verfahrens durch die erforderliche mehrstündige Extraktion sehr hoch.
Außerdem erfolgt eine thermische Belastung des Pflanzenmaterials, was zu Veränderungen in den Wirkstoffen führen kann. Daher ist dieses Verfahren nicht für die Herstellung
pflanzlicher Arzneiformen verbreitet. Weitere abgeleitete Verfahren der Perkolation sind
die Gegenstromextraktion und die Extraktion mit überkritischen Gasen. Letztere ist vor
allem für lipophile Substanzen, aber weniger für polare Substanzen mit COOH- und OH-
Gruppen geeignet. In vielen Fällen wird dieses Verfahren jedoch bisher nicht von den
Behörden für eine Zulassung bei der Arzneimittelherstellung akzeptiert (Weidenauer &
Beyer 2008; Kassing et al. 2010; Fahr & Voigt 2015).

Nach der Mazeration wird der Rückstand abgeseiht und ausgepresst. Die Trennung des festen Rückstandes aus dem Extrakt wird durch einen Filter am Boden des
Mazerators erleichtert. Die dabei gewonnenen Flüssigphasen werden vereinigt und durch

Nachwaschen des Pressrückstandes auf das erforderliche Volumen eingestellt. Durch das Nachwaschen werden zurückgehaltene Extraktstoffe mitgewonnen und Verdunstungsverluste ausgeglichen. Weitere, für die Extraktion von Pflanzen geeignete Verfahren stellen die Wasserdampfdestillation und die superkritische Fluidextraktion dar (Kassing et al. 2010).

Die Extraktion von Terpenoiden kann aus getrocknetem Pflanzenmaterial durch Perkolation oder Soxhlet-Extraktion mit organischen Lösungsmitteln bei schrittweiser Erhöhung der Polarität erfolgen. Eine Zerkleinerung des Materials zu Pulver sowie mechanisches Rühren in einem geeigneten Lösungsmittel können die Effizienz der Extraktion steigern, da sich hierbei die Prozesszeit verkürzt. Der Extrakt liegt nach Filtration der pflanzlichen Rückstände vor. Für Triterpene mit geringer Polarität eignen sich als Lösungsmittel Benzol, Ether und Chloroform. Sauerstoffhaltige Triterpene lassen sich mit Ethylacetat und Aceton extrahieren. Ethanol und Methanol extrahieren Triterpene mit hohem Sauerstoffgehalt, d. h. polare Triterpene, Triterpenoidglykoside, aber auch freie Zucker und Aminosäuren. Für eine vollständige Extraktion des Pflanzenmaterials werden zunächst polare Lösungsmittel, wie Aceton und wässrige Alkohole verwendet und die Extrakte erneut mit Hexan, Chloroform und Ethylacetat behandelt um eine Fraktionierung zu erreichen (Bhat et al. 2005).

In der Tabelle 8 sind Beispiele zur Isolierung der Triterpensäuren mittels Mazeration aufgelistet. Die Extraktion erfolgt zumeist bei Raumtemperatur über eine Zeit von 10 h bis 30 d bei den aufgeführten Beispielen. Mit 10 h unter Schütteln erzielte die Mazeration lediglich eine Effizienz von 24 bis 35 % in Bezug auf die Ausbeuten einer vergleichend durchgeführten Mikrowellenextraktion (Wójciak-Kosior et al. 2013). Die erforderliche Extraktionszeit wird allgemein von der Zellmorphologie des zu extrahierenden Gewebes bestimmt und hängt vor allem von der Art des Pflanzenmateriales ab. Gewebe, die eine dicke Zellwand bzw. Kutikula aufweisen, wie z. B. Apfelschalen, erfordern schwierigere Extraktionsbedingungen als leicht aufzuschließende Pflanzenteile, wie z. B. Blätter. Häufig werden Ethanol oder Ethanol-Wasser-Gemische als Extraktionsmittel mit einem Wasseranteil (V/V) bis zu 30 % verwendet. Aceton weist für die Extraktion von Triterpenen im Vergleich zu Ethanol und Methanol zwar eine höhere Selektivität auf (Wójciak-Kosior et al. 2013). Ethanol hingegen ist ein biologisch abbaubares Lösungsmittel und gehört somit zu den „grünen" Lösungsmitteln (Chemat et al. 2012). Für die Extraktion von OS und US aus trockenem Pflanzenmaterial liegt die eingesetzte Feststoffkonzentration im Bereich von 1 bis 12 g auf 100 ml Lösungsmittel (Vergleiche Tabelle 8).

Klassische Verfahren zur Extraktion von Pflanzenmaterial wie die Mazeration werden durch moderne Techniken wie die Mikrowellen- oder Ultraschallextraktion zunehmend abgelöst (Esclapez et al. 2011). Die beiden letzten erfordern meist eine wesentlich kürzere Extraktionszeit, jedoch müssen höhere Investitionskosten berücksichtigt werden. Obwohl mit Hilfe der Mazeration mitunter eine vollständige Extraktion der Triterpensäuren erreicht wurde (Gbaguidi et al. 2005), liegen die Ausbeuten modernerer Extraktionsverfahren zumeist wesentlich darüber (Vgl. Tabelle 8). Die Wiederfindung der Triterpensäuren bei der Mazeration pflanzlichen Materials wird in der Literatur mit Werten von 20 bis zu 98 % in einem weiten Bereich angegeben (Gbaguidi et al. 2005; Wójciak-Kosior et al. 2013; Fu et al. 2014; Siani et al. 2014). Dies erschwert, ein standardisiertes Verfahren zu etablieren. Daher ist die Mazeration gegenüber der effizienteren Mikrowellen- oder Ultraschallextraktion für die industrielle Gewinnung der Triterpensäuren aus pflanzlichem Material nur bedingt geeignet.

Tabelle 8 Beispiele von Mazerationsverfahren zur Isolierung von Oleanol- und Ursolsäure aus pflanzlichem Material

Ausgangs-material	Lösungs-mittel (LM)	Extraktions-bedingungen	Bemerkung	Quelle
Mitrocarpus scaber, oberirdische Teile getrocknet und pulverisiert	Ethanol	12,5 g auf 100 ml LM, 3 d geschüttelt, k.A. zur Temperatur, Feststoff-Abtrennung mittels Filtration	Wiederfindung 97 bis 98 %	Gbaguidi et al. (2005)
Lamium albi, Blüten, getrocknet und pulverisiert	Aceton	2 g auf 100 ml LM, geschüttelt für 10 h, k.A. zur Temperatur, 3-fach extrahiert, Feststoff-Abtrennung mittels Filtration	Extraktionseffizienz der Mazeration 24 bis 35 % in Bezug auf Mikrowellenextraktion	Wójciak-Kosior et al. (2013)
Malus domestica **Borkh. cv. Fuji**, Apfelschalen getrocknet und zermahlen	Ethanol 70 % (V/V) in Wasser	10 g auf 100 ml LM, statisch 10 bis 30 d bei Raumtemperatur, Feststoff-Abtrennung mittels Filtration	Gehalte im Mittel 6,1 mg US bzw. 3,3 mg OS je g Extrakt	Siani et al. (2014)
Punica granatum L., Blüten, getrocknet	Ethanol 90 % (V/V) in Wasser	1 g auf 100 ml LM, 2 d statisch und dynamisch (geschüttelt), k.A. zur Temperatur, Feststoff-Abtrennung mittels Filtration	Statisch: Ertrag 28 % OS bzw. 26 % US Dynamisch: 57 % OS bzw. 68 % US im Vgl. zu Ultraschall-Extraktion	Fu et al. (2014)
G. sylvestre, Blätter getrocknet und zermahlen	Ethanol 95 % (V/V) in Wasser	1 g auf 100 ml LM, 2 d statisch und dynamisch, ohne Hitzeeinwirkung, Abtrennung Feststoff durch Zentrifugation	Bei der Vergleichsextraktion mittels MW wurde der 4-fache Ertrag an OS erzielt.	Mandal & Mandal (2010)

k.A. keine konkrete Angabe

2.5.3. Verfahren zur Wirkstoffisolierung aus pflanzlichen Zellkulturen

Das Downstream Processing ist ein wesentlicher Teilschritt eines jeden biotechnologischen Herstellungsprozesses und umfasst die Isolierung und Aufreinigung der Produkte aus der Biomasse. Unabhängig vom Produktionssystem belaufen sich die Kosten für das Downstream Processing auf bis zu 80% der Gesamtproduktionskosten (Endress 1994), wobei die Höhe von dem geforderten Reinheitsgrad der Produkte abhängt. Häufig müssen die Prozessschritte spezifisch auf jedes Produkt angepasst werden. In einigen Fällen sind bereits standardisierte Verfahren bekannt. In der Literatur sind bisher nur wenige Verfahren zur Isolierung sekundärer Metabolite aus pflanzlichen Zellkulturen im technischen Maßstab beschrieben. Im günstigen Fall werden die Zielprodukte direkt in das Medium abgegeben und vereinfachen somit den Gewinnungsprozess. Bei intrazellulären Produkten sind eine Homogenisierung der Zellen und Filtration zur Entfernung der Zellrückstände erforderlich (Hellwig et al. 2004). Die ersten Schritte zur Extraktion der Produkte sind von besonderer Bedeutung, weil dabei aufkommende Verluste einen enormen Einfluss auf die Bewertung des Gesamtverfahrens haben. Der Maßstab, bzw. der erwartete Produktgehalt bestimmt darüber, welche Verfahren für den jeweiligen Zweck geeignet sind. Für eine Skalierbarkeit des Verfahrens sollte der Gesamtprozess möglichst einfach ausgelegt sein. Für die Auswahl geeigneter Verfahren zur Vorbereitung sind die Struktur des Ausgangsmaterials sowie auch das Wissen darüber, wo genau in der Zelle (d.h. in welchem Kompartiment) das Produkt vorliegt, von Bedeutung (Georgiev et al. 2009). Diese wird z. B. durch die Zellmorphologie bestimmt oder ob es sich um differenziertes Gewebe handelt.

Das Downstream Processing aus pflanzlichen Zellkulturen wird im Vergleich zur Verwendung ganzer Pflanzen zumeist als einfacher beschrieben (Wilson & Roberts 2012). Die Verwendung von Freilandkulturen erfordert zusätzliche Schritte zur Entfernung von Fasern, Ölen und anderen Nebenprodukten. Diese Nebenprodukte können Metallteile von der maschinellen Ernte oder Schadinsekten sein (Fahr & Voigt 2015). Außerdem muss der anatomische Bau der Droge bei pflanzlichen Zellkulturen nicht berücksichtigt werden, welcher in der Freilandkultur einen wesentlichen Einfluss auf die Extraktion ausübt. Besonders dicke äußere Zellschichten, wie Epidermen mit dicker Kutikula und verkorkten Zellschichten behindern die Wirkstoffdiffusion. Dies begründet die erforderliche Zerkleinerung bei z. B. Drogen aus Holz, Rinden, Samen oder Wurzeln oder auch lipophilen Wirkstoffen wie ätherischen Ölen, die sich in Exkretzellen oder -behältern in tieferen Gewebeschichten befinden. Blattmaterial und ätherische Öle aus Drüsenschuppen und -haaren weisen erleichterte Extraktionsbedingungen auf (Fahr & Voigt 2015). Obwohl pflanzliche Zellkulturen im Vergleich zu Pflanzenmaterial aus der Feldkultur hinsichtlich ihres Metabolitspektrums einfacher erscheinen, stellen sie dennoch eine komplexe Matrix diverser Pflanzeninhaltsstoffe dar.

Pflanzenzellen akkumulieren bzw. lagern ihre Produkte zumeist intrazellulär. Um intrazelluläre Produkte freizusetzen, müssen Zellulosestrukturen und verschiedene Membranen aufgebrochen werden. Im vorliegenden Fall der Triterpensäuren aus Salbeizellkulturen erfolgt die Bildung intrazellulär und erfordert einen Zellaufschluss, um die Triterpensäuren freizusetzen und anschließend die Zellbruchstücke abzutrennen (Vgl. Isolierung/Konzentrierung bzw. Feinreinigung laut Abbildung 8). Bei der Bioaufarbeitung von Zellkulturen sind mechanische, physikalische, chemische und biologische Verfahren zum Zellaufschluss üblich. Diese Verfahren eignen sich jedoch nur, wenn die Biomasse nicht weiter genutzt werden soll, d.h. z. B. für batch bzw. fed-batch Prozesse ohne Zellaustrag. Gelöste Substanzen können hierbei freigesetzt werden. In einigen Fällen müssen jedoch weitere Schritte mit geeigneteren Lösungsmitteln vorgenommen werden, um unlösliche Komponenten in eine lösliche Form zu überführen. Die Extraktion wird erschwert, wenn die Produkte an intrazelluläre Strukturen gebunden sind oder selbst Komplexe bilden. Hier scheitern klassische Extraktionsmethoden häufig. Für pflanzliche Zell- und Gewebekulturen wurden bisher die Hochdruckhomogenisation, die Ultraschallanwendung, die Dampfexplosion sowie die superkritische Fluid-Extraktion zur Gewinnung pflanzlicher Wirkstoffe eingesetzt. In der industriellen Anwendung ist die Lösungsmittelextraktion aufgrund der geringen Investitionskosten weit verbreitet. Bei Verfahren, die der Reinstoffgewinnung dienen müssen, allerdings zusätzliche Trennschritte eingeplant werden, insbesondere bei der Verwendung von Lösungsmitteln mit einer geringen Selektivität (Yesil-Celiktas & Vardar-Sukan 2013). Der Zellaufschluss pflanzlicher Zellkulturen mittels French Press ist in der Literatur mit wenigen Anwendungsbeispielen beschrieben. Die dort verwendeten Parameter sind in Tabelle 9 aufgeführt.

Für die Abtrennung der Fragmente der Pflanzenzellen nach dem Zellaufschluss eignen sich aufgrund ihrer Größe die Filtration und Zentrifugation. Die Filtration wird durch die Sekretion von Pektinen und Proteinen erschwert. In diesem Fall eignen sich Präzipitation und Adsorption um die gewünschten Produkte zu isolieren (Endress 1994). Für die nähere Untersuchung zur Isolierung der Triterpensäuren aus Salbeizellkulturen wurden in dieser Arbeit der Zellaufschluss mittels Hochdruckhomogenisation (sogenannte French Press) sowie der chemische Zellaufschluss durch Lyse mit alkoholischen Lösungen in Betracht gezogen.

Nach dem Zellaufschluss erfolgt die Extraktion der freigesetzten Wirkstoffe aus der Kulturbrühe. Diese Extraktion kann aus feuchter Zellbiomasse sowie auch getrocknetem Material erfolgen. Letzteres bietet sich an, wenn vor der Weiterverarbeitung eine Lagerung gewünscht ist oder die Produkte im Extrakt nur eine geringe Stabilität aufweisen. Für die Extraktion eignen sich verschiedenste batch-, semi-kontinuierliche sowie kontinuierliche Verfahren, welche auch bei der Extraktion von Pflanzen Anwendung finden. Die Eignung von Verfahren und Konditionen für die Extraktion der Produkte hängt von ihrer physikalisch-chemischen Natur ab. Bei ionisierbaren Molekülen hat z. B. der pH-Wert einen Einfluss auf die Stabilität. Die Polarität der Substanzen bestimmt darüber, welche Lösungsmittel geeignet sind. Polare organische Reagenzien, wie beispielsweise Methanol oder Ethanol, bewirken gleichzeitig eine Deaktivierung der Enzyme. Dadurch wird die Extraktstabilität erhöht und z. B. einem enzymatischen Abbau der Metabolite entgegengewirkt. Da Wasser einen hohen Siedepunkt besitzt, ist die Aufkonzentrierung mittels Verdampfung im Vergleich zu niedrig siedenden organischen Lösungsmitteln jedoch aufwändiger. Toxische Lösungsmittel sollten aus gesundheits- und umweltpolitischen Gründen vermieden werden. Weitere relevante Kenngrößen sind der

Lösungsmittelanteil bei Mischungen sowie das Lösungsmittel/Feststoffverhältnis. Im Labormaßstab eignen sich Verfahren wie Soxhlet-, Rückfluss-, Ultraschall oder Mikrowellenextraktion. Hauptanwendung finden Kaltauszugsverfahren z. B. Perkolation, Mazeration oder Ultraschallunterstützte Mazeration mit Rühren. Ein physikalisch effektives Verfahren, die beschleunigte Lösungsmittelextraktion, arbeitet unter hohem Druck bis zu 100 bar. Daneben stellt auch die superkritische Extraktion ein Verfahren zur Extraktion von Pflanzenstoffen dar, das jedoch einen hohen apparativen Aufwand erfordert. Im Anschluss an diesen Arbeitsschritt eignet sich die präparative Chromatographie zur Fraktionierung und weiteren Aufreinigung der Zielprodukte aus dem vorgereinigten, ggf. aufkonzentrierten Extrakt.

Tabelle 9 Beispiele für das Downstream Processing pflanzlicher Zellkulturen

Organismus	Produkt/ Extrakt- stoff	Maßstab + Abtrennung Biomasse	Zellaufschluss	Quelle
Nicotiana tabacum „Bright Yellow-2" (BY-2)	Hydro- phobine	Labormaßstab (50 ml): Zentrifugation Pilot-Maßstab (600 l): Filterpresse (Fa. Larox PF 0.1 H2 Filterfläche 0,1 m², Aino T30 Polypropy- len-Filtertuch bei 3-5 bar	Labormaßstab: Ge- friergetrocknete Bi- omasse mittels Schwingmühle Pilot-Maßstab: Gefriergetrocknete Biomasse mit Alpine (100 UPZ-Ib) bei 18000 rpm (mecha- nisch)	Reuter et al. (2014)
Rubus cha- mae-morus	div. bioakti- ve Substan- zen, u.a. Phenole	300 l Kultur; Filterpresse Larox s.o.	Gefriergetrocknete Biomasse „handver- mahlen" (mecha- nisch)	Nohynek et al. (2014)
Lavandula vera MM	Rosmarin- säure	2,2 l Kultur, Filtration (keine genauere Anga- be)	Filtrierte Biomasse direkt mit Etha- nol/Wasser-Gemisch bei 70 °C (chemisch und thermisch)	Maciuk et al. (2005)

Organismus	Produkt/ Extrakt-stoff	Maßstab + Abtrennung Biomasse	Zellaufschluss	Quelle
Nicotiana tabacum BY-2	Tubulin-bindende Proteine	Labormaßstab (100 ml): Filtration (Mi-racloth-Filterpapier)	0,4 bis 0,7 kg gewa-schene Zellen im Lyse-Puffer (1:1) mittels French Press bei 27 bar, anschlie-ßend Zentrifugation für 10 min bei 4000 g und 4 °C zur Abtren-nung grober Zell-rückstände	Marc et al. (1996)
Oryza sativa **L.** *Hordeum vulgare* **L.** *Daucus carots* **L.** *Nicotiana tabacum* BY-2	Plas-mamem-branproteine	Labormaßstab: Zellen in Ho-mogenisations-puffer, an-schließend zermörsert und mit French press bei 490 bar	Fraktionierte Zentri-fugation des Homo-genates beginnend mit 1500 g für 10 min	Okada et al. (2002)
Nicotiana tabacum BY-2	Zellkern	Zentrifugation bei 200 g,	French press in Puff-er bei 206 bar	Chabouté et al. (2000)
Nicotiana tabacum Kallus	DNA	k.A.	French Press in Puff-er bei 827 bar	Chilton et al. (1977)
Apfel-stamm-zellen	Stamm-zellen-extrakt nicht fraktioniert	Keine Abtren-nung	Zugabe von Begleit-stoffen kosmetischer Formulierung, Auf-schluss im Hoch-druckhomo-genisator bei 1500 bar	Schürch et al. (2007)
Echinacea augustifolia	Echinako-sid-haltiger Extrakt	k.A.	Mechanische Homo-genisation, Filtration (keine weiterführen-den Angaben), Anreicherung aktiver Komponenten mittels Chromatographie an XAD4 und Gefrier-trocknung	Toso & Melandri (2011)

k.A. keine konkrete Angabe

2.6. Kryokonservierung pflanzlicher Zellkulturen

Der Erhalt wichtiger Genotypen von Pflanzen, aber auch Pflanzenteilen und -zellkulturen erfolgt in sogenannten Genbanken. Vielfältig verbreitet sind hierfür beispielsweise die Kältelagerung von Saatgut und die Kältehaltung von Pflanzenmaterial. Bei Temperaturen um 0 °C wird das Wachstum der Zellen extrem verlangsamt. Dies ermöglicht eine Verlängerung der Subkultivierungszyklen. Es gibt für diese Methoden keine allgemeingültigen Verfahrensweisen. Verschiedene Pflanzenarten erfordern die Einhaltung jeweils spezifischer Temperaturbereiche. Der Nachteil dieser beiden Methoden besteht darin, dass genetische Veränderungen innerhalb der Zellkultur über Jahre hinweg bei Temperaturen um 0 °C nicht ausgeschlossen werden können. Dies kann durch eine sogenannte Kryokonservierung realisiert werden. Der Begriff Kryokonservierung definiert die Lagerung von biologischem Material in Flüssigstickstoff bei −196 °C oder in der Gasphase darüber (−135 °C). Über einen kurzen Zeitraum ist auch eine Lagerung bei −80 °C möglich. Ab einer Temperatur von −70 °C kann die Vitalität der Zellen durch die beginnende Eiskristallbildung jedoch stark beeinträchtigt werden. Erst unterhalb einer Temperatur von −130 °C kommt die Kristallbildung zum Erliegen und ermöglicht eine sichere Konservierung des Zellmaterials und des metabolischen Zustandes der Zellen über mehrere Jahre hinweg. Somit kann erst bei Temperaturen unter −130 °C ein dauerhafter Erhalt der Zellcharakteristik gesichert werden (Heß 1992; Engelmann 2004; Gstraunthaler & Lindl 2013).

Die Kryokonservierung ist für Pflanzen im Vergleich zu humanen oder tierischen Zellen weniger untersucht, gewinnt aber zunehmend an Bedeutung für die Erforschung grundlegender und anwendungsorientierter Fragestellungen. Für eine effektive Behandlung und Lagerung pflanzlicher Zellen ist das Wissen über deren physikalische, chemische und biologische Eigenschaften erforderlich. Die Zellen müssen anpassungsfähig für eine Vielzahl hochgradig anstrengender und schädigender Behandlungen und im Anschluss daran überlebensfähig sein (Keller et al. 2013). Bedingt durch ihre Zellgröße mit einem Durchmesser von 40 bis 200 μm und einen hohen Wassergehalt von mehr als 90 % (Smetanska 2008) stellen Pflanzenzellen im Vergleich zu Mikroorganismen besonders hohe Anforderungen an eine erfolgreiche Methode zur Kryokonservierung, weil Pflanzenzellen damit besonders osmotischen Effekten sowie Schädigungen durch Eiskristallen unterliegen.

Für das Verständnis der Abläufe der einzelnen Verfahrensschritte der Kryokonservierung sind grundlegende Kenntnisse zur Osmoregulation bei Pflanzenzellen notwendig. Der Begriff Osmose bezeichnet den Vorgang, bei dem Wasser durch eine semipermeable Membran von einer gering konzentrierten zu einer höher konzentrierten Lösung bis zum Konzentrationsausgleich strömt. Der Wassertransport in der Pflanze erfolgt ausschließlich passiv, d. h. exergonisch. Wird eine Pflanzenzelle in ein für die Zellmembran durchgängiges Osmotikum z. B. Mannit gegeben, kommt es zu einem starken Schrumpfen der Protoplasten. Dieser Vorgang dauert an bis das Wasserpotenzial im Außenraum, d. h. im Zellwandraum und in der Vakuole ausgeglichen ist. Die beginnende Ablösung des Plasmasackes von der Zellwand wird als Grenzplasmolyse bezeichnet. Wird das Osmotikum anschließend durch Wasser ersetzt, erfolgt eine Deplasmolyse. Eine starke Plasmolyse kann irreversible Schäden wie z. B. ein Reißen der Plasmodesmen herbeiführen. Bei Osmotika, die aufgrund ihrer Molekülgröße von der Zellmembran zurückgehalten werden, wie beispielsweise Polyethylenglycol und Saccharose, kommt es zur Cytorrhyse. Hierbei kollabieren der Protoplast und die Zellwand. Bei starker Cytorrhyse erfolgt eine Wölbung der Zellwand nach innen. Dieser Vorgang tritt u. a. beim Welken von Pflanzen auf (Brennicke & Schopfer 2010).

Gefrieren bezeichnet einen Phasenübergang erster Ordnung, der die Kristallisation von flüssigem Wasser charakterisiert. Übergänge 1. Ordnung haben eine latente Übergangswärme und treten bei definierten Übergangstemperaturen auf. An der Übergangstemperatur weist die Wärmekapazität eine Diskontinuität auf. Wenn Wasser aus einer wässrigen Lösung kristallisiert, wird der Gefrierprozess durch eine schrittweise Konzentrationserhöhung aller löslichen Komponenten in der verbleibenden Flüssigphase begleitet. Die Erhöhung der Konzentration einer intrazellulären Lösung kann die Lebensfähigkeit der Zellen stark gefährden. Ein extrazelluläres Gefrieren verursacht ebenfalls Schädigungen durch den Konzentrationseffekt. Wenn eine Pflanze bei niedrigen Temperaturen gefriert, spielen verschiedene schädigende Faktoren eine Rolle. Beispiele hierfür sind Veränderungen in den ionischen Aktivitäten und eine Reduktion der Diffusionsraten. Weiterhin kann es zu einer Unterbrechung des energetischen Gleichgewichtes kommen, welches für den Erhalt von biologisch bedeutsamen Strukturen wie z. B. Membranen, Enzymen und andere Makromolekülen relevant ist. Die Eisbildung, das Eiswachstum und der Mechanismus, wie Eiskristalle in die Zelle aufgenommen werden, sind bedeutsame Faktoren, die das Überleben von Pflanzen bei dem Gefrieren beeinflussen. Sie sind ebenso wichtig wie die Möglichkeit der Zellen sich an den Dehydrations-Stress, begleitet von Eisbildung strukturell anzupassen um diesem zu widerstehen. Gefrierschäden sind nicht nur eine Folge niedriger Temperatur, sondern auch das Ergebnis einer Zelldehydration, welche durch die extrazelluläre Eiskristallbildung verursacht wird. Zellmembranen werden als primäre Angriffsfläche für Gefrierschäden angesehen. Die Toleranz gegenüber Gefrierschäden ist definiert als die Möglichkeit von Pflanzen die Eiskristallbildung in extrazellulären Geweben ohne den Verlust von Membranen oder anderen Zellkomponenten zu überleben. Diese Toleranz wird durch die jeweiligen physiologischen, chemischen und physikalischen Eigenschaften der Zellen festgelegt (Pessarakli 2010).

2.6.1. Ablauf der Kryokonservierung

Im Folgenden werden die einzelnen Arbeitsschritte der Konservierung pflanzlicher Zellkulturen näher betrachtet (Tabelle 10).

Vorkultur

Für die Kryokonservierung pflanzlicher Zellkulturen spielt, wie eingangs beschrieben, der Wassergehalt der Zellen eine große Rolle. Der physiologische Zellzustand verändert sich im Verlauf der verschiedenen Phasen der Wachstumskurve. Die Bildung von sekundären Pflanzenstoffen und Einlagerung von Wasser in der Vakuole erfolgen zumeist in der späten exponentiellen bzw. linearen Wachstumsphase. Hinsichtlich der Vorbehandlung der Zellkulturen eignet sich am besten Zellmaterial, welches sich in der

Phase intensiver Zellvermehrung befindet, wobei der intrazelluläre Wassergehalt besonders gering ist (Reed 2008). Die Kenntnis über das Wachstumsverhalten der Zellkultur ist daher eine wichtige Voraussetzung für die Entwicklung einer geeigneten Methode zur Kryokonservierung. Zumeist eignet sich Zellmaterial, welches sich zwischen der frühen oder der späten exponentiellen Wachstumsphase befindet, wobei dies zumeist für die jeweilige Pflanzenspezies spezifisch ist. In der frühen Wachstumsphase sind die Vakuolen der Zellen meist klein, der Cytoplasmagehalt erhöht und die Membranen gut ausgebildet, wodurch die Toleranz der Zellen gegenüber osmotischem Stress gewährleistet ist (Endress 1994). In der frühen lag-Phase und der stationären Phase sind Pflanzenzellen besonders empfindlich (Endress 1994). Die Zellkonzentration sollte zu Beginn der Kryokonservierung im Bereich von 10 bis 60 % gepacktem Zellvolumen liegen (Menges & Murray 2004). Um die Zellen an die Veränderung der Osmolarität bei der Kryokonservierung zu gewöhnen, wird häufig eine Vorkultur der Zellen über mehrere Tage in Kulturmedium vorgenommen, welches mit Zuckern oder -alkoholen angereichert ist. Diese können einzeln oder in Kombination verschiedener Substanzen mit Konzentrationen bis zu 1 M vorliegen (Reed 2008; Mustafa et al. 2011).

Kryoprotektion

Als Kryoprotektivum wurde in vielen früheren Untersuchungen DMSO verwendet wie z. B. für die Konservierung von *Catharanthus roseus* Suspensionskulturen (Mannonen et al. 1990). Weiterhin sind Saccharose, Glycerol, Prolin oder Sorbitol als kryoprotektive Zusätze üblich (Sakai et al. 1991; Menges & Murray 2004; Reed 2008; Škrlep et al. 2008). Das Bestreben möglichst gering toxische Kryoprotektiva aus z. B. Glycerol und Saccharose zu verwenden wird bei Joshi & Teng (2000) beschrieben. Die Eignung der kryoprotektiven Substanzen für die Dehydrierung hängt von der jeweiligen Zelllinie und -spezies ab. Die optimale Zusammensetzung der Lösung aus penetrierenden und nicht penetrierenden Substanzen ist individuell zu ermitteln. Kulturmedium eignet sich gegenüber z. B. Wasser zumeist besser als Lösungsmittel für die Kryoprotektiva (Reed 2008). Die Konzentration der Kryoprotektiva muss auf die jeweilige Kryokonservierungsmethode angepasst werden.

Einfrieren

Die Wahl des Verfahrens zur Kryokonservierung pflanzlicher Zellen hängt von dem betrachteten Material, der Herkunft und Spezies sowie der verfügbaren apparativen Ausstattung ab (Tabelle 10). Die sogenannte „Zwei-Schritt-Methode" basiert auf einer schrittweisen Reduktion der Temperatur um osmotische und mechanische Effekte auszugleichen. Dabei werden in der Literatur zumeist Kühlraten von 1 K/min, in einigen Fällen auch niedrigere bis zu 0,1 K min^{-1}, als geeignet angegeben (Reed 2008). Hierfür werden programmierbare Geräte, sowie auch einfachere Hilfsmittel verwendet. Nach einer intermediären Temperaturstufe zwischen −30 und −40 °C, welche für 15 bis 40 min gehalten wird, erfolgt der Transfer der Zellen in Flüssigstickstoff (Reed 2008). Sehr hohe Abkühlraten zielen auf eine Vitrifizierung des Pflanzenmateriales ab und erfordern stark konzentrierte Kryoprotektiva. Sehr bzw. ultra-schnelle Verfahren können durch schnelle Temperaturübergänge von Aluminiumfolien z. B. bei der Tröpfchenvitrifizierung realisiert werden (Panis et al. 2005). Die Vitrifizierung wird v. a. bei differenzierten Pflanzengeweben erfolgreich angewandt (Reed 2008). Alternative Verfahren zur

Kryokonservierung von Pflanzenzellen erfolgen unter Verkapselung der Zellen in Alginatbeads und Dehydrierung (Engelmann 2004; Reed 2008).

Lagerung

In der Regel werden die Kryoröhrchen mit den eingefrorenen Zellen direkt in Flüssigstickstoff gegeben (Schmale et al. 2006; Mustafa et al. 2011; Ogawa et al. 2012). Für die Langzeit-Lagerung der Zellen sollte eine Temperatur von $-130°C$ nicht überschritten werden. Daher kann die anschließende Lagerung in der Gasphase über Flüssigstickstoff erfolgen. Häufig treten fertigungsbedingt bei den Kryoröhrchen Undichtigkeiten auf, welche ein Eindringen von Flüssigstickstoff ermöglichen. Dies verursacht Probleme beim Auftauen der Zellen, wodurch v. a. die Vitalität der Zellen stark negativ beeinflusst wird und auch das Risiko einer Kontamination der Zellkultur erhöht wird (Gstraunthaler & Lindl 2013).

Auftauen

Wie eingangs beschrieben setzt bei einer langsamen Erhöhung der Temperatur Eiskristallwachstum ein und kann die Zellen schädigen. Daher ist zumeist eine schnelle Temperaturerhöhung vorteilhafter um diese Prozesse zu unterbinden (Endress 1994). Dabei ist es wichtig, dass die Endtemperatur mit dem für die jeweilige Zellkultur verträglichen Temperaturbereich vereinbar ist. Zudem sind bei diesem Schritt besondere Vorsichtsmaßnahmen zur Vermeidung von Kontaminationen erforderlich. Für *Digitalis lanata* stellte sich eine Reduktion der Auftau-Temperatur von 25 auf 4 °C als geeignet heraus (Endress 1994). Zellkulturen von *Medicago sativa* bevorzugen eine Akklimatisierung bei 2 °C über 14 d. Die Zellen zeichneten sich dabei durch einen erhöhten Gehalt an Proteinen und mikrosomalen Phospholipiden aus. Die Membranen wiesen geringere Sterolgehalte sowie Phospholipide mit einem erhöhten Anteil ungesättigter Fettsäuren auf (Endress 1994).

Nachbehandlung

Der Erfolg der Regeneration wird dadurch bestimmt, dass die Zellen nach der Kryokonservierung ihre regenerative Potenz behalten und das Wachstum wieder aufnehmen (Heß 1992). Toxische Substanzen, wie DMSO müssen im Anschluss an die Kryokonservierung entfernt werden z. B. durch Auswaschen mit Flüssigmedium (Schmale et al. 2006) oder Diffusion in Papierfilter auf festem Kulturmedium und erneutem Mediumwechsel (Reed 2008). Anschließend kann eine Regeneration in Flüssig- oder auf festem Kulturmedium erfolgen (Reed 2008; Schumacher et al. 2015). Bei einigen Verfahren stellten sich für die Regeneration der Zellen Zusätze zum Kulturmedium wie z. B. tensidartige Blockpolymere namens Pluronic (Anthony et al. 1996) oder die Eliminierung von Ammonium (Kuriyama et al. 1996) als vorteilhaft heraus.

Tabelle 10 Verfahrensschritte und Einflussfaktoren auf die Kryokonservierung pflanzlicher Zellkulturen nach Oehmichen (2013)

Arbeitsschritt	Einflussfaktoren
Vorkultur	Pflanzenspezies
	Physiologischer Zustand der Kultur (Wachstumsphase)
	Zellart und -zusammensetzung
	Zellkonzentration
	Zusammensetzung des Kulturmediums:
	Art der Zusätze z. B. Zucker und -alkohole
	Konzentration
	Dauer der Kultivierung
Kryoprotektion	Zusammensetzung des Kulturmediums:
	Art der Kryoprotektiva
	Konzentration
	Einwirkungszeit
	Temperatur
Einfrieren	Methode der Kryokonservierung
	Temperaturverlauf
	Geräte
Lagerung	In Flüssigstickstoff oder
	Gasphase darüber
Auftauen	Temperaturverlauf in der Zellkultur
	Methode
	Geräte
Nachbehandlung	Entfernung von Kryoprotektiva
	Zellkonzentration
	Postkryo-Kultur

Erste erfolgreiche Kryokonservierungen wurden bereits vor knapp 50 Jahren für Zellsuspensionskulturen des Flachses (1968) und der Karotte (1973) beschrieben (Heß 1992). Bisher gibt es kein für alle Pflanzenzellkulturen allgemein gültiges Protokoll (Heß 1992; Schumacher et al. 2015). Für die Kryokonservierung von Zellen der Gattung *Salvia* sowie naher verwandter Arten sind bisher keine Vorgehensbeschreibungen zur Kryokonservierung mit Langzeitlagerung bekannt. Das genaue Vorgehen hinsichtlich des Wachstumsstadiums der betrachteten Zellen, osmotischer Vorbehandlung, Behandlung mit Kryoprotektiva, Einfrier- und Auftauvorgang sowie die Regeneration, muss für die jeweilige Zelllinie untersucht und angepasst werden. Von den o. g. Verfahren wurde die Zwei-Schritt-Methode mit langsamer Einfrierung am häufigsten erfolgreich auf die jeweiligen Anforderungen von Zellen verschiedener Pflanzenspezies angepasst (Schumacher et al. 2015). Nur eine geeignete Kombination dieser Parameter führt zu einem geeigneten Kryoprotokoll für den Langzeiterhalt der Zellkultur (Schmale et al. 2006). Die Herausforderung an die Methode besteht v. a. darin, das Zellmaterial mit hoher Zellviabilität und ohne strukturelle oder funktionelle Veränderungen zu erhalten (Grout 1995).

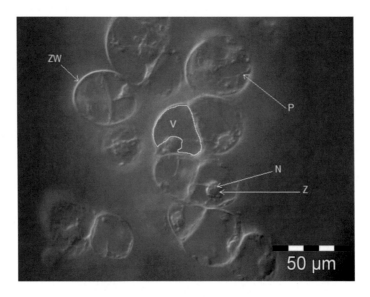

Abbildung 9 Mikroskopische Aufnahme einer *S. officinalis* Suspension in der späten Wachstumsphase (Tag 5). Zellkerne (Z) mit Nukleolus (N), sehr große Vakuolen (V), Plasmafäden (P) und die Zellwände (ZW). Mikroskop Zeiss Axioskop 2 Plus, 40-fache Vergrößerung, Dunkelfeld aus Song (2012)

Pflanzenzellen, und daher auch Salbeizellen, sind mit einem Durchmesser im Bereich von 30 bis 50 µm (Vgl. Abbildung 9) im Vergleich zu Mikroorganismen hinsichtlich ihrer Größe grundlegend verschieden bzw. sehr groß. Der im Verlauf der Kultivierung steigende Grad der Vakuolisierung und damit zunehmende Wassergehalt der Zellen führt bei der Kryokonservierung häufig zu Zellschädigungen. Besonders wichtig ist daher eine geeignete Vorbereitung der Zellen, welche eine Verringerung des Zellvolumens bewirkt.

Bei der Entwicklung von Kryoprotokollen für die Langzeitlagerung von Zellkulturen stellt die Viabilität, d.h. die Lebensfähigkeit, der nach dem Auftauen regenerierten Zellen das entscheidende Kriterium für die qualitative und quantitative Bewertung der Einflussfaktoren der Kryokonservierung auf die untersuchten Pflanzenzellen dar. Dazu wird in den meisten Fällen eine Färbung der behandelten Zellen mit 2,3,5-Triphenyltetrazoliumchlorid oder Fluoreszeindiacetat (FDA) vorgenommen (Heß 1992). Diese Tests beruhen auf der enzymatischen Aktivität von Dehydrogenasen bzw. Esterasen der pflanzlichen Zellwand und geben keinen Rückschluss auf den tatsächlichen Zustand der Zelle in Bezug auf die Vitalität. Um eine Aussage über die tatsächliche Vitalität der Zellen treffen zu können, ist eine Überprüfung der Vermehrungsfähigkeit der konservierten Zellen gefordert. Für eine erfolgreiche Rekultur der Zellen ist eine Viabilität der Zellen von min. 40-70 % erforderlich. Daneben sind Untersuchungen zum Wachstum der regenerierten Zellen sowie auch zur Produktion von Zielmetaboliten unabdingbar (Schmale et al. 2006; Mustafa et al. 2011).

Die Kryokonservierung pflanzlicher Zellkulturen ist ein vielversprechender, aber noch nicht vollständig ausgereifter Ansatz für den dauerhaften Erhalt produktiver Zelllinien. Sie ist entscheidend für eine kommerzielle Umsetzung der entwickelten Produktionsverfahren (Hellwig et al. 2004). Für die Bereitstellung reproduzierbarer gleichbleibender Qualität und Ausbeute der Produkte hat die Verfügbarkeit eines identischen Startmaterials in Form von Master- und Working Cell Banks immense Relevanz. Je größer zukünftige Einblicke in die Wissenschaft der Pflanzenkryokonservierung sind, desto besser wird es gelingen, die wertvolle Biodiversität der Pflanzen für folgende Generationen zu erhalten und pflanzenbiotechnologische Prozesse voran zu treiben.

2.6.2. Einflussfaktoren auf den Erhalt der Zellvitalität

Wasser ist essentiell für das Leben einer Zelle und spielt bei der Beschreibung der Abläufe beim Einfrierprozess von pflanzlichen Zellen, bedingt durch deren hohen intrazellularen Wassergehalt, eine wichtige Rolle. Bei einem Absinken der Temperatur unterhalb des Gefrierpunktes kommt es zur Bildung von Eiskristallen, was bei Organismen wie Zellen einen enormen Einfluss auf die Lebensfähigkeit hat. Die Dimension der Schäden, welche mit dieser Eiskristallbildung einhergehen, wird von verschiedenen Faktoren beeinflusst. Beispiele hierfür sind die Kühlrate, die Anwesenheit von Gefrierschutzmitteln, sogenannten Kryoprotektiva, sowie der allgemeine Zustand der Zellen, welcher durch deren Wachstumsphase bedingt ist. Die Durchführung der verschiedenen Behandlungsschritte erfordert genaueste Präzision und entsprechend qualifiziertes Fachpersonal (Keller et al. 2013).

Einen grundlegenden Einfluss der Kühlrate auf das Überleben von Zellen beschreibt die 2-Faktor-Theorie von Mazur: Bei einem langsamen Abkühlen der Zellen kommt es zu einer intrazellular hohen Elektrolytkonzentration, welche eine Zellschädigung bewirkt (*„solution effects"*). Bei einer schnellen Abkühlung hingegen erfolgt die Eisbildung intrazellulär. Um diese beiden gegenläufigen Prozesse zu minimieren, muss eine optimale Kühlrate gefunden werden, die u. a. vom Zellvolumen, der Oberflächenstruktur und der Membranpermeabilität der Zelle abhängig ist. Durch die Zugabe von kryoprotektiven Substanzen wird die optimale Kühlrate zu niedrigeren Werten verschoben und somit die zellspezifische Überlebensrate verändert (Mazur et al. 1972).

Um das Überleben der Zellen über den Konservierungsprozess hinweg zu sichern, erfolgt die Zugabe der Kryoprotektiva. Deren genauer Wirkungsmechanismus ist bisher noch nicht aufgeklärt (Pessarakli 2010). Kryoprotektiva erhöhen die Toleranz der Plasmamembranen, erniedrigen die charakteristische Temperatur der Eisbildung und verändern die Viskosität der Lösung (Endress 1994). Sie beeinflussen die physikalischen

Eigenschaften des intra- und extrazellulären Wassers sowie dessen Gefrierpunkt und die Kristallisation. Durch die Zugabe von Salzen kann der Gefrierpunkt des Wassers erniedrigt werden. Da Zellen, im speziellen Pflanzenzellen, eine Vielzahl an osmotisch aktiven Substanzen enthalten, liegt hier der Gefrierpunkt im Vergleich zu reinem Wasser unterhalb von 0 °C (Keller et al. 2013). Lebende Organismen haben für die Überwindung von Gefrierprozessen verschiedene evolutionäre Anpassungsmechanismen entwickelt. Besonders elegant und häufig ist hierbei die Akkumulation kryoprotektiver Substanzen, z. B. Zucker wie Saccharose, Trehalose oder Zuckeralkohole wie Glycerol in den Zellen sowie die Modifizierung der Membranstruktur. Einige Zellen produzieren auch sogenannte „Anti-freeze" Proteine, welche auch die Rekristallisation bei der Erwärmung unterbinden. Diese natürlichen Mechanismen wurden z. T. für die Entwicklung von Kryoprotokollen erfolgreich übernommen (Keller et al. 2013). Bei kolligativen Effekten ist die Wirkung abhängig von der Konzentration und nicht von der Art des Stoffes. Mit der Konzentrationserhöhung steigt zwar die Intensität der Wirkung, allerdings auch die Toxizität. Dies spielt bei permeablen Stoffen, wie z. B. Dimethylsulfoxid (DMSO) oder Glycerin eine Rolle. Diese verringern die Elektrolytkonzentration während des Einfrierens, sind aber, wie im Fall von DMSO, zumeist in hohen Konzentrationen und bei Raumtemperatur toxisch. Impermeable Stoffe wie Trehalose oder Hydroxyethylstärke zeigen nicht–kolligative Effekte und bewirken eine Umstrukturierung der Wassermoleküle. Dadurch werden die Membranen und Proteine stabilisiert und somit die intrazelluläre Eiskristallbildung vermieden. Generell ist Wirkungsamkeit dieser Stoffe jedoch gegenüber permeablen Kryoprotektiva gering (Pessarakli 2010).

Erste Ansätze zur Kryokonservierung nutzen den gezielten Ausstrom des Wassers zur Konzentration des Zellsaftes. Dieser wird durch eine langsame Akkumulation von Eis, dem sogenannten „Slow freezing", außerhalb der Zellen angetrieben. Bei einer definierten Temperatur wird gezielt die Eiskeimbildung ausgelöst. Eine Weiterentwicklung dieser Technik ist die „Zwei-Schritt-Methode". Im ersten Teilschritt, dem langsamen Einfrieren, werden die Zellen dehydriert, wobei es zur kontrollierten Bildung von Eiskristallen kommt. Diese Abkühlrate wird bis zu einer Temperatur im Bereich von −30 und −40 °C fortgeführt und für einen kurzen Moment gehalten. Anschließend erfolgt durch den Transfer der Zellen in Flüssigstickstoff die sogenannte Vitrifizierung. Dies kennzeichnet den Zustand eines nicht kristallinen, amorphen Feststoffes und wird auch als Verglasung bezeichnet. Diese Technik ist einfach in der Handhabung und wird sehr häufig erfolgreich für die Kryokonservierung pflanzlicher Zellen angewendet (Schumacher et al. 2015). Der Vorteil der Zwei-Schritt-Methode besteht darin, dass die Parameter auf die spezifischen Bedürfnisse der jeweiligen Zellkultur angepasst werden können und eine Standardisierung des Verfahrens möglich ist (Reed 2008). Hierfür eignen sich insbesondere Einfrierautomaten, sogenannte „Controlled-rate freezer". Daneben kann die Einfrierung auch ohne aufwendige instrumentelle Ausrüstung umgesetzt werden (Reed 2008). Die Vitrifizierung hingegen eignet sich besonders für differenzierte Gewebe, die eine Vielzahl verschiedener Zelltypen beherbergen wie z. B. Sprosskulturen (Engelmann 2004). Der Vitrifizierung wird daher ein im Vergleich zur Zwei-Schritt-Methode breiteres Anwendungsspektrum nachgesagt. Dabei müssen die für den jeweiligen Zelltyp individuell geforderten Bedingungen nur geringfügig angepasst werden (Engelmann 2004). Allerdings können hierfür wegen der kurzen Behandlungszeiten nur kleine Chargen bearbeitet werden.

Die Vitrifizierung kann bei entsprechend hoher Konzentration der Kryoprotektiva auch alleinig genutzt werden. Der Hauptvorteil dieser Methode besteht darin, dass gelöste Stoffe und Wasser in ihrer Zusammensetzung erhalten bleiben und Eiskristallbildung sowie die damit verbundene Volumenänderung und mechanischer Zellaufschluss unterbunden werden (Keller et al. 2013).

Durch die Kryokonservierung werden in den Zellen physiologische Veränderungen hervorgerufen. Drastische Veränderungen und Einflüsse auf die Zellen durch die Behandlungsschritte (Tabelle 10) über den gesamten Konservierungsprozess hinweg stellen große Herausforderungen an die Überlebensfähigkeit der Zellen. Vor der eigentlichen Kryokonservierung wird das Zellmaterial einer Reihe von Vorbehandlungen unterzogen. Bis zur Wiederbelebung können die Zellen besonders durch die Handhabung enormem Stress ausgesetzt sein, v. a. wenn Waschschritte zur Entfernung toxischer Kryoprotektiva erforderlich sind. Eine Zerstörung der Zellen kann durch Proteomanalysen und Veränderungen in den physiologischen Stoffwechselwegen diagnostiziert werden. Verschiedene Strategien zu Vorkultivierungen und Behandlungen führen zu strukturellen und ultrastrukturellen Veränderungen in den Zellen. Membranen können aufgelöst oder in der Lipidzusammensetzung verändert werden. Daneben treten Verletzungen des Cytoskeletts und in einigen Fällen Expansionen von Vakuolen auf. Anpassungsmechanismen können dazu beitragen das Ausmaß dieser Schäden zu reduzieren. Eine erfolgreiche Kälteakklimatisierung wird durch Vorbehandlung mit Saccharose angereichertem Medium erreicht. Bei z. B. winterharten Pflanzen, welche eine gewisse Resistenz gegen über niedrigen Temperaturen haben, die sogenannte Kältehärte, erfolgt in der Herbstperiode eine Anreicherung von Kohlenhydraten und Fetten. Bei verholzten mehrjährigen Pflanzen spielt z. T. auch eine Verknüpfung von Dehydrin-Proteinen eine Rolle. Programmierte Dehydrierung ist eine kennzeichnende Eigenschaft von überwinterndem Gewebe, die speziesspezifisch sein kann. Für undifferenzierte Zellen wurde die Kälteakklimatisierung bisher nur in geringem Umfang untersucht (Keller et al. 2013).

2.7. Strategien zur Erhöhung der Produktivität pflanzlicher Zellkulturen

Bei vielen Prozessen mit dem Ziel der Produktion sekundärer Pflanzenstoffe durch pflanzliche in vitro Kulturen erschwert eine beschränkte Ausbeute die industrielle Umsetzung. Die geringe Produktivität pflanzlicher Zellkulturen gilt als unüberwindbares Hindernis der Kommerzialisierung und Überführung der Prozesse in den Produktionsmaßstab (Yue et al. 2016). In der Pflanze liegen die Konzentrationen sekundärer Pflanzenstoffe zumeist im Bereich von 1-3 % bezogen auf die Trockenmasse (Wink 2010). Dieser Bereich wurde für die Gehalte der angestrebten Triterpensäuren in Salbeipflanzen vorgefunden (Kümmritz et al. 2014). Pflanzliche in vitro Kulturen zeichnen sich ebenso durch zumeist geringe Konzentrationen an sekundären Pflanzenstoffen aus, wie beispielsweise beobachtet für Salbeizellkulturen (Haas et al. 2014). Um die Wirtschaftlichkeit pflanzenbiotechnologischer Verfahren zu steigern gibt es verschiedene Möglichkeiten. Beispiele hierfür sind die Optimierung der Kulturbedingungen, eine Verbesserung der Konfiguration des Bioreaktorsystems, sowie die Wahl einer geeigneten Kultivierungsstrategie. Daneben können eine gezielte Elizitierung, eine Immobilisierung und gentechnische Modifikationen eine Erhöhung der Produktivität bewirken (DiCosmo & Misawa 1985; Muffler et al. 2011).

Eine wichtige Grundlage für einen erfolgversprechenden Prozess zur Produktion sekundärer Pflanzenstoffe mit pflanzlichen in vitro Kulturen besteht in der Selektion produktiver Zelllinien. Die ausgewählten Kulturen sollten den Pool wenig produktiver Zellen bzw. die Ursprungspflanze im Level des Metabolitgehaltes übertreffen (Matkowski 2008).

Diverse Umwelt- und Nahrungsfaktoren beeinflussen die Biosynthese pflanzlicher Sekundärmetabolite, wie z. B. Nährstoffe, Hormone und Licht. Das Nährmedium sollte so zusammengesetzt sein, dass sowohl eine deutliche Zunahme der Biomasse sowie auch die Akkumulation der gewünschten Metabolite erfolgen. Im Fall hormonbasierter in vitro Kulturen spielen die Auxine und Cytokinine im Kulturmedium eine Rolle und müssen so eingestellt sein, dass nicht nur das Wachstum, sondern auch die Biosynthese der Zielprodukte stimuliert werden. Bei mehrstufigen Kultivierungsverfahren wird z. B. in einer ersten Phase die Biomasse ausreichend vermehrt um anschließend durch einen Medienwechsel die Produktion der Zielmetabolite zu unterstützen (Matkowski 2008). Weiterhin wurde für pflanzliche Zellkulturen gezeigt, dass die Bildung von OS und US unabhängig vom Faktor Licht möglich ist (Grzelak & Janiszowska 2002; Haas et al. 2014).

Die am besten belegte Funktion pflanzlicher Sekundärmetabolite besteht in ihrer Reaktion auf Stress (Matkowski 2008). Im Vergleich zu Tieren können Pflanzen Angreifern oder ungünstigen Lebensbedingungen (z. B. Trockenheit) nicht entfliehen und sind darauf angewiesen andere Abwehrstrategien zu nutzen. Pflanzen haben das Potential, geschädigte Pflanzenteile zu ersetzen oder zu regenerieren. dadurch besitzen sie eine gewisse Toleranz gegenüber Herbivoren und Mikroben. Viele Pflanzen schützen sich durch diverse mechanische oder morphologische Mechanismen, wie z. B. Stacheln bei zumeist krautigen Pflanzen oder eine undurchdringbare Rinde bei Bäumen. Bei der Abwehr von Fressfeinden und dem Anlocken von Nützlingen bedient sich die Pflanze unterschiedlichster biochemischer Vorgänge. Hierbei übernehmen sekundäre Pflanzenstoffe eine wichtige Funktion im Schutz gegen Mikroben und Pilze (Wink 2010).

Die Interaktion der Pflanze mit ihrer Umgebung wird bei der Elizitierung in der Pflanzenbiotechnologie ausgenutzt. Die Elizitierung ist eine weit verbreitete Strategie, um die Produktivität sekundärer Pflanzenstoffe in pflanzlichen Zellkulturen zu erhöhen (Dörnenburg & Knorr 1995; Namdeo 2007; Smetanska 2008; Zhao et al. 2010; Marchev et al. 2014; Giri & Zaheer 2016). Elizitoren wurden ursprünglich Moleküle genannt, welche die Produktion von Phytoalexinen induzieren. Seit jüngster Zeit werden mit diesem Begriff Komponenten bezeichnet, welche jegliche Form der Pflanzenabwehr stimulieren. Dazu gehören sowohl exogene Faktoren, wie z. B. Substanzen pathogener Herkunft, als auch endogene Faktoren, welche durch den Angriff von Pathogenen ausgelöst, von der Pflanzenzelle gebildet werden (Ramirez-Estrada et al. 2016). Elizitoren, die nicht-biologischen Ursprungs sind, wie anorganische Salze oder physikalische Faktoren werden als abiotisch bezeichnet. Gegen einen Befall durch Mikroorganismen haben Pflanzen ausgeklügelte Strategien wie die Synthese antimikrobieller sekundärer Pflanzenstoffe entwickelt. Die von den Mikroben gebildeten Substanzen, welche die pflanzliche Abwehr stimulieren, sowie auch von den Pflanzen synthetisierte Abwehrstoffe, gehören zur Gruppe der biotischen Elizitoren.

Biotische Elizitoren sind organische Substanzen, die Kohlenstoff enthalten und bereits ab Konzentrationen von 10^{-9} mol l^{-1} eine Signalwirkung aufweisen. Sie können der angreifenden Mikrobe z. B. dem Pilz oder auch der angegriffenen Pflanze entstammen. Beispiele für biotische Elizitoren sind 1,3-β-Glykan, Glykoproteine und Fettsäuren (Eicosapentaen- oder Arachidonsäure). Die Freisetzung des Elizitors erfolgt an der Infektionsstelle spontan oder wird durch Enzyme der Pflanzenzellwand bewirkt. Weitere Abwehrreaktionen der Pflanze bestehen, wie zuvor beschrieben, in der Synthese von Phytoalexinen, der Akkumulation von Chitinase oder Lignin sowie der systematischen Produktion von Proteinaseinhibitoren. Bevor die Phytoalexinsynthese eingeleitet wird, erfolgt in einigen Fällen die Synthese bestimmter Enzyme z. B. Phenylalaninlyase, Zimtsäure-4-Hydrolase oder Isoflavonreduktase für die Isoflavonoidsynthese (Reichling 2010).

Für die biotische Elizitierung pflanzlicher Zellkulturen werden neben einzelnen chemischen Substanzen auch speziell aufbereitete Substanzgemische betrachtet (Namdeo 2007). Diese besitzen zum Teil eine für die Pflanzenzellen metabolische, teils auch toxische Wirkung.

2.7.1. Pflanze-Pathogen-Interaktion

Bei der Interaktion zwischen einer Pflanze und einem Pathogen erfolgt eine Unterscheidung zwischen einer kompatiblen und einer inkompatiblen Reaktion. Wenn sich die Pflanze suszeptibel und das Pathogen aggressiv verhalten, tritt eine kompatible Pflanze-Pathogen-Interaktion auf. In diesem Fall wird das Pathogen von der Pflanze nicht durch gängige Pathogenstrukturen als solches erkannt und es kommt zum Ausbruch einer virulenten Krankheit (Brennicke & Schopfer 2010; Ludwig-Müller & Gutzeit 2014). Die Mikrobe wird nicht zurückgewiesen und folglich wird die Wirtspflanze erfolgreich durch das Pathogen infiziert und löst die Ausbildung von virulenten Krankheitssymptomen aus. Bei einer inkompatiblen Pflanze-Pathogen-Interaktion können Pflanze und Pathogen nicht nebeneinander existieren, so dass die Mikrobe durch verschiedene Abwehrreaktionen der Pflanze abgewiesen wird. Eine inkompatible Interaktion liegt vor, wenn der Keim eine gegen dieses Pathogen resistente Pflanze infiziert. Hierbei wird sein Wachstum gehemmt oder er wird durch spezielle Pflanzeninhaltsstoffe abgetötet. Die resistenten Eigenschaften einer Pflanze sind genetisch determiniert (Brennicke & Schopfer 2010). Bei der inkompatiblen Interaktion wird zwischen der unspezifischen (auch horizontale Resistenz, Basis-Resistenz) und der spezifischen Wirtsresistenz (auch vertikale Resistenz) unterschieden. Um die unspezifische Wirtsresistenz zu erreichen, akkumuliert die Pflanze Enzyme, die gegen ein breites Pathogenspektrum gerichtet sind (engl. pathogen related-, PR-). Diese metabolisieren das Zellwandgerüst und inhibieren so das Wachstum verschiedener Pilze. Bei der spezifischen Wirtsresistenz weist eine spezifische Pflanzenspezies eine Resistenz gegenüber einem spezifischen Pathogen bzw. bestimmten Rassen des Pathogens auf (Brennicke & Schopfer 2010; Ludwig-

Müller & Gutzeit 2014). Die inkompatible Reaktion geht auch häufig mit der hypersensitiven Antwort, d.h. dem schnellen programmierten Zelltod der Pflanzenzellen an der Infektionsstelle einher um die Ausbreitung des Pathogens zu verhindern (Buonaurio 2008).

Zur Abwehr haben Pflanzen zwei verschiedene Strategien entwickelt: Entweder wird eine bisher nicht laufende Synthesereaktion von sogenannten Phytoalexinen aktiviert oder eine Konzentration bereits gebildeter Substanzen wird erhöht (Wink & Schimmer 2010). Diese zwei verschiedenen Mechanismen werden als verzögerte bzw. schnelle Reaktion bezeichnet. Die verzögerte Pflanzenabwehrantwort umfasst den Wundverschluss und die Bildung von pathogen-gerichteten Proteinen. Die präformierten Abwehrstoffe werden auch als Phytoantizipine bezeichnet und dienen der konstitutiven Abwehr von u. a. Herbivoren. Hierbei handelt es sich um meist niedermolekulare, für die Pflanze gering toxische Substanzen, welche dem Aufbau mechanischer Barrieren dienen. Ihre Wirkung tritt entweder direkt oder nach Umwandlung durch enzymatische Reaktionen ein. Die Phytoantizipine befinden sich häufig in spezialisierten Zellen wie Trichomen oder Drüsenhaaren (Ludwig-Müller & Gutzeit 2014). Der Aufwand für die Pflanze ist bei diesem Mechanismus sehr hoch und erfordert dauerhaft Energie und Nährstoffe für den Erhalt der Abwehrmechanismen. Diese Abwehrstrategie wird daher auch als verzögerte Reaktion bezeichnet. Im Gegensatz dazu äußert sich die schnelle Reaktion in einer Änderung des Ionenflusses, der Bildung reaktiver Sauerstoffverbindungen (z. B. H_2O_2), der Proteinphosphorylierung, einer Stärkung der Zellwandverknüpfungen, einer Einleitung der Produktion von Phytoalexinen, der Bildung von Stickstoffmonoxid oder der hypersensitiven Antwort.

Bei den Phytoalexinen handelt es sich um von Pflanzen produzierte Antibiotika als pflanzliche Abwehrstoffe. Bisher wurden mehr als 350 verschiedene Phytoalexine aus über 100 verschiedenen Pflanzenspezies isoliert (Reichling 2010). All diese Verbindungen zeigen gegenüber Mikroorganismen bereits ab Konzentrationen im Bereich von 10^{-4} bis 10^{-5} mol l^{-1} eine zumeist unspezifische, biozide oder biostatische Wirkung (Reichling 2010). Die de novo-Synthese von Phytoalexinen erfolgt nach einem Befall von Mikroorganismen induziert durch die Nekrose der Pflanze (Ludwig-Müller & Gutzeit 2014). Dabei dienen Elizitoren als Signalmoleküle bei der Weitergabe der Information über den Angriff (Reichling 2010). Salizylsäure hat als endogener Elizitor bei der Induktion der Abwehrreaktion gegen pathogene Mikroben und Viren eine wichtige Funktion (Brennicke & Schopfer 2010). Bei der systemisch erworbenen Resistenz, welche die Abwehr bisher nicht befallener Gewebe der Pflanze auslöst, dient methylierte Salizylsäure als mobiles Signal für weiter entfernte Gewebe (Ludwig-Müller & Gutzeit 2014). Die infektionsinduzierte Abwehr bereitet der Pflanze einen geringeren Aufwand und ist daher ökonomisch effizienter als die verzögerte Reaktion. Laut Reichling (2010) besteht Forschungsbedarf in der Aufklärung der Mechanismen, mit denen Pflanzen auf die Vielzahl unterschiedlicher Angriffe reagieren und das Wechselspiel zwischen den verschiedenen Abwehrreaktionen.

2.7.2. Interaktion phytopathogener Pilze mit Pflanzen

Phytopathogene Pilze sowie die Infektion und Erkrankung, die sie in den Wirtspflanzen hervorrufen, beeinflussen die physiologischen Funktionen, verursachen schwere Schäden und Störungen und können so enormen Stress in ihren Wirten auslösen. In der Natur dringen pathogene Pilze auf verschiedene Weisen in die äußeren Schichten der Wirtspflanze ein. Beispiele hierfür sind der mechanische Aufbruch der pflanzlichen Abwehrbarrieren durch Pilzhyphen, die chemischen Mechanismen zum Zellaufschluss und das Durchdringen physikalischer Barrieren der Zellwand z. B. durch lytische Enzyme wie Cutinasen, Cellulasen oder Pektinasen. Daneben können Fremdkeime auch direkt über vorhandene Öffnungen wie z. B. Stomata in die Pflanze eindringen. Neben verstärkten mechanischen Strukturen wehrt sich die Wirtspflanze mit biochemischen Waffen wie Enzymen, welche z. B. die Zellwand von Pilzhyphen abbauen. Nach der Penetration in die äußere Hülle der Wirtspflanze tritt der pathogene Pilz entweder in das Gewebe des Wirts ein oder fusioniert damit. Dies ermöglicht dem Pilz, der Wirtspflanze wichtige Nährstoffe zu entziehen und dadurch eine lokale Limitierung der Ressourcen des Wirts zu verursachen. Bei erfolgreichem Parasitismus ist der angreifende Organismus befähigt die Abwehrantwort des Wirts zu neutralisieren. Dieser Vorgang umfasst eine Reihe komplexer Reaktionen, in die v. a. Hormone und ähnliche Substanzen involviert sind (Brennicke & Schopfer 2010; Pessarakli 2010).

Nach dem Eindringen in das Wirtsgewebe kommt es zur Ausbildung des Krankheitssymptoms ausgelöst durch beispielsweise wirtsunspezifische oder wirtsspezifische Pilztoxine, sowie von den Pilzen synthetisierte Wachstumsregulatoren. Wirtsunspezifische Toxine können von phytopathogenen Pilzen nicht nur in einer spezifischen Pflanzenspezies, sondern auch in anderen Pflanzen unabhängig von der Spezies ausgeschüttet werden. Wirtsspezifische Toxine bilden Pathogene nur, wenn sie bestimmte Wirte infizieren. Diese Pilztoxine haben keine Auswirkung auf das Pathogen, können aber Pflanzenzellen in sehr niedrigen Konzentrationen wie z. B. 10^{-10} mol l^{-1} schädigen oder abtöten. Die Funktion dieser Toxine besteht darin, die Widerstandskraft der Pflanze zu verringern und somit dem Pathogen die Nährstoffaufnahme zu erleichtern. Letzteres wird durch das Ausströmen von Ionen und anderen Zellinhaltsstoffen durch die Plasmamembran unterstützt. Bis heute sind mehr als 120 Phytotoxine bekannt, die zum Teil Wirtszellen oder -gewebe zerstören. Es gibt sehr viele Pilzarten unter denen tausende pathogene Spezies verweilen. Für die meisten pathogenen Pilze ist eine Speziesspezifität hinsichtlich des Wirts charakteristisch. Fast alle physiologischen Funktionen der Pflanzenzelle wie z. B. Photosynthese, Wasser- und Nährstofftransport, Transpiration, Respiration, die Permeabilität der Zellmembran sowie die Transkription und Translation, können durch Pilzpathogene beeinflusst werden. Die Angriffstechnik des Pathogens ist auf den jeweilig anvisierten Pflanzenteil spezialisiert. Die Abwehr der infizierten Pflanze wird z. T. von Bestandteilen der Pilzzellwand ausgelöst und zeigt sich in einer verstärkten Synthese von Phytoalexinen. Meist werden von der Pflanze zur Abwehr mehrere verschiedene Phytoalexine produziert, wie beispielsweise die Wachstumsregulatoren IAA, Gibberellinsäure, Ethylen und Jasmonsäure. Dadurch gewinnt die Pflanze eine gewisse Flexibilität gegenüber ihren Angreifern. Pathogene Pilze reagieren wiederum darauf mit ihren chemischen Waffen z. B. verschiedenen Polysacchariden, Pflanzenabwehrunterdrückern und Transportmechanismen. Wenn resistente Pflanzen durch Pilzpa thogene oder einen entsprechenden Elizitor angegriffen werden, steigt im Vergleich zur anfälligen Pflanze kurzzeitig die Atmungsaktivität. Dadurch wird der erhöhte Energiebedarf, welcher für die Aktivierung von Resistenzmechanismen erforderlich ist, ausgeglichen und es erfolgt ein Ausstoß von Wasserstoffperoxid H_2O_2. Dieser Prozess wird als oxidativer Burst bezeichnet und erfolgt ausschließlich bei der inkompatiblen Reaktion. Dies ermöglicht eine Differenzierung zwischen kompatiblen und inkompatiblen Reaktionen. In vielen Pflanzen werden nach der Infektion Enzyme gebildet, die spezifisch gegen Zellwandbestandteile des Pilzes (Chitin, Callose) gerichtet sind z. B. Chitinase und weitere Hydrolasen (Brennicke & Schopfer 2010; Pessarakli 2010; Reichling 2010). Daneben ist auch die Bildung fungizider Pflanzenwirkstoffe bekannt, wie z. B. von Flavonoiden, welche an DNA und Proteine binden können. Beispiele hierfür sind Apigenidin bei Hirse *Sorghum bicolor* nach einem Befall durch den Pilz *Colletrichum graminicola* sowie Sakuranetin bei Reis *Oryza sativa* (Ludwig-Müller & Gutzeit 2014). Delenk et al. (2015) untersuchten die fungizide Wirkung einer Reihe von Phenolsäuren, die in Hairy Root Kulturen von *Salvia officinalis* produziert werden. Als Testorganismen wurden *Chaetomium globosum* sowie *Trichoderma viride* betrachtet und mit reinen Standardsubstanzen versetzt. Extrakte von den Gewebekulturen wurden nicht untersucht. Besonders auffällig war eine fungizide Wirkung von *trans*-Zimtsäure und Salizylsäure auf *C. globosum*. Die Testsubstanzen zeigten auf *T. viride* einen geringeren Einfluss im Vergleich zu *C. globosum*. Bei einer vergleichsweise geringeren Konzentration von Sinapinsäure als bei den übrigen Phenolsäuren, wurde für beide Pilzkulturen eine Wachstumsinhibierung festgestellt.

2.7.3. Elizitierung pflanzlicher in vitro Kulturen mit Pilzen

Für die Elizitierung werden, sofern sie bekannt sind, bevorzugt die für die jeweilige Pflanzenart spezifischen Endophyten oder Pathogene betrachtet (Narayani & Srivastava 2017). Um den Elizitationsprozess optimal ausnutzen zu können, sind Kenntnisse über die Abläufe zu der Induktion und Akkumulation der sekundären Pflanzenstoffe hilfreich. Die Kommunikation zwischen Elizitor und Pflanzenzelle kann auf verschiedenen Wegen erfolgen (DiCosmo & Misawa 1985), wie in Abbildung 10 dargestellt ist.

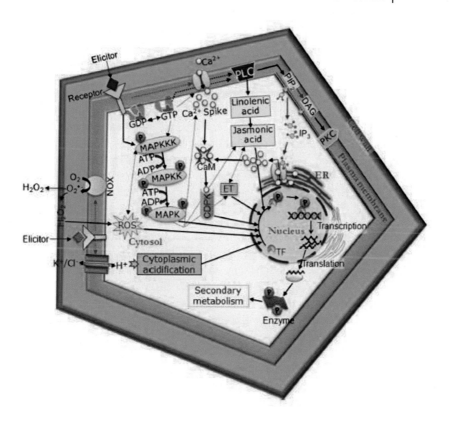

Abbildung 10 Elizitor induzierte Signalübertragungswege für die Produktion pflanzlicher Metabolite aus Narayani & Srivastava (2017)

Mit der pflanzeneigenen Immunantwort erkennen Pflanzenzellen mit speziellen Rezeptoren (engl. pattern recognition receptors, PRRs) auf ihrer Zelloberfläche hoch konservierte, Pathogen-assoziierte Strukturmerkmale (engl. pathogen-assotiated molecular pattern, PAMPs) und lösen Abwehrmechanismen aus. Diese Strukturmerkmale oder Moleküle sind für ein breites Spektrum an pathogenen Mikroorganismen charakteristisch. Früher wurde dieses Abwehrprinzip als exogene Elizitierung bezeichnet. Alternativ lösen Pflanzenzellen direkt durch das Eindringen des Pathogens die Bildung sogenannter Gefahr-assoziierten Strukturmerkmale aus, welche ehemals als endogene Elizitoren bezeichnet wurden. Die Gefahr nimmt die Pflanzenzelle durch von dem Pathogen sekretierte spezifische Elizitoren z.B. Glykane, Proteine, Lipide wahr (Ramirez-Estrada et al. 2016; Pflanzenforschung.de: Pflanzen-Pathogen-Interaktion 2016).

Phytopathogene Pilze produzieren eine Vielzahl von Substanzen und Verbindungen, welche in das die Kultur umgebende Medium abgegeben werden. Einige von diesen zeigen einen positiven Einfluss auf das Wachstum von Pflanzen (Hermosa et al. 2012). Endophytische Pilze besiedeln natürlicherweise innere Gewebestrukturen intakter Pflanzen. Ein Beispiel hierfür ist *Trichoderma* spp., welcher für die Wirtspflanze wachstumsfördernde und resistenzstärkende Wirkungen zeigt (Hermosa et al. 2012). Spezies der Gattung *Trichoderma* werden weit verbreitet als biologisches Pflanzenschutzmittel in der Land- und Forstwirtschaft eingesetzt (Prasad et al. 2013), da sie in Antibiose mit

Pflanzen die Produktion fungizider sekundärer Pflanzenstoffe auslösen. Weiterhin ist bekannt, dass sie in Form von Mykoparasiten im Wettstreit um Nährstoffe oder Raum an der Produktion zellwand-abbauender Enzyme beteiligt sind. Zudem können sie über die Produktion und Sekretion elizitierender Substanzen die Resistenz von Pflanzen induzieren. Die Mechanismen, welche von den *Trichoderma* Spezies genutzt werden, um die pflanzeneigene Abwehr auszulösen, sind noch nicht vollständig verstanden. Es gibt bereits einige Studien zu Veränderungen in der Genexpression und der dadurch abweichenden Muster der exprimierten Proteine in Blättern und Wurzeln von Wirtspflanzen in der Gemeinschaft mit *Trichoderma*-Pilzen. Dabei wurde als Veränderung in der Beziehung zwischen Pflanze und Pathogen eine von den Pflanzenzellen ausgehende und gegen das Pathogen gerichtete Synthese von Peroxidasen, Chitinasen, β-1,3-Glycanasen und Lipoxygenasen beobachtet (Gomes et al. 2016).

Spezies der Pilzgattungen *Aspergillus* und *Trichoderma* gehören zur Abteilung der *Ascomyceten*. Sie haben sich bereits in einigen pflanzlichen in vitro Kulturen als geeignete Elizitoren für die Anreicherung sekundärer Pflanzenstoffe herausgestellt (Namdeo et al. 2002; Pawar et al. 2011; Verma et al. 2014). Für *Aspergillus niger* wurde ein elizitierender Effekt auf die Bildung von Cumarinen und Flavonoiden nachgewiesen (Ramirez-Estrada et al. 2016). Weitere Beispiele für die Anwendung von Pilzkulturen zur Elizitierung pflanzlicher in vitro Kulturen sind in Tabelle 11 aufgeführt. Die Elizitierung mit Pilzen kann unter Verwendung der Pilzbiomasse in Form von Zellwandfragmenten, eines Myzelextraktes oder auch des Kulturfiltrates erfolgen (Namdeo 2007). Die genaue Zusammensetzung dieser Stoffgemische ist nicht vollständig geklärt. Bei der Elizitierung pflanzlicher in vitro Kulturen von *Azadirachta indica* (Srivastava & Srivastava 2014)*, Centella asiatica* (Prasad et al. 2013)*, Calophyllum inophyllum* (Pawar et al. 2011), *Linum album* (Kumar et al. 2012) und *Vinca minor* (Verma et al. 2014) hat sich das Pilzkulturfiltrat als geeigneter Elizitor herausgestellt. Daher kann eine auf die Pflanzenzellen elizitierende Wirkung auf Substanzen zurückgeführt werden, die von den Pilzen in das Medium abgegeben werden. Die bei dieser Art der Elizitierung konkret ablaufenden Mechanismen sind bisher unbekannt.

Zur Gruppe der Pilzelizitoren allgemein gehören verschiedene Komponenten der Pilzkultur, d. h. exogene Elizitoren, wie beispielsweise Kohlenhydrate oder Polysaccharidfraktionen wie Glykanpolymere, Komponenten der pilzlichen Zellwand z. B. Chitosan, pilzliche Proteine wie Glykoproteine, Enzyme, niedermolekulare Substanzen wie organische Säuren oder komplexere Bestandteile wie Myzelhomogenat oder Kulturmediumfiltrate (DiCosmo et al. 1987; Narayani & Srivastava 2017). Beispiele für endogene Elizitoren sind Polysaccharide, welche aus dem Abbau der Pathogene in der pflanzlichen Zellwand stammen, sowie intrazelluläre Proteine und kleine Moleküle, die von der Pflanzenzelle in Reaktion auf verschiedene Stressoren oder einen Angriff durch Pathogene gebildet werden, wie z. B. die Wachstumsregulatoren Methyljasmonat, Salizylsäure oder das Pflanzenregulatorpeptid Systemin (Ramirez-Estrada et al. 2016).

Tabelle 11 Anwendungsbeispiele für Pilzelizitoren für verschiedene Produktionssysteme pflanzlicher in vitro Kulturen, HR – Hairy Roots, ZS – Zellsuspension, SH – Sprosskultur; [1]Angabe bezogen auf das Feuchtgewicht

Pflanzenspezies, Art der in vitro Kultur	Pilzspezies, Art des Elizitors	Zielmetabolit, Klassifizierung	Max. erreichte Steigerung des Gehaltes (Trockengewicht bezogen)	Quelle
Azadirachta indica, HR	*Myrothecium* sp., *Phoma herbarium, Alternaria alternata, Fusarium solani, Curvularia* sp., *Sclerotium rolfsii*, Kulturfiltrat	**Azadirachtin, Triterpenoide**	2,14-fach für *C. lunata*	Srivastava & Srivastava (2014)
Calophyllum inophyllum, ZS	*Nigrospora sphaerica Phoma* spp., Zellfragmente und Kulturfiltrat	**Inophyllum A, B, C und P, Coumarine**	928-fach[1] für Inophyllum C bei Kulturfiltrat von *N. sphaerica*	Pawar et al. (2011)
Catharanthus roseus, ZS	*Trichoderma viride Aspergillus niger Fusarium moniliforme*, Zellwandfragmente	**Ajmalicin, Alkaloide**	3,57-fach für *T. viride*	Namdeo et al. (2002)
Centella asiatica, SH	*Trichoderma harzianum*, Kulturfiltrat, *Colletotrichum lindemuthianum, Fusarium oxysporum*, Myzelextrakt	**Asiatikoside, Triterpensaponine**	2,53-fach für *T. harzianum*	Prasad et al. (2013)
Lantana camara, ZS	*Piriformospora indica*, Kulturfiltrat	**Oleanolsäure Ursolsäure Betulinsäure**	5,6-fach 3,5-fach 7,8-fach	Kumar et al. (2016)
Linum album, HR	*Piriformospora indica*, Kulturfiltrat	**Podophyllotoxin 6-Methylpodophyllotoxin, Lignane**	2,05-fach; 2,74-fach	Kumar et al. (2012)
Tagetes patula, HR	*Aspergillus niger, Fusarium oxysporum, Penicillium expansum, Phytophtora megasperma*, Zellwandfragmente	**Thiophene, Heteroaromaten**	1,85-fach[1] für *A. niger*	Buitelaar et al. (1992)
Vinca minor, HR, ZS	*Trichoderma harzianum*, Kulturfiltrat	**Vincamin, Alkaloide**	Gesamtalkaloid 1,16-fach (HR) 1,45-fach (ZS)	Verma et al. (2014)

Pilzliche Glykoproteine und Elizitoren auf Kohlenhydratbasis können an spezifische Rezeptorstellen binden und lösen dadurch die phytochemische Antwort der Pflanzenzelle aus. Niedermolekulare Substanzen bestimmter Pilze können die Elizitoraktivität inhibieren, in dem sie um die membrangebundenen Rezeptorstellen konkurrieren. Darüber hinaus gibt es pilzliche Moleküle, welche die Bildung antibiotischer Sekundärmetabolite in der Pflanzenzelle direkt auslösen oder unterdrücken können. Ebenso gibt es fremdartige Elizitoren, d. h. nicht pflanzlichen Ursprungs, welche direkt durch die Zellwand passieren können, wie beispielsweise durch die Poren, Ektodesmen, Plasmodesmen oder Kanäle, oder solche, welche die Makromoleküle der Zellwand aktivieren um anschließend mit dem Plasmalemma zu interagieren. Letzterer Mechanismus wird in Pflanzen v. a. bei der Elizitierung mit Chitosan oder Pektinen genutzt, welche die Akkumulation von fungiziden Phytoalexinen auslösen. Weiterhin können Ionen bei dem Auslösen der pflanzeneigenen Abwehr eine Rolle spielen, da z. B. Veränderungen des pH-Wertes Änderungen der Konformation der Zellwand herbeiführen oder die Ladung der zellwandgebundenen Moleküle beeinflussen. Wie die Sekundärmetabolitsynthese bei der Elizitierung kultivierter Pflanzenzellen genau ausgelöst wird, ist bisher unbekannt (DiCosmo & Misawa 1985).

Jasmonsäure, wie auch Salizylsäure, zählen zu den Pflanzenwachstumsregulatoren und sind als Signalmoleküle in der pflanzlichen Abwehr Schlüsselkomponenten bei der Signalübertragung. Diese werden sowohl als chemische Faktoren zur Gruppe der abiotischen Elizitoren (Narayani & Srivastava 2017) als auch als biotische Elizitoren (Ramirez-Estrada et al. 2016) aufgefasst.

Besonders intensiv erforscht sind Elizitoren, welche an das Plasmalemma der Pflanzenzelle binden. Die allgemeinen Reaktionswege bei der durch die Elizitierung induzierten Abwehr sind bekannt. Die Signalübertragung ist abhängig von der Wahrnehmung des Elizitor-Signales und induziert eine gezielte Abwehrreaktion. Für die in der Pflanzenbiotechnologie weit verbreiteten Elizitoren sind die verantwortlichen Rezeptoren, die sekundären Botenstoffe, die Übertragungswege und die verantwortlichen Gene nur zum Teil bekannt. Da die Abwehrmechanismen sehr komplex sind und auf der Metabolitebene eine hochgradige Variabilität aufweisen, wurden für die Elizitierung sekundärer Pflanzenstoffe in Pflanzenzellkulturen bisher vornehmlich empirische Studien vorgenommen. Die Aufklärung der Zellantwort auf molekularer Ebene bleibt bisher aus. Weiterhin ist bekannt, dass von den einzelnen Pflanzenarten oder für die Produktion spezifischer Metabolite meist nicht alle verfügbaren Signalwege angesprochen werden (Ramirez-Estrada et al. 2016).

In dem Übersichtsartikel von Ramirez-Estrada et al. (2016) werden umfangreiche Beispiele für biotische Elizitoren gegeben. Aus der Gruppe der pflanzlichen Wachstumsregulatoren werden weit verbreitet Jasmonate auf Pflanzenzellkulturen appliziert und lösen dort lokale, wie auch systemische Abwehrmechanismen aus, welche die Produktion von verschiedenen sekundären Pflanzenstoffen ankurbeln, z. B. Taxanen, Alkaloiden und Phenylpropanoiden. Mit Bezug auf Elizitoren, welche von Mikroorganismen stammen, kommen aufgrund ihrer Wirksamkeit immer noch Extrakte von Pilzen, Hefen und Bakterien zum Einsatz. Diese Extrakte enthalten Naturstoffe diverser chemischer Strukturklassen. Zumeist ist die genaue Zusammensetzung dieser komplexen Gemische unklar (Ramirez-Estrada et al. 2016).

Zu den pilzlichen Peptiden oder Proteinen zählen die Cerato-Platanine, welche klein und reich an Cystein sind. Diese Proteine werden von filamentösen Pilzen im frühen Entwicklungsstadium sekretiert und interagieren auf verschiedenen Ebenen der Wirtsbeziehung zwischen Pflanze und Pilz als Phytotoxine, Elizitoren und Allergene. Somit stellen die Cerato-Platanine geeignete Elizitoren für die Anwendung in der Pflanzenzellkultur dar. Für spezifische Proteine, wie z. B. das EpI-1 Protein der Spezies *Trichoderma virens* und *T. atroviride*, ist bekannt, dass sie die Produktion von Phytoalexinen und/oder den Zelltod lokal und systemisch in Wirts- und auch nicht-Wirtspflanzen auslösen. Proteine der Gruppe der Cerato-Platanine sind an dem Wachstum der Pilze, der Erkennung von Wirtszellen, der Adhäsion, der Zellwand-Morphogenese, dem Antagonismus und dem Parasitismus beteiligt. Die primäre Funktion dieser Proteine ist jedoch bisher unbekannt (Gomes et al. 2016).

Zu Elizitoren auf Basis der Pilzzellwand zählen Chitosan und Chitin, eine charakteristische Komponente der Zellwand von Pilzen und Hefen, bestehend aus β-$(1\rightarrow4)$-N-Acetyl-D-glucosamin. Diese Oligomere werden aus komplexen Rohextrakten von Pilzen oder Hefen gewonnen und eignen sich für die Elizitierung vielfältiger sekundärer Pflanzenstoffe in der Pflanzenbiotechnologie. Daneben zeigen auch Oligosaccharide, welche durch hydrolytische Enzyme von Pilzen und/oder Pflanzen gespalten und exkretiert werden, eine elizitierende Wirkung in Pflanzen. Die Wirksamkeit der Oligosaccharide hängt von deren Typus und der Spezifität für eine konkrete Pflanzenspezies ab. Die Oligosaccharide werden von spezifischen Rezeptoren an der Zelloberfläche registriert und haben direkten Einfluss auf die metabolischen Synthesewege sowie auf die Verstärkung der systemisch erworbenen Resistenz. Neben diesen Zellwandfragmenten, gibt es auch pilzliche Exopolysaccharide, welche als Elizitoren in der Pflanzenzellkultur Anwendung finden (Ramirez-Estrada et al. 2016).

Um eine Strategie zu entwickeln, die biotechnologische Produktion bioaktiver Wirkstoffe zu steigern, sind das Verständnis der Reaktion von Pflanzenzellen und ihrer spezifischen Synthesewege für spezifische Sekundärmetabolite auf diverse Elizitoren einzeln, oder auch in Kombination angewandt, eine zwingende Voraussetzung. Eines der größten Hindernisse stellt das bisher stark eingeschränkte Wissen über die hochkomplexen Biosynthesewege und ihre Kontrollenzyme bzw. -gene dar, sowie das Fehlen der Aufklärung relevanter Transkriptionsfaktoren und Hauptregulatoren. Mit fortschreitendem Wissen über den Metabolismus, ist die gezielte Ausnutzung der Elizitoreffekte an gewähltem Zeitpunkt eine erfolgreiche Strategie, um eine maßgeschneiderte hochproduktive Zellkultur zu erhalten. Der Durchbruch einer kosten-effektiven und nachhaltigen Produktion sekundärer Pflanzenstoffe ist abhängig von einem tiefergehenden Wissen über die metabolische Antwort der Pflanzenzellen auf die Elizitierung, sowie das Verständnis der für diesen Effekt verantwortlichen Mechanismen (Ramirez-Estrada et al. 2016).

Verschiedenste Elizitoren sind für ihren produktivitätssteigernden Effekt bekannt. Elizitierte Zellkulturen zeichnen sich in der Regel durch höhere Produkterträge und kürzere Kultivierungszeiten aus. Die Exposition der Zellkultur mit geeigneten Elizitoren bewirkt meist bereits innerhalb von 48 bis 72 h eine drastische Erhöhung des Anteiles antibiotische Sekundärmetabolite in der Pflanzenzelle und zeigt damit eine schnelle Kinetik im Vergleich des sonst eher langsamen Zellwachstums. Dadurch werden die für die Kultivierung der Pflanzenzellen erforderliche Zeit verkürzt und auch damit verbundene Kosten eingespart (DiCosmo & Misawa 1985; Namdeo 2007).

Bisher gibt es keinen universellen Faktor, der auf verschiedene Pflanzenspezies und deren sekundäre Pflanzenstoffe angewendet werden kann. Für jedes Pflanzenzellkultursystem muss die speziesspezifische Effektivität von Elizitoren untersucht werden, da auch keine Vorhersagen möglich sind. Um geeignete Elizitoren für die Stimulation spezifischer Pflanzenzellprodukte gezielt auswählen zu können, sollte die Beziehung zwischen der Struktur und der Funktion der Elizitoren mit den induzierten Produkten bekannt sein Daneben spielen die Dosierung und der Zeitpunkt der Zugabe eine enorm wichtige Rolle (DiCosmo & Misawa 1985; Buitelaar et al. 1992; Namdeo 2007; Prasad et al. 2013).

2.7.4. Kohlenstoff- und Energiequelle heterotropher Pflanzenzellkulturen

Kohlenhydrate, insbesondere Saccharose, stellen für Pflanzenzellen eine bedeutende Kohlenstoff- und Energiequelle dar (Endress 1994). Die initiale Saccharosekonzentration beeinflusst vor allem das Wachstum, aber auch die Produktion bestimmter Metabolite von Pflanzenzellen und weist ein für jede Pflanzenspezies spezifisches Optimum auf (Wang et al. 1999). In der Pflanzenzellsuspensionskultur wird die mit dem Medium bereitgestellte Saccharose durch extrazelluläre oder auch an der Zellwand gebundene Invertasen zu den Monosacchariden Glucose und Fructose hydrolysiert (Ullisch et al. 2012). In einigen Fällen variiert bezüglich des Verbrauches an Kohlenhydraten als Substrat eine Bevorzugung von Fructose oder Glucose. Ebenso ist eine Änderung dieses Verhaltensmusters in Abhängigkeit von der initialen Saccharosekonzentration möglich (Zhang et al. 1996). Die Zusammenhänge des Saccharose-Metabolismus wurden am Beispiel von Zhang et al. (1996) für eine *Panax notoginseng* Suspension gezeigt: Bei dem Transfer von Pflanzenzellen in frisches Nährmedium mit einer erhöhten Zuckerkonzentration wurden eine Intensivierung der Zuckereinlagerung sowie auch eine Zunahme des intrazellulären Zuckergehaltes beobachtet. Der Umsatz des Nährstoffes Zucker erfolgte zunächst aus dem im Medium enthaltenen Glucose- und Fructose-Vorrat. Anschließend wurde auf intrazelluläre lösliche Zucker, wie beispielsweise Glucose, Fructose und Saccharose, zurückgegriffen. Danach erfolgte die Umsetzung intrazellulärer unlöslicher Stärke. Für einige Pflanzenzellkulturen wurde bei erhöhter Konzentration der initialen Saccharose ein förderlicher Effekt auf die Produktion von Ginsengsaponinen festgestellt, Beispiele werden in Zhang et al. (1996) aufgeführt.

Eine Anwendung von fed-batch Strategien unter Zugabe von Zuckern im Zulaufverfahren stellt eine Möglichkeit zur Erhöhung der Produktivität von pflanzlichen in vitro Kulturen dar. Eine Erhöhung der Zelldichte durch z. B. Saccharose fed-batch Strategien zeigte einen fördernden Effekt auf beispielsweise die Taxan-Produktion mit einer Suspensionskultur von *Taxus chinensis* (Wang et al. 1999). In Kombination mit der Elizitierung kann die Effizienz von Pflanzenzellkulturen zur Gewinnung sekundärer

Pflanzenstoffe gesteigert werden, wie z. B. bei der Taxan-Produktion mit *T. chinensis* gezeigt wurde (Dong & Zhong 2002).

Bei einem fed-batch unter Zugabe von ausschließlich Zuckern kann bedingt durch die verlängerte Wachstumsphase und den damit verbundenen Verbrauch an weiteren Nährstoffen eine Limitation an für die Pflanzenzelle essenziellen Makro- und Mikronährstoffen auftreten. Eine Limitation von Stickstoff oder Phosphor, welche insbesondere für den Primärstoffwechsel von Pflanzenzellen relevant sind, stellt eine Möglichkeit zur Verstärkung des Sekundärmetabolismus dar (Taticek et al. 1991; Collin 2001; Haas 2014). Bei Sekundärmetaboliten, deren Bildung durch eine Limitierung von Stickstoff und Phosphor nicht direkt beeinflusst wird, wie beispielsweise den Triterpensäuren OS und US, kann somit unter Umständen eine erhöhte Produktausbeute erzielt werden.

3. Material und Methoden

3.1. Analytik von Triterpensäuren und Metabolitscreening pflanzlicher in vitro und in vivo Kulturen

Eine von Vogler (2009) entwickelte Methode zur schnellen qualitativen Analyse von OS und US mittels DC wurde auf ihre Leistungsfähigkeit überprüft. Für eine quantitative Bestimmung der Gehalte der Triterpensäuren OS und US in pflanzlichem in vivo und in vitro Material wurde eine geeignete HPLC-Methode mit UV-Detektion etabliert (Kümmritz et al. 2014). Mit Hilfe dieser HPLC-Methode wurde Material verschiedener potentiell geeigneter Pflanzenarten analysiert, um für die Induktion von in vitro Kulturen zur Produktion von Triterpensäuren geeignete Pflanzenspezies auszuwählen. Weiterhin wurde diese Methode für die Selektion von für einen Produktionsprozess geeigneten Zelllinien sowie der Prozessüberwachung und -optimierung eingesetzt. Die Extraktion der Triterpensäuren aus dem pflanzlichen Metarial erfolgte wie beschrieben in Kümmritz et al. (2014) mittels Ethanol im Ultraschallbad bei 40 °C. Eine Identifizierung der Struktur der Triterpensäuren erfolgte mittels GC-MS Analyse im Rahmen eines Metabolitscreenings. Dabei wurde neben der metabolischen Zusammensetzung des Ausgangsmaterials verschiedener Salbeipflanzen in vivo und in vitro die Anwesenheit weiterer potentieller Wertstoffe in der Salbeisuspensionskultur untersucht, wie z. T. beschrieben in (Kümmritz et al. 2014).

3.1.1. Screening von Oleanol- und Ursolsäure mittels DC

Das Vorgehen bei der DC erfolgte in Anlehnung an Vogler (2009). Zusätzlich wurden die DC-Platten aus Kieselgel 60 F_{254} 10 x 20 cm auf Glas (Merck) mit 15 ml Methanol in einer CAMAG Doppeltrogkammer mit Edelstahldeckel vorkonditioniert, anschließend waagerecht getrocknet und geföhnt. Die mobile Phase bestand, wie bei Vogler (2009) aus einem Gemisch von Methanol/ Aceton/ Acetonitril/ Toluol (10/10/10/30, V/V/V/V). Die Kammer wurde mit der mobilen Phase für 10 min konditioniert. Währenddessen erfolgte der Probenauftrag auf die Platte. Zur Ermittlung der Nachweis- und Bestimmungsgrenze wurden Stammlösungen von OS und US (Carl-Roth, Karlsruhe) mit Konzentrationen von je 1 mg ml^{-1} in absolutem Ethanol für Standardlösungen von 0,01; 0,025; 0,05 und 0,1 mg ml^{-1} entsprechend mit absolutem Ethanol verdünnt. Der Probenauftrag von Standardlösungen oder ethanolischen Extrakten von Pflanzenteilen bzw. Kallusgewebe erfolgte mit Einmalkapillaren mit Applikator auf die vorkonditionierte Platte. Bei den Standardlösungen wurden 5 µl und bei den Extrakten 5 µl bzw. durch mehrfache Applikation bis max. 20 µl aufgetragen.

Nach dem Lauf, d.h. einem Abstand der Laufmittelfront zur oberen Kante der Platte von ca. 1 cm, wurde die Platte entnommen, die Laufmittelfront markiert und die Platte bei 55 °C für 25 min getrocknet. Nach dem Trocknen wurde die Platte mit Sprühreagenz besprüht. Das Sprühreagenz setzte sich aus 42,5 ml Methanol, 5 ml Eisessig, 2,5 ml Schwefelsäure und 0,25 ml Anisaldehyd zusammen. Danach wurde die Platte 10 min waagerecht getrocknet und 5 min bei 105 °C im vorgeheizten Trockenschrank entwickelt. Die entstandenen Spots wurden markiert und mit Hilfe einer Digitalkamera

© Der/die Autor(en), exklusiv lizenziert durch
Springer-Verlag GmbH, DE, ein Teil von Springer Nature 2020
S. Kümmritz, Produktion von Oleanol- und Ursolsäure mit pflanzlichen in vitro Kulturen,
Fortschritte Naturstofftechnik, https://doi.org/10.1007/978-3-662-62464-7_3

dokumentiert. Zur Identifikation der OS und US in den Extraktproben wurde der R_f-Wert herangezogen.Weiterhin wurde neben der wie bei Vogler (2009) beschriebenen Betrachtung unter Tageslicht zusätzlich eine Detektion mittels UV-Licht bei 365 nm vorgenommen.

3.1.2. Bestimmung von Oleanol- und Ursolsäure mittels HPLC

Einige in der Literatur bereits beschriebene Methoden zur erfolgreichen Analytik der Oleanol- und Ursolsäure mit Hilfe der HPLC (Lee et al. 2009; Zacchigna et al. 2009; Leipold et al. 2010), wurden unter der Berücksichtigung der zur Verfügung stehenden Mittel auf ihre Anwendbarkeit getestet. Keine der Testmethoden zeigte eine Basislinientrennung. Um diese zu erreichen wurden folgende HPLC-Parameter variiert: das RP-Trennmaterial, die Zusammensetzung der mobilen Phase, der Fluss und die Temperatur. Genaue Angaben zur Herangehensweise sind im Abschnitt 4.1.2 in den Ergebnissen erläutert. Der Fachartikel von Kümmritz u. a. (2014) beschreibt die Methodenentwicklung. Die etablierte Analyse der Triterpensäuren erfolgte an einem HPLC-System der Fa. Knauer (Berlin) mit 1000 Smartline Pumpe, kontrolliert durch Smartline Manager 5000. 20 µl des ethanolischen Extraktes wurden mit Hilfe des Autosamplers (Knauer) auf die Säule Discovery® HS C18 (250 x 4,6 mm, 5 µm) mit passender Vorsäule Supelguard™ (Supelco) injiziert. Die Trennung erfolgte auf der Säule bei einer Temperatur von 20 °C, gewährleistet durch einen Säulenthermostat (GAT Analysentechnik GmbH, Bremerhaven). Der Eluent setzte sich zusammen aus Methanol und 0,1 % wässriger Ameisensäure (92:8; V/V). Der Fluss wurde auf 0,5 ml/min eingestellt. Die Detektion der Triterpensäuren erfolgte mit einem UV-Detektor GAT LCD 500 (GAT) bei 210 nm. Oleanolsäure eluierte bei ca. 25,3 min; Ursolsäure bei 26,9 min. Die Gesamtlaufzeit der HPLC-Methode betrug ca. 40 min. Im Konzentrationsbereich von 2,5 bis 250 µg ml^{-1} erfolgte die Kalibrierung aus Verdünnungen von einem Standard-Gemisch aus Oleanol- und Ursolsäure (Carl-Roth) in Stammlösung von je 1 mg ml^{-1} in absolutem Ethanol. Diese Methode wurde für die Untersuchung von Referenzmaterial aus Gewächshauskulturen, sowie diverse pflanzliche in vitro Zell- und Gewebekulturen verwendet.

3.1.3. Metabolitanalyse von Salbeipflanzen und -suspensionskulturen mittels GC-MS

Neben der Flüssigchromatographie wurde die GC-MS zur Identifizierung der Triterpensäuren OS und US in pflanzlichen Extrakten eingesetzt. Im Rahmen einer Metabolitanalyse wurden ethanolische Extrakte der Suspensionskulturen von *S. officinalis*, *S. fruticosa* und *S. virgata* auf das Vorhandensein weiterer wertvoller Inhaltsstoffe hin untersucht. Das methodische Vorgehen ist in Kümmritz et al. (2014) beschrieben. Als interner Standard wurde den Extrakten Cholesterol (20 µg auf 400 µl Proben-Extrakt; Sigma-Aldrich, Taufkirchen) zu dotiert, da diese Substanz natürlicher Weise nicht in Pflanzen vorkommt. Die Derivatisierung erfolgte mit 100 µl N,O-Bis(trimethylsilyl)trifluoroacetamid (Carl Roth) und 100 µl Pyridin (Sigma-Aldrich) bei 60 °C und 300 rpm im Thermomixer (Eppendorf, Wesseling-Berzdorf).

Die Vermessung erfolgte an einem Agilent GC 7890 mit MSD 5975C inert (Agilent, Waldbronn) unter folgenden Bedingungen:

GC-Parameter:

Temperaturprogramm:
  80 °C für 1 min → 10 °C min^{-1} auf 250 °C → 2 °C min^{-1} auf 300 °C für 15 min

Injektionsvolumen	1 µL
Split-Verhältnis	1:50
Injektortemperatur	280 °C
MSD Transfer Line	230 °C
Säule	HP-5ms (30 m x 250 µm x 0,25 µm, Agilent)
Helium-Fluss	1 ml min^{-1}

MS-Parameter:

Aufnahmemodus	Scan, EI Modus 70eV
Lösemittelausblendung	6 min
Scan Parameter	50-500 m/z
MS Quelle	230 °C Maximum 250 °C
MS Quadrupol	150 °C Maximum 200 °C

Für das Metabolitscreening erfolgte eine fraktionierte Extraktion der Blätter und Triebspitzen von *S. officinalis*, *S. fruticosa* und *S. virgata* sowie von Suspensionskulturen von *S. officinalis* und *S. fruticosa* nach dem in Berkov et al. (2011) beschriebenen Vorgehen. 50 mg gefriergetrocknete und pulverisierte Probe wurde mit je 20 µl der internen Standards Ribitol (polare Phase; 2 mg ml^{-1} in Methanol; Sigma-Aldrich) sowie Nonadekansäure (unpolare Phase; 1 mg ml^{-1} in Chloroform (Carl Roth); Sigma-Aldrich) versetzt. Beide Substanzen kommen natürlicherweise nicht in pflanzlichem Material vor. Die Extraktion erfolgte mit Methanol und Chloroform. Die unpolare Fraktion wurde nach Berkov et al. (2011) zusätzlich mit Methanol im Sauren behandelt um die Fettsäuren zu methylieren. Für die Derivatisierung wurde N,O-Bis(trimethylsilyl)trifluoracetamid verwendet. Die Messung erfolgte unter folgenden Bedingungen:

GC-Parameter:

Temperaturprogramm:
  100 °C für 2 min → 15 °C min^{-1} auf 180 °C für 1 min → 4 °C min^{-1} auf 300 °C für 20 min

Injektionsvolumen	1 µL
Modus	Split
Split Ratio	unpolare Fraktion: 5 :1; polare Fraktion 15:1
Injektortemperatur	280 °C
MSD Transfer Line	230 °C
Säule	HP-5ms 5 % Phenylmethyl Siloxan (30 m x 250 µm x 0,25 µm)
He-Fluss	1 ml min^{-1}

MS-Parameter:

Aufnahmemodus	Scan, EI Modus 70eV
Lösemittelausblendung	6 min

Scan Parameter	50-750 m/z
MS Quelle	230 °C Maximum 250 °C
MS Quadrupol	150 °C Maximum 200 °C

Bei allen GC-MS Analysen wurde ein Alkanstandard C7 bis C40 (Sigma-Aldrich) für die Ermittlung der Retentionsindices mit der jeweiligen Messmethode analysiert. Die Identifikation der Komponenten erfolgte mit der Software Automated Mass Spectral Deconvolution and Identification System (AMDIS®, 2.69). Die erhaltenen MS-Spektren wurden mit den Datenbanken CSB.DB (2019) und GMD - the Golm Metabolome Database (2019) sowie Wiley (2008) abgeglichen und in Einzelfällen durch Injektion von Standardsubstanzen überprüft.

Die Integration der Peakflächen erfolgte anhand der Totalionenchromatogramme mit der Chemstation Software Version E.02.00.493. Eine quantitative Abschätzung der Gehalte verschiedener intrazellulärer Metabolite erfolgte auf Basis des Verhältnisses der Peakfläche der Metabolite bezogen auf die Fläche des jeweiligen internen Standards sowie den Anteil an der Gesamtprobe.

3.2. Kultivierung pflanzlicher in vitro Kulturen verschiedener Lamiaceae

Tabelle 12 Übersicht pflanzliches (in vitro) Kulturmaterial für Untersuchungen

Kulturart	Pflanzenspezies	Verwendungszweck
Gewächshauskultur	*Ocimum basilicum*[1]	Triterpenanalytik
	Rosmarinus officinalis[1]	
	Salvia officinalis	
	Salvia fruticosa	
Sprosskultur	*Ocimum basilicum*	Triterpenanalytik, Induktion Zellkultur
	Rosmarinus officinalis	
	Salvia officinalis	
	Salvia fruticosa	
Zellkultur	*Ocimum basilicum*[2]	Triterpenanalytik
	Rosmarinus officinalis[2]	
	Salvia officinalis[2,3]	Triterpenanalytik, Kryokonservierung
	Salvia fruticosa[2,3]	Triterpenanalytik, Bioaufarbeitung, Kryokonservierung Elizitierung, Fed-batch

[1] Material bereitgestellt durch Vita34, Leipzig
[2] hormonbasiert aus Freund (2014)
[3] hormonbasiert aus Haas (2014)

In dieser Arbeit wurden verschiedene Arten pflanzlicher in vitro Kulturen verschiedener Spezies der Lamiaceae betrachtet (siehe Tabelle 12). Gewächshauskulturen wurden als Referenz für den Vergleich der Triterpengehalte herangezogen. Sterile Sprosskulturen (Bezugsquelle Vita 34, Leipzig) dienten als Ausgangsmaterial für die Erzeugung von Kalluskulturen. Ausgewählte Zelllinien wurden anschließend in Suspension überführt. Sofern nicht anders angegeben, wurden alle Chemikalien zur Bereitung des in vitro Pflanzenkulturmediums vom Hersteller Duchefa Biochemie (Haarlem, Niederlande) bezogen. Die Medien wurden mit 10 % Kaliumhydroxid oder Salzsäure auf einen pH-Wert von 5,7 ± 0,1 eingestellt und bei p = 1 bar und 121 °C für 15 min autoklaviert.

3.2.1. Sprosskultur

Die Vermehrung der Sprosse erfolgte in sterilen Plastik-Containern High Model (Länge x Breite x Höhe, 107 x 94 x 96 mm, Duchefa, Haarlem) bei 26 °C mit einem Beleuchtungsregime bei 40-56 µmol $(m^2s)^{-1}$ in Tag/Nachtzyklen von 16/8 h. Im Zyklus von 4 Wochen wurden ca. 1 bis 2 cm lange Sprossabschnitte des meristematischen Gewebes von vitrifiziertem und nekrotischem Material befreit und in frisches Medium gesteckt (max. 9 Sprosse je Container). Die Zusammensetzung des Kulturmediums sowie Angaben zur Herkunft des Saatgutes sind Tabelle 13 in aufgeführt.

Tabelle 13 Übersicht untersuchter Sprosskulturen

Pflanzenspezies	Herkunft Saatgut	Mediumzusätze[1]	
		6-Benzylamino-purin [mg l^{-1}]	weitere [mg l^{-1}]
Ocimum basilicum L. *var. purpurascens* BENTH Spezifikation: *Cinnamon-Basil, USA*	Leibniz-Institut für Pflanzengenetik und Kulturpflanzenforschung, Gatersleben (OCI 217)	-	-
Rosmarinus officinalis	Pharmasaat, Artern (Rok631041)	1	20 Glutathion 50 Ascorbinsäure
Salvia fruticosa *syn. triloba*	Martin-Luther-Universität, Halle-Wittenberg	0,5	-
Salvia officinalis „Extrakta"	Pharmasaat, Artern (SaEch631)		

[1]Alle Medien enthielten das Basismedium nach Murashige und Skoog (MS) und die entsprechenden Vitamine sowie 30 g l^{-1} Saccharose und 8 bis 9 g l^{-1} Phytoagar.

3.2.2. Kalluskultur

Kalluskulturen wurden bei 26 °C im Dunklen über ca. 21 d inkubiert. In der Diplomarbeit von Freund (2014) wurden aus den sterilen Sprosskulturen durch Hormonzugabe verschiedene Kalluszelllinien induziert. Die Zusammensetzung des Kulturmediums für die Induktion und die anschließende Kultivierung wurde an bereits in der Literatur für die entsprechenden Pflanzen als geeignet beschriebene Medienkompositionen angelehnt (siehe Tabelle 14).

Tabelle 14 Medienzusammensetzung für Kallus- und Suspensionskultur verschiedener Lamiaceae

Spezies	Pflanzenmedium[1] [g l^{-1}]		Hormone[2] [mg l^{-1}]	Quelle
Ocimum basilicum	GB5	3,164	0,5 2,4-D	Strazzer et al. (2011)
	MS	4,405	1 2,4-D	Gopi & Ponmurugan (2006)
	MS	4,405	2 2,4-D; 2 NAA	Kintzios et al. (2003)
Rosmarinus officinalis	MS	4,405	0,5 2,4-D	Boix et al. (2013)
	LS	4,405	0,2 2,4-D; 0,2 6-BAP	Knöss (1995)
	WP	2,400	1 NAA	Yesil-Celiktas et al. (2007)
Salvia fruticosa sowie *S. officinalis*	LS	4,405	0,2 2,4-D	Haas et al. (2014)

[1] Alle Medien enthielten die zum Basismedium gehörenden Vitamine, 30 g l^{-1}Saccharose und 7 g l^{-1} Phytoagar; Gamborg B5 Medium (GB5), Murashige & Skoog Medium (MS), Linsmaier & Skoog Medium (LS), McCown Woody Plant Medium (WP).

[2] 2,4-Dichlorphenoxyessigsäure (2,4-D), 1-Naphthylessigsäure (NAA), 6-Benzylaminopurin (6-BAP), Kinetin (KIN)

Zur Anlage von Suspensionskulturen wurden ca. 2 g frisches Zellmaterial in einem 100 ml Weithals-Erlenmyerkolben mit 10 ml Flüssigmedium ohne Phytoagar versetzt. Nach 3 bis 4 d wurden weitere 10 ml frisches Medium hinzugefügt. Nach etwa 7 bis 10 d erreichte die Zellkultur eine pastöse Konsistenz und diente als Ausgangsmaterial für die Subkultur. Nach einigen Subkulturpassagen erfolgte bei Kulturen mit kleineren Aggregaten eine Filtration durch ein steriles Metallsieb mit einer Maschenweite von ca. 1 mm.

3.2.3. Suspensionskultur

Stammhaltung

Die etablierten Suspensionskulturen wurden in Weithals-Erlenmyerkolben mit Zellulosestopfen und 20 % Arbeitsvolumen bei 26 °C und 110 rpm im Schüttelinkubator (Infors) mit einem Schütteldurchmesser von 50 mm im Dunklen kultiviert. Die Subkultur fand alle 7 bis 10 d mit einem Inokulum von 20 % (V/V) statt.

RAMOS®-Kultivierung

Für die Aufzeichnung der Atmungsaktivität zur Charakterisierung des Wachstums pflanzlicher Zellkulturen wurde das RAMOS® (HiTec Zang GmbH, Herzogenrath, Deutschland), ein System zur parallelen Kultivierung in Schüttelkolben verwendet. Die in dieser Arbeit verwendeten Kultivierungsparameter sind identisch mit den Angaben bei Geipel et al. (2013). Die Kultivierung erfolgte in speziellen Messkolben sowie Standard-Weithals-Erlenmeyerkolben von gleicher Geometrie mit einem Nennvolumen von 250 ml. Die Messphasen für das Monitoring der Zellatmung wurden auf 40 min eingestellt. Die daran anschließenden Spülphasen dauerten 50 min. Die Inokulation erfolgte wie für die Stammhaltung der Suspensionskulturen beschrieben. Bei einer Begasungsrate von 10 ml min^{-1} in den Messkolben und der Verwendung von Weithals-Erlenmeyerkolben mit Papierstopfen als Referenzkolben wurde über den Zeitraum der Kultivierung eine enorme Abweichung der Füllvolumina beobachtet (Geipel et al. 2013a). Die Verdunstungsunterschiede wurden durch die Erhöhung der Begasungsrate auf 26 ml min^{-1} angepasst. Dabei lag die Abweichung zwischen Mess- und Referenzkolben am Ende der Kultivierung bei <5 % des Füllvolumens und kann vernachlässigt werden. Diese intensivere Begasung bewirkt eine vergleichbarere Verdunstungsrate zwischen Mess- und Referenzkolben, welche für eine Vergleichbarkeit der Ergebnisse in unterschiedlichen Kultivierungsysteme Voraussetzung ist (Mrotzek et al. 2001; Anderlei et al. 2004).

Die Zellsuspensionen wurden bei 26 °C und 110 rpm mit einem Schütteldurchmesser von 50 mm kultiviert. Die Ernte der Kultur erfolgte ca. 1 Tag nach sichtbarem Abfall des OTR. In vorangegangenen Untersuchungen von Haas et al. (2014) wurde festgestellt, dass dieser Zeitpunkt bei den betrachteten Salbeisuspensionen mit der höchsten Konzentration an Trockenbiomasse korreliert. Bei einer Ernte zu diesem Zeitpunkt wurden die höchsten Produktivitäten erreicht.

3.3. Analytik bioverfahrenstechnischer Parameter zur Charakterisierung der Zellkultur

3.3.1. Offline-Analytik

Die Bestimmung der Feucht- und Trockenmasse aus geernteten Proben sowie die Analyse des Mediumüberstandes von Suspensionskulturen hinsichtlich pH-Wert, Leitfähigkeit und Zuckern erfolgten analog dem Vorgehen von Haas et al. (2014). Die Analyse der Feuchtmasse erfolgte gravimetrisch durch Auswiegen der abfiltrierten Zellen eines definierten Kulturvolumens auf vorgetrockneten Petrischalen. Nach anschließender Gefriertrocknung über mindestens 2,5 d wurde die Trockenmasse bestimmt. Die Lagerung der Proben erfolgte luftdicht verpackt bei 4 °C. Aus der trockenen Zellprobe erfolgten die Extraktion OS und US mittels Ethanol sowie die Analyse der Triterpengehalte nach dem unter 3.1 bzw. 3.1.2 beschriebenen Vorgehen.

Im Kulturmedium erfolgten die Bestimmung der Leitfähigkeit und des pH-Wertes bei einer Temperatur von 25 °C. Die Konzentrationen der Zucker Glukose, Fruktose und Saccharose wurden mit Hilfe einer im Fachbereich der Bioverfahrenstechnik an der Technischen Universität Dresden etablierten HPLC-Methode analysiert (Geipel et al. 2013b): Das HPLC-System bestand aus dem HP Agilent 1050 Series-Gerät mit einer Pumpe und einem Brechungsindex-Detektor 1047A (Agilent) eingestellt auf 45°C. Das Kulturmedium wurde mittels Spritzenvorsatzfilter aus regenerierter Cellulose mit einer Porengröße von 0,45 µm und einem Durchmesser von 17 mm (A-Z-Analytik-Zubehör) filtriert. 20 µl wurden auf eine Rezex RPM-Monosaccharide Pb+2 (8%) (Phenomenex)-Säule injiziert. Die Trennung erfolgte bei 80 °C mit einem Eluenten aus ultrareinem Wasser bei einem Fluss von 0,6 ml min^{-1}.

3.3.2. Online-Analytik

Die Charakterisierung des physiologischen Zustandes von Suspensionskulturen erfolgte mit Hilfe der Bestimmung der Atmungsaktivität im RAMOS®.

$$OTR = -dp_{O_2} \cdot \frac{V_G - V_F}{V_F \cdot T \cdot R} \qquad \text{(Formel 8)}$$

$$CTR = dp - dp_{O_2} \cdot \frac{V_G - V_F}{V_F \cdot T \cdot R} \qquad \text{(Formel 9)}$$

$$RQ = \frac{CTR}{OTR} \qquad \text{(Formel 10)}$$

$$OT = \int_0^t OTR \, dt \cong \sum_{i=0}^{n} \frac{(OTR_n + OTR_{n+1})}{2} \cdot \Delta t \qquad \text{(Formel 11)}$$

$$CT = \int_0^t CTR \, dt \cong \sum_{i=0}^{n} \frac{(CTR_n + CTR_{n+1})}{2} \cdot \Delta t \qquad \text{(Formel 12)}$$

OT(R)   –   Sauerstofftransfer(rate)

CT(R)   –   Kohlendioxidtransfer(rate)

RQ   –   Respirationsquotient

dp   –   Druckänderung über Zeit

dpO_2 –   Sauerstoffpartialdruckänderung über Zeit

V_G –   Gesamtvolumen des Messkolbens inkl. Verbindungen

V_F –   Flüssigkeitsvolumen im Messkolben

T   –   absolute Temperatur

R   –   universelle Gaskonstante

Δt –   Zeitänderung

3.4. Charakterisierung des Wachstums und der Produktion von OS und US

Für eine Charakterisierung des Wachstums von Kalluskulturen auf Festmedium eignet sich der Wachstumsindex (engl. *growth index*, GI). Die Berechnung des GI erfolgte aus der Trockenmasse zu Beginn der Kultivierung (m_0) sowie nach einem definierten Zeitraum (m_1):

$$\mathbf{GI} = \frac{m_1 - m_0}{m_0} \left[\frac{g}{g}\right] \qquad \text{(Formel 13)}$$

Zur Charakterisierung des Biomassewachstums in der Suspensionskultur wurde der zeitliche Verlauf der Biomassekonzentration bezogen auf das Kulturvolumen offline betrachtet. Daneben diente die zeitliche Änderung der Leitfähigkeit als charakteristische Größe zur Beschreibung des Zellwachstums. Weiterhin konnte unter Nutzung des RAMOS® die online-Aufzeichnung des zeitlichen Verlaufes der OTR erfolgen. Daraus wurde analog dem Vorgehen bei Haas et al. (2014) die spezifische Wachstumsrate μ bestimmt:

$$\mu = \frac{\ln(OTR_2) - \ln(OTR_1)}{\Delta t} \qquad \text{(Formel 14)}$$

Die Produktion von Triterpensäuren wurde anhand des OS- bzw.US-Gehaltes (mg g_{tr}^{-1}), des volumetrischen Produktertrages (mg l^{-1}) und der Produktivität (mg $(l \cdot d)^{-1}$) für die jeweilige Kultur beurteilt. Der volumetrische Produktertrag errechnet sich aus dem Produktgehalt multipliziert mit der Trockenmassekonzentration der Kultur. Die Produktivität berücksichtigt die Dauer der Kultivierung.

3.5. Bioaufarbeitung pflanzlicher Zellkulturen und Isolierung von Triterpensäuren

Da die Triterpensäuren in der Suspensionskultur vorwiegend intrazellulär vorliegen, erfolgte die Isolierung der Zielprodukte aus der geernteten Biomasse von *S. fruticosa* Suspensionen mittels Zellaufschluss. Für die Abtrennung der Zellen wurden Versuchsansätze zur Zentrifugation sowie auch Filtration mittels Tuch untersucht. Anschließend erfolgten Untersuchungen zum Zellaufschluss mittels Hochdruckhomogenisation sowie auch Mazeration aus der feuchten Zellmasse. In den ethanolischen Extrakten aus dem zellfreien Überstand des Aufschlusses erfolgte die Bestimmung der Triterpensäurekonzentration mittels HPLC-UV gemäß Abschnitt 3.1. Für die Bestimmung der Ausbeute der Extraktion wurden Referenzproben der analytischen Extraktion aus der Trockenmasse gemäß Abschnitt 3.1 zum Vergleich herangezogen. In den Referenzproben wurde der zu dem eingesetzten Feuchtgewicht entsprechende Anteil an Trockenmasse der jeweiligen Charge nach Gefriertrocknung über 2,5 d gravimetrisch ermittelt. Für den Vergleich der erzielten Wirkstoffausbeute im Überstand der Aufschlussproben aus der feuchten Zellmasse mit dem Gehalt der getrockneten Referenzprobe wurde der Wirkstoffgehalt in der Aufschlussprobe in der Feuchtmasse über den berechneten Trockenmasseanteil der Probe korrigiert. Die Ausbeute des Aufschlusses η Aufschluss OS/US ergibt sich aus den mit beiden Verfahren ermittelten Gehalten:

$$\omega_{\frac{OS}{US}}(\text{Aufschluss})[\text{mg}]$$

$$= c_{OS/US}(\text{Extrakt})[\tfrac{\text{mg}}{\text{L}}] \cdot V_{\text{Extrakt}}[\text{L}] \ m_{\text{BMtr berechnet}}[\text{g}] \qquad \text{(Formel 15)}$$

$$\eta_{\text{ Aufschluss } OS/US}[\%] = \frac{\omega_{\frac{OS}{US}}(Aufschluss)[mg/g]}{\omega_{\frac{OS}{US}}(Referenz)[mg/g]} \cdot 100 \qquad \text{(Formel 16)}$$

$\omega_{OS/US}(Aufschluss)$ - Wirkstoffgehalt in der Trockenmasse der Aufschlussprobe

$\omega_{OS/US}(Referenz)$ - Wirkstoffgehalt in der Trockenmasse der Referenzprobe

m_{BMtr} - eingesetzte Trockenmasse

$c_{OS/US}(Extrakt)$ - Triterpenkonzentration im Extrakt

$V_{Extrakt}$ - Extraktvolumen

3.5.1. Zellernte

In der Belegarbeit von Faust (2013) wurde die Zentrifugation vergleichend mit der Filtration durch ein Mullvlies zur Abtrennung der Zellen von dem umgebenden Kulturmedium untersucht. Bei der Zentrifugation variierte die relative Zentrifugalbeschleunigung im Bereich von 1000 bis 8000 rcf. Hierfür wurden 15 ml einer *S. fruticosa* Suspension in einem 50 ml Zentrifugenröhrchen über 15 min bei Raumtemperatur zentrifugiert. Beide Trennverfahren erfolgten bei Raumtemperatur. In der abgetrennten Zellmasse erfolgte eine Überprüfung der Zellviabilität durch Färbung mittels FDA und PI, wie beschrieben in 3.6.1. In den Überständen wurde die Leitfähigkeit bestimmt. Die Überstände der Filtration und der Zentrifugation sowie die gefriergetrockneten Zellrückstände wurden auf ihren Gehalt an OS und US analysiert (siehe 3.1 bzw. 3.1.2).

3.5.2. Hochdruckhomogenisation

Der Hochdruckzellaufschluss erfolgte mit einer French Press Modell TS HA-IVA 2.2 von Constant Systems Ltd. (England) (Abbildung 11 (A)). Der maximale Aufschlussdruck dieses Gerätes beträgt 2700 bar. Einen erweiterter Einlassbereich dieses Modells ermöglicht die Prozessierung viskoser Proben oder pflanzlichen Materials. Die Betriebsweise erfolgte in dieser Arbeit im one-shot Modus für die Optimierung der Prozessbedingungen für die Freisetzung der Triterpensäuren aus den Salbeizellen. Anschließend wurden diese Betriebsparameter im kontinuierlichen Modus erprobt. Das one-shot Verfahren bearbeitet geringe Probenvolumina nach dem Einzelschussprinzip (Abbildung 11 (B) und (C)). Bei einem Prozessvolumen von 6 ml Zellsuspension wurden der Aufschlussdruck und die Feuchtmassekonzentration der Prozesslösung variiert. In randomisierter Versuchsdurchführung erfolgte die Einwaage der entsprechenden Menge an Feuchtmasse unter Zugabe von destilliertem Wasser bzw. Ethanol. Um eine thermische Belastung der Wirkstoffe während des Aufschlusses zu vermeiden, wurde die Produktkammer im one-shot-Betrieb auf Eis vorgekühlt. In einer ersten Versuchsreihe wurde ein Zellaufschluss mit einer Feuchtbiomassekonzentration von 25 % (m/V) bei verschiedenen Drücken im Bereich von 300 bis 1800 bar prozessiert (Faust 2013). Anschließend wurden die Zellbruchstücke zunächst mikroskopisch untersucht. Eine weitere Versuchsreihe erfolgte unter einer Variation der Feuchtbiomassekonzentration in Ethanol im Bereich von 10 bis 70 % (m/V). Eine Wiederholung der Beanspruchung durch mehrmalige Prozessierung wurde nicht untersucht, da in ersten Versuchen bereits bei einmaligem Aufschluss eine nahezu vollständige Wirkstofffreisetzung beobachtet wurde.

Abbildung 11 A - Hochdruckzellaufschlussgerät (Constant Systems Limited 2014), B - Beispiel Zellaufschluss von S. fruticosa Suspension im one-shot Modus und C – Funktionsprinzip (IUL Instruments GmbH 2010)

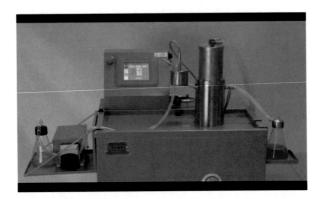

Abbildung 12 French Press im kontinuierlichen Betrieb
(Constant Systems Limited 2014)

Unter geeigneten Prozessbedingungen erfolgte der Probenaufschluss im kontinierlichen Betrieb quasi-kontinuierlich in mehreren Chargen (Abbildung 12). Die Probenvolumina können bei diesem Modus im Bereich von 10 bis 250 ml variiert werden und werden mit einer Prozessgeschwindigkeit von 190 ml min^{-1} umgesetzt. Ein integrierter Kühlmantel ermöglichte eine Kühlung der Produktkammer. Diese wurde mit Kühlwasser bei 10 °C gespült. Das kontinuierliche Verfahren wurde für die Optimierung des Aufschlussverfahrens und zur Maßstabsvergrößerung verwendet.

3.5.3. Mazeration

Für den chemischen Zellaufschluss mittels Mazeration wurde die vorbereitete Feuchtbiomasse einer *S. fruticosa* Zellsuspension in ein Zentrifugenröhrchen (15 ml, mit Volumenskalierung) definiert eingewogen und mit dem entsprechenden Volumen an absolutem Ethanol versetzt. Nach kurzer vollständiger Vermischung der Probe wurde diese über einen definierten Zeitraum unter Lichtausschluss inkubiert. Für die Ansätze ab 5 h Einwirkzeit wurde eine abweichende Charge von Zellmaterial verwendet. Anschließend wurde eine Abtrennung des Zellrückstandes bei 3980 rcf für 5 min (Zentrifuge Eba 12) vorgenommen.

Zur Maßstabsvergrößerung der Mazeration wurde frisches Zellmaterial von Kultivierungen in Blasensäulen (2 x 1,6 l sowie 2 x 3,2 l) aus Kulturen des Großen Beleges von Louis (2015) aufgearbeitet. Die Zellernte erfolgte mittels Filtration durch ein Pressstempelverfahren mit einer handelsüblichen Kaffeepresse. In einem Vorversuch wurde die Anzahl von Extraktionsstufen ermittelt, welche für eine weitestgehend vollständige Extraktion erforderlich sind. Dafür wurde das Zellmaterial einer Blasensäulenkultivierung im 1,6 l-Maßstab stufenweise aufgearbeitet. Nach jedem Extraktionsvorgang erfolgte eine Analyse der Konzentration an Triterpenen im Überstand (Extrakt).

Um die Biomasse vollständig auszulaugen, erfolgte die Extraktion anschließend jeweils in einem dreistufigen Verfahren in Schottflaschen. In einer ersten Stufe wurde das Material mit 96 % (V/V) Ethanol auf einen Feuchtgewichtanteil von 30 % (m/V) in Ethanol eingestellt und vermischt. Nach 8 bis 24 h Lagerung dunkel bei Raumtemperatur erfolgte die Abtrennung des Zellrückstandes mit der Kaffeepresse. Für eine erneute Extraktion wurde der Pressrückstand mit der Hälfte des Volumens aus dem vorangegangenen Extraktionsschritt versetzt. Dieses Vorgehen wurde anschließend einmal wiederholt. Die Überstände der dreifachen Extraktion wurden vereint und die Triterpenkonzentration im gewonnenen Rohextrakt nach dem Vorgehen analog bei der Hochdruckhomogenisation bestimmt.

Bei der mehrfachen Extraktion wurde die Berechnung des Triterpenanteils $\omega_{OS/US}$ in der Zellkultur bzw. für den gewonnenen Extrakt wie folgt vorgenommen:

$$m_{OS/US}(\textbf{Kultur})[mg] = \omega_{OS/US}(\textbf{Referenz})[\tfrac{mg}{g}] \cdot m_{BMtr}\,[g] \qquad \text{(Formel 17)}$$

$$m_{OS/US}(\textbf{Extrakt})[mg] = c_{OS/US}(\textbf{Extrakt})[\tfrac{mg}{L}] \cdot V_{Extrakt}[L] \qquad \text{(Formel 18)}$$

Die Ausbeute der Extraktion $\eta_{\,Extraktion\;OS/US}$ ergibt sich aus:

$$\eta_{\,Extraktion\;OS/US}[\%] = \frac{m_{OS/US}(Extrakt)[mg]}{m_{OS/US}(Kultur)[mg]} \cdot 100 \qquad \text{(Formel 19)}$$

$\omega_{OS/US}(Referenz)$ - Wirkstoffgehalt in der Referenzprobe

m_{BMtr} - eingesetzte Trockenmasse

$c_{OS/US}(Extrakt)$ - Triterpenkonzentration im Extrakt

$V_{Extrakt}$ - Extraktvolumen

3.5.4. Chromatographische Aufarbeitung

Mit dem Ziel der Isolierung von reinem Zielprodukt aus dem Rohextrakt erfolgten Untersuchungen zur Übertragung der HPLC-Methode zur analytischen Bestimmung der Triterpensäuren in den präparativen Maßstab. Zur Ausnutzung der maximalen Beladbarkeit der HPLC-Säule wurden an der analytischen HPLC-Anlage unter Bedingungen, wie beschrieben in (Kümmritz et al. 2014) mit einem Standardgemisch aus OS und US, sogenanntem „Ursolat", geeignete Konzentrations- und Volumenüberladungen der Triterpensäuren untersucht. Dieses Ursolat enthält bezogen auf die Masse 3 Teile OS und 7 Teile US. Zur Bestimmung der Konzentrationsüberladung wurden Konzentrationen von 2 bis 10 mg Ursolat je ml in Ethanol abs. getestet. Anschließend erfolgten Untersuchungen zur Volumenüberladung mit einem Injektionsvolumen von 40 bis 125 µl. Die Bedingungen für eine optimale Überladung der Säule wurden auf ein semipräparatives HPLC-System der Fa. Knauer (Berlin) mit 1050 Smartline Pumpe und Smartline UV-Vis-Detektor 2520 übertragen. Die Probe wurde direkt in ein Injektionsventil über eine Probenschleife auf die Säule Discovery HS C18 (250 x 10 mm, 5 µm) mit Supelguard Guard Vorsäule (Supelco) injiziert. Das Injektionsvolumen wurde entsprechend dem Skalierungsfaktor angepasst (Formel 20). Die Trennung erfolgte auf der Säule bei Raumtemperatur. Der Eluent setzte sich, wie auch im analytischen Maßstab, zusammen aus Methanol und 0,1 % wässriger Ameisensäure (92:8; V/V). Der Fluss wurde entsprechend dem Skalierungsfaktor auf 2,36 ml min^{-1} eingestellt. Die Triterpensäuren wurden bei 210 nm detektiert.

$$\text{Skalierungsfaktor} = \frac{\text{Innendurchmesser Säule (präparativ)[mm]}}{\text{Innendurchmesser Säule (analytisch)[mm]}} \qquad \text{(Formel 20)}$$

$$\text{Flussrate(präparativ)} \left[\frac{\text{ml}}{\text{min}}\right] = \text{Flussrate(analytisch)} \left[\frac{\text{ml}}{\text{min}}\right] \cdot \text{Skalierungsfaktor}$$

(Formel 21)

$$\text{Injektionsvolumen(präparativ)} \left[\frac{\text{ml}}{\text{min}}\right] = \text{Injektionsvolumen(analytisch)} \left[\frac{\text{ml}}{\text{min}}\right] \cdot$$
$$\text{Skalierungsfaktor}$$

(Formel 22)

3.6. Kryokonservierung von Salbeizellsuspensionen

3.6.1. Einfrierung

Die Untersuchungen zur Kryokonservierung von Salbeizellkulturen erfolgten mit den hormonbasierten Suspensionskulturen S. *officinalis* und S. *fruticosa*, welche an der Professur für Bioverfahrenstechnik der Technischen Universität Dresden etabliert sind (Haas et al. 2014). Erste Versuche wurden mit der für einen Produktionsprozess vielversprechenden S. *officinalis* Suspension vorgenommen. Im Verlauf der Untersuchungen zeigte sich, dass die hormonbasierte Suspensionskultur von S. *fruticosa* nach erfolgreicher Etablierung ein stabiles Wachstum, kleinere Aggregate sowie höhere Produktivitäten bezüglich der Triterpensäuren im Vergleich zur Suspensionskultur von S. *officinalis* aufwies. Aus diesen Gründen wurde für die weitergehenden Untersuchungen in dieser Arbeit die Suspensionskultur von S. *fruticosa* verwendet.

Für eine Kryokonservierung von der S. *officinalis* Suspension hat sich in studentischen Vorarbeiten die Zwei-Schritt-Methode als besonders geeignet herausgestellt (Bugge 2012; Song 2012; Oehmichen 2013). Durch die im Vergleich zur Vitrifizierung geringere Konzentration an Kryoprotektiva werden damit einhergehende toxische Einflüsse minimiert. Alle, die Zellen betreffenden Arbeitsschritte wurden unter sterilen Bedingungen durchgeführt. Das finale Vorgehen zur Kryokonservierung von Salbeizellen umfasst 7 Arbeitsschritte (Tabelle 15).

Tabelle 15 Wesentliche Schritte des finalen Protokolls zur Kryokonservierung einer hormonbasierten S. *fruticosa* Suspensionskultur

Arbeitsschritt	Beschreibung	benötigte Zeit
Vorbehandlung	viermal verkürzte Kultivierung	10–14 d
Kryoprotektion	14 % Saccharose+18 % Glycerol (+40 % Prolin) (m/V)	10 min
Einfrieren	Alkoholbad Nalgene® Mr. Frosty (Sigma-Aldrich) in Styroporbox bei -80 °C	2,5 h
Lagern	Gasphase über Flüssigstickstoff	1–2 h
Auftauen	einzeln im Wasserbad bei 30 °C	2 min je Probe
Färbung	Fluoreszeindiacetat und Propidiumiodid	10 min
Nachbehandlung/ Rekultur	auf Filterpapieren auf Festmedium	3–4 Wochen

Zur Vorbehandlung der Zellen wurde die Suspensionskultur in Standard-LS-Medium nach einer Kulturdauer von 3 bis 5 d für ca. 10 min in Zentrifugenröhrchen sedimentiert und dekantiert. Das alte Nährmedium wurde durch frisches ersetzt. Dieser Vorgang wurde anschließend zweimal wiederholt.

Für die Kryoprotektion wurden Lösungen aus Saccharose (Duchefa) und Glycerol (Carl Roth) sowie in Kombination mit Prolin (Applichem, Darmstadt) untersucht (siehe Tabelle 15). Die Gefrierschutzlösungen wurden in den erforderlichen Konzentrationen angesetzt und mittels Spritzenvorsatzfiltern aus Celluloseacetat mit einer Porenweite von 0,2 µm steril filtritriert. Die Wahl der Kryoprotektiva sowie deren Konzentrationen erfolgte unter Berücksichtigung von Voruntersuchungen (Bugge 2012; Song 2012; Oehmichen 2013) sowie Literaturdaten (Sakai et al. 1991; Ogawa et al. 2012). Die Zellen der vorbehandelten Suspension (ca. 30 ml) wurden sedimentiert und auf ca. 10 bis 15 ml Zellen dekantiert. Anschließend wurde durch Zugabe der Kryoprotektiva-Lösung eine Zelldichte von ca. 60 % (V/V) eingestellt und die Suspension wurde für 5 min geschwenkt. Da die Toxizität der hier verwendeten Kryoprotektiva als gering einzuschätzen ist, erfolgte die Behandlung bei Raumtemperatur. 0,8 ml dieser Suspension wurden mit Hilfe einer abgeschnittenen Pipettenspitze in vorbereitete 2 ml Kryovials überführt. Je Versuchsansatz wurden 6 Kryovials untersucht.

Die Einfrierung erfolgte in einem kommerziell erhältlichen Isopropanol-Bad, dem sogenannten „Mr. Frosty®" (Nalgene), welches eine Einfrierrate von 1 K/min gewährleistet. Um diese Abkühlrate zu reduzieren, wurde der Mr. Frosty® in Anlehnung an (Menges & Murray 2004) in eine Styroporbox in einem auf -80 °C temperierten Schrank über einen Zeitraum von 2 bis 2,5 h gestellt. Bei einer Messung der Temperatur mit einem Thermometer Greisinger GTH 175/PT mit Pt1000 Sensor (GHM Messtechnik GmbH, Regenstauf) wurde hier für eine Verweilzeit von 2,5 h eine Abkühlrate von ca. 0,34 K/min ermittelt. Anschließend wurden die Kryovials in Aluminiumhaltern (Roth) in die Gasphase über Flüssigstickstoff bei ca. −30 °C überführt. Nach max. 2 h Lagerung wurden die Kryovials sorgfältig unter Schwenken im Wasserbad bei 30 °C einzeln aufgetaut bis die Eiskugel im Kryovial fast aufgelöst war.

Für die Bewertung des Einflusses einzelner Behandlungsschritte wurde für jedes Kryovial eine Lebend/Tod-Färbung der Zellen mit einer Fluoreszeindiacetat (FDA)-Stammlösung aus 5 mg in 1 ml Aceton (0,5 %, m/V) bzw. einer Propidiumiodid (PI)-Stammlösung aus 0,5 mg in 1 ml H_2Odest (0,05 %, m/V) vorgenommen. Für den Färbevorgang wurden 500 µl Zellsuspension mit 5,5 µl FDA-Stammlösung und 50 µl PI-Stammlösung versetzt. Nach 4 min Reaktionszeit erfolgte die mikroskopische Betrachtung im Mikroskop Axioskop MOT (Zeiss, Oberkochen) mit den Filtersätzen 05 (für FDA, Blaulicht, Anregung bei 450-490 nm) sowie 15 (für PI, Grünlicht, Anregung bei 545-590 nm) mit einer Kamera. Die Auswertung von 5 Aufnahmen unterschiedlicher Präparate erfolgte durch den Vergleich des Anteils lebender bzw. toter Zellen mit Hilfe der Bildaufnahmesoftware QCapture Pro. Aufgrund der hohen Zellzahl und Überlagerung von Zellen innerhalb der Aggregate konnte der Anteil gefärbter Zellen nur grob geschätzt werden.

Für positiv befundene Ansätze erfolgte eine Rekultivierung der Zellen auf zwei-lagigem Filterpapier auf festem LS-Medium (Zusammensetzung siehe Tabelle 14). Der Erfolg der Kryokonservierung war nach 3 bis 4 d in Form heller, gelblicher Zellhaufen auf dem Filterpapier sichtbar. Eine graue, dunkle Färbung deutete ein Absterben der Zellen an. Durch Differenzwägung alle 3 d über einen Zeitraum von 3 bis 4 Wochen wurde der Zuwachs an Zellen in Form feuchter Biomasse quantitativ bestimmt. Um den Einfluss der verwendeten Kryoprotektiva auf die Salbeisuspension im Vergleich zu unbehandelten Zellen (nur LS-Medium) zu bestimmen, wurden nicht-eingefrorene Suspensionen hinsichtlich der Zellviabilität und des Zell-Zuwachses untersucht.

3.6.2. Analyse regenerierter Suspensionskulturen

Erfolgreich rekultivierte Ansätze wurden vermehrt und erneut in Suspensions-kultur überführt. Diese regenerierten Suspensionskulturen wurden hinsichtlich potentiel-ler Veränderungen des Ploidiegrades, des Wachstums sowie der Produktivität unter-sucht, um Veränderungen bedingt durch die Behandlungsschritte bei der Kryokonservie-rung zu identifizieren. Der Ploidiegrad wurde als Merkmal hinsichtlich von Veränderun-gen auf genetischer Ebene mittels flowcytometrischer Untersuchungen überprüft Die Zellkernextraktion erfolgte aus der frischen Biomasse der Suspensionen mit Marie´s Zellkernextraktionspuffer. Anschließend wurden die Zellen quantitativ mit PI gefärbt und mit dem Flowcytometer CyFlow® Cube 8 (Partec GmbH, Münster, Deutschland) vermessen. Für jedes Histogramm wurden mindestens 5000 Zellkerne extrahiert und 5 bis 6 Replikate für jede zu untersuchende Zellsuspension aufbereitet. Die Farbintensität der Zellfärbung ist proportional zum DNA-Gehalt der Zellen. Der relative DNA-Gehalt wurde durch den Vergleich mit *Raphanus sativus* oder *Lycopersicum solanum* als inter-nem Standard berechnet. Die Ergebnisse einer unbehandelten, nicht kryokonservierten Suspensionskultur wurden mit den kryokonservierten Suspensionskulturen verglichen. Zusätzlich wurde der relative DNA-Gehalt der Suspension auf den relativen DNA-Gehalt einer Probe einer intakten *S. fruticosa* Pflanze bezogen. Dadurch wurde der Ploi-die-Grad bestimmt.

In einem anschließenden Experiment im RAMOS® wurden für die regenerierten Suspensionskulturen, wie in 3.3 und 3.4 beschrieben, das Wachstum sowie die Triter-pensäureproduktion mit der unbehandelten Kultur vergleichend untersucht.

3.7. Elizitierung von Triterpensäuren und Saccharose fed-batch in einer Salbeizellsuspension

Mit dem Ziel der Steigerung der Produktivität einer Salbeizellsuspension wurden die Elizitierung sowie ein fed-batch mit Zugabe von Saccharose untersucht. Das Vorgehen ist detailliert in Kümmritz et al. (2016) beschrieben. Die für die Elizitierung eingesetzten Wirkstoffe bzw. Präparate sind in Tabelle 16 aufgeführt. Für den fed-batch wurde mit einer sterilen Saccharose-Stammlösung die in der Suspensionskultur initial vorhandene Saccharose-Konzentration von 30 g l^{-1} eingestellt. Weiterhin wurde eine Kombination aus Zugabe von Saccharose und Elizitierung mit Pilzmediumfiltraten von *A. niger* bzw. *T. virens* getestet. In jeder Versuchsreihe wurden unbehandelte Kontrollproben mitgeführt. Die Experimente erfolgten in mindestens zwei Bestimmungen.

Die Zugaben von Elizitoren und/oder Saccharose und auch die Ernte der Kulturen erfolgten in Abhängigkeit des Verlaufes der OTR. Die Elizitorzugabe (siehe auch Abbildung 20) erfolgte entweder bei steigendem OTR (Zeitpunkt I), welcher ein stetiges Zellwachstum anzeigt, oder bei einem annähernd konstanten plateauförmigen OTR (Zeitpunkt II), welcher eine Wachstumslimitation andeutet. Die Zugabe von Saccharose (und Pilzfiltrat) erfolgte zum Zeitpunkt der Einstellung eines plateauförmigen OTR-Verlaufes. In Ullisch et al. (2012) wurde eine positive Korrelation zwischen einem Abfall der Atmungsaktivität und dem Zeitpunkt der höchsten Biomassekonzentration beschrieben. Bei einem intensiven Abfall des OTR wurden daher die Kulturen geerntet. Der tatsächliche Zeitpunkt der Ernte variiert in Abhängigkeit von der tatsächlichen Biomassekonzentration des Inokulums und des Effektes der Elizitoren. Die RAMOS®-Kultivierung erfolgte wie in dem Abschnitt 3.2.3, die Charakterisierung der Zellkultur erfolgte wie in den Abschnitten 3.3 und 3.4 beschrieben. Die Triterpengehalte der Zellsuspension wurden mit Hilfe der entwickelten HPLC-Methode nach dem Vorgehen in Abschnitt 3.1.2 bestimmt.

Der Effekt der Behandlung der Zellen auf die Produktion von Triterpensäuren wurde anhand des Produktgehaltes, des volumetrischen Produktertrages und der Produktivität beurteilt. Der volumetrische Produktertrag errechnet sich aus dem Produktgehalt multipliziert mit der Trockenmassekonzentration der Kultur. Die Produktivität berücksichtigt die Dauer der Kultivierung. Bei den Untersuchungen hatte sich gezeigt, dass auch bei größter Sorgfalt des Experimentators bei dem Animpfen der Kulturen zwischen verschiedenen Versuchsreihen Unterschiede auftraten. Weiterhin war es aufgrund der beschränkten Kapazität des Kultivierungssystems nicht möglich alle Versuche parallel durchzuführen. Um die Unterschiede in z. B. der Inokulumkonzentration oder auch des Zellzustandes der Vorkultur auszugleichen, wurde für jede Versuchsreihe für die entsprechende Größe C folgende Normierung vorgenommen:

normierte Größe C $= \dfrac{C_1 - C_{\text{Kontrolle}}}{C_{\text{Kontrolle}}} \times \mathbf{100}\,\%,$ (Formel 21)

mit

C   -   Trockenmassekonzentration, Triterpengehalt oder volumetrischer Triterpenertrag

C_1 -   C für behandelte Probe

$C_{Kontrolle}$ -   C für unbehandelten Kontrollansatz

Tabelle 16 Eingesetzte Elizitoren und Konzentrationen, Level gering (g) oder hoch (h)

Elizitor	Konzentration	Ansatzcode
Jasmonsäure	0,05 mM	JS g
	0,10 mM	JS h
Hefeextrakt	0,25 g l^{-1}	HE g
	0,50 g l^{-1}	HE h
Pilzmediumfiltrate		
Trichoderma virens	3,00 % (V/V)	Tv
Aspergillus niger	3,00 % (V/V)	An
Enzymprodukte		
MethaPlus	0,03‰ (V/V)	MP g
	0,30‰ (V/V)	MP h
Accellerase XC	0,03‰ (V/V)	Ac g
	0,30‰ (V/V)	Ac h

Für den Saccharose fed-batch wurden die substratbezogenen Ertragskoeffizienten für die Biomasse $Y_{X/S}$ sowie das Produkt $Y_{P/S}$ mit Saccharose als Substrat wie folgt berechnet:

$$Y_{X/S} = \frac{mX_1 - mX_0}{mS_0 - mS_1} \qquad \text{(Formel 22)}$$

$$Y_{P/S} = \frac{mP_1 - mP_0}{mS_0 - mS_1}, \qquad \text{(Formel 23)}$$

mit

$mX_{1/0}$ -   Biomasse am Ende (1) bzw. zu Beginn (0) der Kultivierung

$mP_{1/0}$ -   Produktmasse (OS oder US) am Ende (1) bzw. zu Beginn (0) der Kultivierung

$mS_{1/0}$ -   Masse an Saccharose am Ende (1) bzw. zu Beginn (0) der Kultivierung.

In jeder Versuchsreihe wurden unbehandelte Kontrollproben mitgeführt. Die Experimente wurden in mindestens 2 verschiedenen Subkultivierungszyklen durchgeführt mit mindestens 2 biologischen Replikaten zur Beprobung. Die Variationskoeffizienten der Ergebnisse lagen zum Großteil unterhalb von 15 %. In einzelnen Fällen wiesen technische Replikate Variationskoeffizienten von bis zu 25 % auf (siehe Tabelle 36 bis Tabelle 39).

Zur Aufklärung der elizitierenden Wirkung der Pilzkulturmedien wurden diese auf Ihren Gehalt an freien Zuckern mittels HPLC-Brechungsindexdetektor untersucht (Haas et al. 2014). Weiterhin wurden durch Dr. Ing. Susanne Steudler nach dem Protokoll aus Steudler und Bley (2015) in den Pilzkulturmedien enthaltene Cellulasen, Xylanasen, Laccasen und unspezifische Peroxidasen bestimmt.

3.8. Hormonautotrophe Zellkulturen zur Produktion von Triterpensäuren

3.8.1. Induktion mittels *A. tumefaciens*

Zur Induktion hormonautotropher Zellkulturen erfolgten Untersuchungen zur Transformation steriler Sprosskulturen von *Ocimum basilicum*, *Rosmarinus officinalis* und *Salvia officinalis* sowie S. *fruticosa* mit Hilfe von *Agrobacterium tumefaciens*. Die hierfür verwendete Kryokultur des Stammes *Agrobacterium tumefaciens* C58, Wildtyp mit dem Ti-Plasmid: pTiC58, Nopalin-Typ stammte von der Professur für Pflanzenphysiologie der Technischen Universität Dresden. Die Bakterienkultur wurde an der Professur für Bioverfahrenstechnik der Technischen Universität Dresden in YEB-Medium (Tabelle 17) bei 26 °C im Dunklen vermehrt. Die Kultivierung erfolgte bei Suspensionen im Schüttelkolben bei 110 rpm. Bei einer mit ca. 800 µl dichten Suspension beimpften Bakterien-Stammkultur auf YEB-Festmedium war nach 2 bis 4 d ein Wachstum von Kolonien sichtbar. Diese Plattenkulturen wurden für die Transformationsversuche auf Empfehlung von bei 4 °C für maximal 4 bis 6 Monate gelagert. Zur Anlage einer Flüssigkultur wurden in 100 ml Erlenmeyer-Schüttelkolben auf 50 ml YEB-Flüssigmedium 3 Impfösen á 3 cm der Plattenkultur bzw. 500 µl einer Bakteriensuspension gegeben und über etwa 24 h inkubiert. Die Vorkultur für Induktionsversuche wurde mindestens 16 h in Flüssigkultur herangezogen.

Zur Induktion der Virulenz der Bakterien und Vorbereitung dieser für die Transformation wurden die Bakterien der Vorkultur in AB I-Medium (Tabelle 17) gewaschen. Dieses Medium enthält Komponenten, welche die Synthese, den Transfer und die Integration der T-DNA im Vorfeld induzieren. Der AB-Puffer wurde mit 1M KOH auf einen pH-Wert von 5,5 eingestellt. Das AB I-Medium enthielt Glucose als Kohlenstoffquelle sowie 150 µM Acetosyringon für die Induktion der *vir*-Gene.

Die herangezogenen Agrobakterien wurden in sterilen 50 ml Zentrifugenröhrchen bei 2760 rcf 15 min zentrifugiert und das YEB-Medium abgetrennt. Das Zellpellet wurde einmal im AB I-Medium gewaschen, zentrifugiert und der Überstand abgetrennt.

Anschließend wurden die Bakterien in AB I-Medium resuspendiert und zur Regeneration über 2 h bei 26 °C und 110 rpm inkubiert. Nach erneutem Abzentrifugieren des Überstandes wurden die Agrobakterien in hormonfreiem MS-Medium unter Zugabe von 150 µM Acetosyringon (Sigma-Aldrich) resuspendiert.

Für die Transformation diente Material von sterilen Sprosskulturen aus Abschnitt 3.2 als Explantatquelle. Das Explantat wurde in Abhängigkeit der morphologischen Gegebenheiten vorbereitet (siehe Tabelle 18) und mit Bakteriensuspensionen von definierter Konzentration inkubiert. Die Bakteriendichte der Suspension wurde über die optische Dichte bei einer Wellenlänge von 600 nm bestimmt (OD_{600}). Je Versuchsansatz wurden mindestens sechs Explantate untersucht und die Versuche mindestens dreifach wiederholt.

Für eine Negativkontrolle wurden Explantate auf bakterienfreiem MS-Medium kultiviert. Damit sollten die Zusammensetzung der Kultivierungsmedien sowie der Einfluss der Behandlungsschritte auf die Vitalität der Explantate unabhängig von einer Transformation überprüft werden. Daneben wurde auch eine Neigung der Explantate zur Bildung von Wundkallus, wie beschrieben durch Ikeuchi et al. (2013), untersucht.

Nach der Kokultur wurden die Explantate auf sterilem Filterpapier getrocknet und mit der Blattunterseite auf hormonfreies MS-Festmedium inklusive 150 µM Acetosyringon gegeben und 48 h bei denselben Bedingungen, wie für die Sprosskultur mit Licht inkubiert. Anschließend erfolgte ein Transfer der Explantate bei einer Kultur im Dunkeln auf hormonfreiem MS-Festmedium mit 0,3 g l^{-1} Cefotaxim (Duchefa) um die Bakterien abzutöten. Diese Antibiotikumkonzentration wurde für mindestens drei weitere Kultivierungszyklen beibehalten und danach auf 0,1 g l^{-1} Cefotaxim reduziert. Ab einer Größe von ca. 0,3 bis 0,5 cm² bzw. bei starker Nekrose des Explantates wurden die gebildeten kallösen Strukturen vom Explantat abgetrennt und separat weiter kultiviert. Die Subkultur der vermehrungsfähigen Zellkulturen erfolgte alle 2 bis 3 Wochen auf antibiotika- und hormonfreiem MS-Festmedium. Mit dem Ziel für einen Bioprozess geeignete Zellkulturen zu etablieren, wurden für die Subkultur weiche Zellverbände, die sich schnell vermehrten, bevorzugt.

Tabelle 17 Zusammensetzung YEB-Medium und AB I-Medium nach (Wise et al. 2006a)

| YEB - Medium | ABI Medium-Vorbereitung | | | ABI Medium |
	20x AB-Salz-Lösung	0,5 M Phosphat Lösung	AB-Puffer	
5 g l^{-1} Trypton 1 g l^{-1} Hefeextrakt 5 g l^{-1} Nährbouillon 5 g l^{-1} Saccharose $0,49$ g l^{-1} $MgSO_4x$ $7H_2O$	20 g l^{-1} $NH4Cl$ 6 g l^{-1} $MgSO4x$ $7H_2O$ 3 g l^{-1} KCl $0,2$ g l^{-1} $CaCl_2$ 15 mg l^{-1} $FeSO_4x$ $7H_2O$	75 g l^{-1} Na_2HPO_4 $9,6$ g l^{-1} KH_2PO_4	$3,9$ g l^{-1} 2-(N-Morpholino)-ethansulfon-säure 50 ml l^{-1} 20x AB Salz-Lösung $2,4$ ml l^{-1} 0,5M Phosphat-Lösung	1 l AB-Puffer 10 ml l^{-1} 20% (m/V) Glukose 100 µl l^{-1} 10% (m/V) Thiamin Lösung, sterilfiltriert (150 µM Acetosyringon)
pH-Wert 7,2 mit 10% (m/V) KOH oder HCl eingestellt		pH-Wert 7,5 mit 0,5 M Na_2HPO_4x H_2O bzw. 0,5 M NaH_2PO_4 eingestellt	pH-Wert 5,5 mit 1M KOH eingestellt	

Tabelle 18 Bedingungen der Kokultur steriler pflanzlicher Explantate mit *A. tumefaciens*

Pflanzenspezies	Explantate	Optische Dichte OD_{600}	Zeit [h]
O. basilicum	Blätter der Sprossspitze, ca.0,5 bis 1 cm² Stücke um die Mittelrippe mit angeritzter Nervatur, Blattrand entfernt	0,6 bis 0,8	0,5 bis 1
Salvia sp.	Sprossabschnitte mit Knoten, Internodien oder Blattstiele mit Spreitengrund	0,7 bis 0,8	0,5 bis 0,7
R. officinalis	Sprossabschnitte mit Knoten, Internodien oder Spreitenspitzen	0,4 bis 0,6	1

3.8.2. Charakterisierung der Morphologie, des Wachstums und der Triterpensäureproduktion

Nach 2,5 Jahren Etablierung wurden die verbliebenen Zelllinien anhand ihres Wachstumsindex (GI) auf ihr Wachstumsverhalten untersucht. Weiterhin wurde für die Zelllinien die Produktion der Triterpensäuren bestimmt. Die Extraktion erfolgte aus dem Zellmaterial der Charakterisierung des Wachstums mit 70 %igem wässrigen Ethanol (V/V) in Anlehnung an (Ivanov et al. 2014). Abweichend von dem in Abschnitt 3.1 beschriebenen Vorgehen wurden 0,1 g_{tr} Kallusmaterial mit 5 ml Lösungsmittel im Ultraschallbad extrahiert. Die Extraktionszeit lag bei 15 min bei 70 °C. Nach Abtrennung der Flüssigphase durch Dekantieren nach Zentrifugation bei 3325 rcf, wurde der Rückstand erneut zweifach extrahiert. Die vereinten Extrakte wurden mittels Rotationsverdampfung bei 200 rpm und 55 °C getrocknet, ausgewogen und in 1 ml Lösungsmittel rückgelöst. Die Bestimmung der Konzentration der Triterpensäuren erfolgte nach geeigneter Verdünnung mittels HPLC-UV wie in Kümmritz et al. (2014) beschrieben.

3.8.3. Nachweis der Transformation mittels *A. tumefaciens* in der Zellkultur

Zur Überprüfung der Transformation der hormonautotrophen Zellkulturen wurde in der Belegarbeit von Hecht (2017) eine geeignete Methode entwickelt. Die Isolierung der genomischen DNA von *A. tumefaciens* erfolgte in Anlehnung von Wise et al. (2006b). Die dabei verwendeten Reagenzien sind in Tabelle 19 aufgeführt. Die Bakterienzellen der Vorkultur wurden mit der Waschlösung gewaschen und mit der Resuspensionslösung wieder in Lösung gebracht. Durch Zugabe der Lyselösung erfolgte die Freisetzung der genomischen DNA. Diese wurde anschließend mittels Phenol/Chloroform extrahiert und mit Ethanol gefällt. Nach der Trocknung erfolgte die Resuspension der gewonnenen DNA in TE-Puffer. Das genaue Vorgehen der DNA-Extraktion aus *A. tumefaciens* ist in Anhang 1 Tabelle 46 beschrieben.

Zur Extraktion pflanzlicher DNA wurde eine Methode unter Anwendung des innuPREP Plant Kits (Analytik Jena AG, Jena, Zusammensetzung siehe Tabelle 19) erarbeitet: Dazu wurden 50 bis 100 mg gefriergetrocknete Kalluskultur (siehe Abschnitt 3.8.2) durch Zermörsern homogenisiert. Bei Zugabe der Lysepuffer SLS, OPT bzw. CBV lysierte die genomische DNA. Anschließend wurde die DNA unter Zugabe einer Bindungslösung an einen Spinfilter gebunden. Nach dem Waschen mit einer Waschlösung wurde die DNA mit einem Elutionspuffer von dem Filter eluiert.

Anschließend erfolgten die Überprüfung der Reinheit sowie die Bestimmung der DNA-Konzentration mit dem Spektrophotometer NanodropLite (Thermo Fischer Scientific, USA) (Vorgehensbeschreibung siehe Anhang 1 Tabelle 47). Die so gewonnene DNA wurde mittels Polymerase-Kettenreaktion (PCR) amplifiziert. Dabei wurden die in aufgeführten Primerpaare für den *vc*- und den *tms*-Genabschnitt verwendet. Der *vc*-Genabschnitt befindet sich auf dem Ti-Plasmid (Vgl. Abbildung 3) zwischen den Virulenzgenen virC1 und virC2 und wird bei der Transformation nicht in das pflanzliche

Genom integriert (siehe Abbildung 4). Der *vc*-Genabschnitt dient somit dem Nachweis einer Kontamination der Pflanzenzellkultur mit Agrobakterien (Sawada et al. 1995). Der *tms*-Genabschnitt befindet sich auf der T-DNA des Agrobakteriums und enthält Informationen zur Produktion der Tryptophan-2-Monooxygenase, welche die Synthese von dem Wachstumsregulator IAA katalysiert (Vgl. 2.2.1). Dieser Genabschnitt kann bei der Transformation in das pflanzliche Genom übertragen werden (siehe Abbildung 4). Der PCR-Ansatz wurde in Anlehnung an die Herstellerangaben für die OneTaq® DNA Polymerase (NEB) pipettiert (Vgl. Tabelle 50 im Anhang 1). Neben den Template-DNA´s dienten ein Ansatz mit bidestilliertem Wasser als Negativ-Kontrolle und ein Ansatz mit genomischer DNA von A. *tumefaciens* als Positiv-Kontrolle. Die Ansätze wurden nach vorheriger Vermischung in den PCR-Gefäßen in einen Thermocycler gestellt und die PCR nach dem Programm in Tabelle 21 gestartet. Die Lagerung der Amplifikate erfolgte bei 4 °C.

Im Anschluss an die PCR erfolgte der Nachweis der amplifizierten Genabschnitte mit Hilfe der nativen Agarose-Gelelektrophorese. Hierfür wurde ein 0,8 %iges Agarose-Gel aus 0,32 g Agarose (NEB) in 40 ml 1-fach TBE-Puffer (Zusammensetzung siehe Tabelle 52 im Anhang 1) hergestellt. Das Anfärben der DNA erfolgte mit 1 µl Ethidiumbromid auf 10 ml Gel. Die Lösungen der amplifizierten DNA der PCR sowie der Positiv- und Negativ-Kontrollen wurden 1:6 mit 6-fach Ladepuffer (NEB) verdünnt. Die Probentaschen des ausgehärteten Gels wurden mit 5 µl dieser Verdünnungen gefüllt. Nach dem Lauf des Geles auf der Gelstation MINI (Carl Roth) bei einer Spannung von 80 V über 1 h, wurde die Dokumentation an der Gelstation (Syngene Bioimaging Private Ltd., Indien) unter UV-Licht bei 254 bis 366 nm vorgenommen.

Aufgrund der arbeitsintensiven Entwicklung der Methode zur Transformationsüberprüfung und der dafür erforderlichen Zeit, wurde im Rahmen dieser Arbeit diese Methodik exemplarisch auf Zelllinien *S. officinalis* und *O. basilicum* angewandt, welche sich in den vorangegangenen Untersuchungen zum Wachstum und der Produktion als vielversprechend herausgestellt hatten.

Tabelle 19 Reagenzien zur Isolierung der genomischen DNA aus _A. tumefaciens_ nach Wise et al. (2006b) sowie aus Kallus mittels innuPREP Plant Kit (Analytik Jena AG) (herstellerspezifische Zusammensetzung, Angabe auf gelistete Gefahrstoffe beschränkt)

Reagenz/ Organismus	_A. tumefaciens_	Kalluskultur
Waschlösung	50 mM Tris-HCl (pH-Wert 8) 20 mM EDTA 0,5 M NaCl 0,05% (m/V) Sarkosin (aus Natriumsalz)	MS, k.A.
Resuspensionslösung	25 mM Tris.HCl (pH-Wert 8) 10 mM EDTA 50 mM Glukose 2 mg l^{-1} Lysozym (20000 U mg^{-1})	-
Lyselösungen	0,2 M NaOH 1% (m/V) Natriumdodecylsulfat	**SLS** (u.a. Ammoniumchlorid 10-<25 %, Cetrimoniumbromid 1-<2,5 %), **OPT** (u.a. Natrium-Dodecylsulphat 1-<2,5 %) **CBV** (u.a. Natrium-Dodecylsulphat 5-<10 %) **Proteinase K** (50-100 %)
Fällungspuffer	-	**P** (u.a. Essigsäure 10-<25 %)
Bindungslösung	-	**SBS** (u. a. Propan-2-ol 50-100 %, Polyethylenglycol-Octylphenolether 25-50 %)
Elutionslösung	-	k.A.

k.A. keine konkrete Angabe

Tabelle 20 PCR-Primerpaare vorwärts (fw) und rückwärts (rv) mit Angabe der Gensequenz in 5´- 3´-Richtung (biomers.net GmbH, Ulm)

Primer		Gensequenz (5'-3')	Fragment-größe [bp]
vc	fw	ATCATTTGTAGCGACT	730
	rv	AGCTCAAACCTGCTTC	
tms	fw	TCATTGGCGCTGGCATTTCC	442
	rv	TGAGCCCGCCTAATGTCTCC	

Tabelle 21 PCR-Programm für die Primerpaare *vc*-fw/ *vc*-rv nach Sawada et al. (1995) bzw. *tms*-fw/*tms*-rv

Prozessschritt	Temperatur [°C]	Zeit [min]
Denaturierung	94	3
40 Zyklen		
Denaturierung	95	1
Annealing	55	1
Extension	68	1
Extension	68	10
Hold	10	offen

4. Ergebnisse und Diskussion

4.1. Analytik von Triterpensäuren und Metabolitscreening pflanzlicher in vitro und in vivo Kulturen

4.1.1. Screening von Oleanol- und Ursolsäure mittels DC

Für die Etablierung einer Schnellmethode zur Bestimmung des Vorhandenseins von OS bzw. US in pflanzlichen Extrakten diente die zuvor von Vogler (2009) entwickelte Methodik zur dünnschichtchromatographischen Trennung von OS und US als Grundlage. In dieser Arbeit wurde diese Methode hinsichtlich ihrer Leistungsfähigkeit in Bezug auf die Trennbarkeit mittels des R_f-Wertes untersucht. Daneben wurden die Nachweisgrenzen für OS bzw. US bestimmt.

Der R_f-Wert ist bei dem verwendeten chromatographischen System für beide Triterpensäuren identisch und liegt bei ca. 0,85 (Vgl. Abbildung 13). Folglich werden die beiden Triterpensäuren von dem verwendeten Laufmittelgemisch gut aus der Probenmatrix gelöst jedoch nicht voneinander getrennt. Nach Heilmann (2010) sollte das DC-System so ausgelegt sein, dass der R_f-Wert für die zu bestimmenden Komponenten zwischen ca. 0,2 bis 0,8 liegt. Da die in dieser Arbeit erreichte Trennung geringfügig außerhalb dieses Bereiches liegt, kann die mit der hier beschriebenen Methode erzielte Trennung als ausreichend bewertet werden. Bei Martelanc et al. (2009) wurde bei der Verwendung von Kieselgel-Platten für OS und US ein R_f-Wert von 0,08 bis 0,09 angegeben. Folglich werden die Triterpensäuren bei der dort verwendeten mobilen Phase vergleichsweise schlechter von den am Substanzfleck verbleibenden Komponenten des Extraktes abgetrennt. Bei der Verwendung von Hochleistungs-DC RP C18-Material lag der R_f-Wert für OS und US zwischen 0,80 und 0,85, welcher mit der in dieser Arbeit erreichten Trennung vergleichbar ist.

Bei Betrachtung unter UV-Licht bei 365 nm zeigte der Spot der US in dieser Arbeit auf der Kieselgel-DC-Platte einen leuchtend gelben Fleck (Abbildung 13 A und B). Bei OS wurde keine Fluoreszenz beobachtet. In den Arbeiten von Martelanc et al. (2009) wies der US-Standard auf einer Kieselgel-DC-Platte bei Betrachtung unter UV-Licht bei 366 nm eine orange Farbe auf, bei OS war dieser gelb gefärbt. Auf DC-Platten mit C18-Material hingegen war OS, wie auch hier in den eigenen Untersuchungen beobachtet in UV-Licht blau gefärbt. Diese Abweichung der Färbung der Spots könnte durch unterschiedliches Trennmaterial sowie auch die Abwesenheit eines Fluoreszenzindikators in der DC-Platte bei Martelanc et al. (2009) hervorgerufen worden sein.

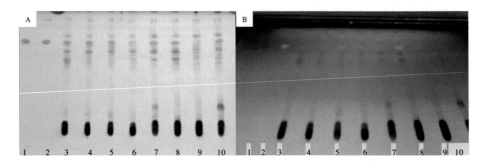

Abbildung 13 Dünnschichtchromatogramm v.l.n.r.: 1 - Oleanol- und 2 - Ursolsäure sowie 3 bis 10 – 8 verschiedene ethanolische Extrakte hormonbasierter Kalluskulturen A - im Tageslicht sowie B - unter UV-Licht bei 365 nm

Zur Bestimmung der Nachweisgrenzen wurden Triterpenkonzentrationen im Bereich von 0,05 bis 0,5 µg je Spot auf der DC-Platte sowie auch verdünnte Pflanzenextrakte aufgetragen. Die abgeschätzten Nachweisgrenzen für Oleanolsäure lagen bei 0,05 µg und für Ursolsäure bei 0,125 µg je Spot. Bei diesen Gehalten war eine Differenzierung des Spots vom Hintergrund bei Betrachtung im tageslicht und UV-Licht optisch wahrzunehmen. Einer Erhöhung der Konzentration der Standardproben entsprechend, zeigte das Chromatogramm zudem eine Zunahme der Intensität der Spots. Ist bei hoher Intensität des Spots unter Tageslicht die Färbung im UV-Licht schwächer, kann von einer im Vergleich zur US höheren Konzentration von OS in der Probe ausgegangen werden. Eine genaue Bestimmung der Triterpengehalte in den Extraktproben ist mit dieser Methode jedoch nicht möglich. OS und US besitzen eine sehr ähnliche molekulare Struktur. Dies erschwert die Trennung der beiden Säuren mittels Dünnschichtchromatographie. Für besonders schwierige Trennprobleme wurde die Multiple Gradienten Entwicklungstechnik erarbeitet. Diese hat sich auch für die Trennung von OS und US, sowie auch anderen Triterpenen als geeignet herausgestellt (Wójciak-Kosior 2003). Bei dieser Technik erfolgen mehrere Entwicklungsschritte mit Eluenten verschiedener Zusammensetzungen hintereinander, wobei zwischen den Einzelschritten das Lösungsmittel entfernt wird. Durch die Vielzahl an Entwicklungsstufen und die dafür benötigte Analysenzeit, handelt es sich hier jedoch nicht mehr um eine „schnelle" Methode. Da die von Wójciak-Kosior (2003) erzielte Trennung ebenfalls keine vollständige Peakauflösung brachte, ist diese Methode nicht für eine Quantifizierung der einzelnen Triterpensäuren geeignet.

Die in dieser Arbeit etablierte Screening-Methode wurde erfolgreich auf ethanolische Extrakte verschiedener Kalluskulturen von Salbei und Ginseng zur Detektion produktiver Zelllinien angewandt. Allerdings können aus den Chromatogrammen nur qualitative Aussagen zum Vorhandensein der Triterpensäuren getroffen werden. Für einen Vergleich verschiedener Zelllinien zur Selektion der höchsten Produzenten ist eine genaue Quantifizierung der Einzelsubstanzen unbedingt notwendig.

4.1.2. Bestimmung von Oleanol- und Ursolsäure mittels HPLC

Die HPLC-Analytik ist eine leistungsfähige Methode zur Trennung von Substanzgemischen sowie auch zur Quantifizierung der Inhaltsstoffe. Gegenüber der DC weist die HPLC je nach Zusammenstellung der Systemkomponenten eine um mindestens den Faktor 10 höhere Trennstufenzahl auf. Im Vergleich zur GC ist die HPLC durch einen geringeren Arbeitsaufwand in der Probenaufarbeitung gekennzeichnet und ermöglicht bei einer geeigneten, selektiven Trennmethode die genaue Quantifizierung von Einzelsubstanzen. In der Literatur beschriebene HPLC-Methoden zur Bestimmung von Oleanol- und Ursolsäure dienten in dieser Arbeit als Grundlage für die Entwicklung einer geeigneten Analysenstrategie mit der an der Professur für Bioverfahrenstechnik der Technischen Universität Dresden zur Verfügung stehenden HPLC-Ausstattung. Dabei zeigte sich, dass eine Übertragung der beschriebenen Verfahren auf die Problematik und Anforderungen in dieser Arbeit nicht direkt möglich ist. Für eine genaue Differenzierung auch geringster Triterpengehalte in eingeschränkt verfügbarem Probenmaterial ist eine vollständige Basislinientrennung erforderlich. Mit dem Ziel der vollständigen Basislinientrennung der Triterpensäuren wurden die für die Selektivität der HPLC-Trennmethode relevanten Parameter untersucht. Einen entscheidendenden Einfluss auf die Selektivität stellen vor allem die Auswahl der Trennsäule, die Zusammensetzung der mobilen Phase, sowie der Fluss und die Temperatur dar. Wie die Literaturbeispiele verdeutlichen (siehe Tabelle 7), sind für die Trennung von OS und US hydrophobe RP-Säulen als stationäre Phase gut geeignet. Dies lässt sich damit begründen, dass beide Triterpensäuren schlecht wasserlöslich sind (Schneider et al. 2009). Das Trennmaterial an sich übt einen wesentlichen Einfluss auf die Trennung der Analyten aus. In dieser Arbeit wurden daher folgende Säulen für die Trennung von Oleanol- und Ursolsäure getestet: Zorbax-SB C18 (250 mm x 4,6 mm, 5 µm) (Agilent Technologies), Luna C18 2 100°A (250 mm x 3 mm, 5 µm) (Phenomenex), Discovery HS C18 (250 mm x 4,6 mm, 5 µm) (Supelco), Nucleosil-100 C18 (250 mm x 4 mm, 5 µm) (Merck) und Eurospher 100-10 C18 (250 mm x 4 mm, 10 µm) (Knauer). Die Eurospher-Säule mit einer Partikelgröße von 10 µm wies keine guten Trenneigenschaften auf und eignet sich nicht für die sensible Trennung von OS und US. Für die Trennung von OS und US hat sich Trennmaterial mit einer Partikelgröße von ca. 5 µm als geeignet herausgestellt (Kümmritz et al. 2014). Bei Pflanzenextrakten, welche ein komplexes Gemisch verschiedenster Komponenten darstellen und wie in dieser Arbeit ohne weitere Aufreinigung (z. B. mittels Festphasenextraktion) in das chromatographische System injiziert werden, wird von Kromidas (2012) Trennmaterial mit einer maximalen Partikelgröße von 5 µm empfohlen.

In ersten Versuchen zeigten die Säulen Luna C18 (2) und Discovery HS C18 im Vergleich mit den anderen untersuchten Trennsäulen eine vielversprechende Trennung der Triterpensäuren im Chromatogramm. Daher wurden diese beiden Säulen für weitere Untersuchungen zur Optimierung der Trennung ausgewählt. Wie in Tabelle 22 dargestellt, weisen beide HPLC-Säulen im Vergleich relativ ähnliche Eigenschaften auf. Bei identischen Säulendimensionen besteht der wesentliche Unterschied des Trennmateriales für die Discovery HS C 18, verglichen mit der Luna C 18(2) in geringfügig größeren Poren und dabei geringerer Oberfläche bei unwesentlich höherer Kohlenstoffbeladung. Diese Eigenschaften scheinen sich positiv auf die Trennung von Oleanol- und Ursolsäure mit der Discovery-Säule auszuwirken.

Tabelle 22 Gegenüberstellung der Materialeigenschaften der ausgewählten HPLC-Säulen

Parameter	Luna C18(2)	Discovery HS C18
Phasenmaterial	Octadecyl (C18)	
Matrix	Silikagel	Silikagel, hohe Reinheit, sphärische Partikel
Partikelgröße [μ]	5	
Dimension L x I.D.	250 x 4,6 mm	
Funktion („feature")	endcapped hohe Hydrophobizität	endcapped hohe Hydrophobizität
Oberflächenbedeckung [μmol m^{-2}]	k.A.	3,2
Porengröße [Å]	100	120
Oberfläche [m² g^{-1}]	400	300
Kohlenstoffbeladung [%]	17,5	20
Quelle	Phenomenex.com	Sigma-aldrich.com

k.A. keine konkrete Angabe

In Bezug auf die Zusammensetzung der mobilen Phase wurde Acetonitril wegen seiner, wie eingangs beschriebenen, unvorteilhaften Eigenschaften für die Trennung von OS und US in dieser Arbeit nicht in Betracht gezogen. Damit der Nachhaltigkeitsaspekt des biotechnologischen Verfahrens auch in der Wirkstoffanalytik berücksichtigt wird, wurde in dieser Arbeit ein Eluentengemisch aus Methanol und Wasser bevorzugt. In der Literatur sind verschiedene Verfahren zur Trennung der Triterpensäuren basierend auf Methanol als mobile Phase beschrieben (Wang et al. 2008; Du & Chen 2009; Lee et al. 2009; Zacchigna et al. 2009). Methanol ist mit einer Löslichkeit für beide Substanzen von ca. 24 mg ml^{-1} ein gutes Lösungsmittel für Oleanol- und Ursolsäure (Schneider et al. 2009). Auf Grund der guten Elutionsstärke ist Methanol ein geeigneter Bestandteil einer mobilen Phase und wurde daher in den Untersuchungen in dieser Arbeit verwendet. Der Einsatz von Tetrahydrofuran, welches von Zacchigna et al. (2009) zur verbesserten Trennung als Modifier dem Methanol-Wassergemisch zugesetzt wurde, zeigte in eigenen Untersuchungen keine Verbesserung der Trennung. Tetrahydrofuran wird zumeist bei Analyten verwendet, in denen eine Methoxy-Gruppe enthalten ist. Diese Struktur ist in den Molekülen der Oleanol- und Ursolsäure nicht enthalten.

Ein wesentliches Kriterium für die Trennbarkeit zweier benachbarter Peaks ist der Trennfaktor α. Dieser sollte für eine gute und effiziente Trennung im Bereich von 1,05 bis 1,1 liegen. Eine weitere Anforderung dieser Arbeit an die analytische HPLC-

Methode bestand in der Übertragbarkeit auf eine präparative Anlage. Hierfür muss das Säulenmaterial auch in größeren Maßstäben verfügbar sein. In dieser Arbeit basierten die HPLC-Parameter für den Vergleich beider Säulen zunächst auf der Methode von Lee et al. (2009). Die dort verwendete HPLC-Säule Luna C18 erreichte unter den gegebenen Bedingungen keine vollständige Basislinientrennung beider Triterpensäuren. Ein Ansatz zur Verbesserung der Trennung der beiden Positionsisomere lag in der Verringerung des Flusses. Daher wurde in dieser Arbeit die Flussrate für die Säule Luna C18 (2) von 0,8 ml min^{-1} auf 0,4 ml min^{-1} halbiert. Die dabei mit einem Trennfaktor von 1,04 erreichte Selektivität entspricht jedoch nicht den eingangs beschriebenen Anforderungen. Die Discovery HS C18 erfüllt unter den Bedingungen von Lee et al. (2009) zwar mit einem Trennfaktor von 1,07 den geforderten Wertebereich. Die dafür notwendige Trennzeit ist jedoch mit ca. 37 min vergleichsweise lang. Es wird vermutet, dass die Discovery HS C18 die Analyten effektiver zurück hält, d. h. eine stärkere Wechselwirkung zwischen der stationären Phase und den hydrophoben Triterpensäuren auftritt. In den Angaben des Herstellers wird die Discovery HS C18 mit einer stärkeren Hydrophobizität im Vergleich zur Luna C18 (2) beschrieben (HPLC Discovery HS C18 2019).

Bei säurestabilen stationären Phasen kann eine bessere Wechselwirkung der Triterpensäuren erreicht werden, wenn diese protoniert vorliegen. Damit verändert sich die Hydrophobizität der Analyten und verstärkt die Wechselwirkung zwischen Analyt und stationärer Phase. Bei sauren Komponenten wird die Retentionszeit mit sinkendem pH-Wert erhöht (Kromidas 2012). Dieses Verhalten spiegelt sich auch in den Angaben der Literaturbeispiele zur Trennung der Triterpensäuren in Tabelle 7. Der pH-Wert des Eluenten sollte für eine reproduzierbare Trennung zweier Komponenten pK$_s$ ± 2 pH-Einheiten betragen (Kromidas 2012). Um diesen Effekt mit der säurestabilen HPLC-Säule Discovery HS C18 auszunutzen, wurde die Trennung unter Zugabe von Ameisensäure bei einem niedrigeren pH-Wert als dem pK$_s$-Wert beider Triterpene durchgeführt. Die pK$_s$-Werte liegen für Oleanolsäure bei 5,11 und für Ursolsäure bei 5,29 (Du & Chen 2009). Eine Verringerung des pH-Wertes in der mobilen Phase kann durch z. B. Ameisen- (Li et al. 2009) oder Essigsäure (Zacchigna et al. 2009) bzw. Phosphatpuffer (Lee et al. 2009) realisiert werden. Der pH-Wert des Phosphat-Puffers aus Lee et al. (2009) zur Trennung der Triterpensäuren liegt bei 2,8 und somit mehr als 2 Einheiten unterhalb der pK$_s$-Werte für die Triterpensäuren. Allerdings tragen Phosphate durch die Ablagerung der Salze auf der Säule wesentlich zu Verringerung der Lebensdauer von HPLC-Säulen bei und sind daher für eine nachhaltige Analytik nur bedingt geeignet. Bei der Verwendung von Essigsäure liegt der pH-Wert der mobilen Phase bei ca. 5 und somit knapp unter dem pKs-Wert der Triterpensäuren. Um sicher zu gehen, dass die Säuren vollständig protoniert vorliegen, sollte ein pH-Wert unterhalb 4 angestrebt werden. Daher wurde Ameisensäure als Zusatz der wässrigen Komponente der mobilen Phase für die Verringerung des pH-Wertes und zur Protonierung der Triterpensäuren bevorzugt. Bei dem in dieser Arbeit verwendeten Eluenten aus Methanol und 0,1 %iger Ameisensäure in Wasser (92:8, V/V) nach Leipold et al. (2010) beträgt der pH-Wert ebenfalls 2,8. Damit ist die geforderte Differenz zwischen dem pH-Wert des Eluenten und dem pK$_s$-Wert der zu trennenden Komponenten für die Trennung der Triterpensäuren mit beiden Eluenten erfüllt.

Um die Lebensdauer der HPLC-Säule zu begünstigen und eine Übertragung der Methode in den präparativen Maßstab sowie auch auf eine LC-MS-Analyse zu gewährleisten, wurde der Eluent in Folgeuntersuchungen auf ein Gemisch aus Methanol und wässriger Ameisensäure umgestellt. Mit diesem Eluenten wurde für beide Säulen eine Verringerung der Retentionszeit erreicht (Tabelle 23). Für die Säule Luna C18 (2) brachte eine weitere Senkung des Flusses auf 0,3 ml min^{-1} keinen ausreichenden Trennfaktor. Die Verringerung der Fließgeschwindigkeit hatte bei konstanter Temperatur keinen wesentlichen Einfluss auf die Trennung der Triterpensäuren.

Eine Verringerung der Säulentemperatur kann den Trennprozess verlangsamen, wobei sich die Retentionszeit erhöht. Um die Analysezeit zeitlich zu begrenzen, wurde in Folgeuntersuchungen eine Kühlung der Säule unterhalb 10 °C als nicht sinnvoll erachtet. Weiterhin sollte wie eingangs erwähnt, eine Übertragung der analytischen HPLC-Methode auf eine präparative Anlage möglich sein. Dabei ist eine Trennung bei Raumtemperatur anzustreben, um die Kosten für eine Temperierung der Säule zu sparen. Mit sinkender Temperatur wurde eine Zunahme des Trennfaktors beobachtet (Tabelle 23). Der Trennfaktor entspricht in allen untersuchten Varianten mit der Säule Luna C18 (2) nicht den Anforderungen für eine selektive Bestimmung (<1,05). Eine weitere Verringerung der Fließgeschwindigkeit würde zu einer zunehmenden Verbreiterung der Peaks führen und wurde als nicht sinnvoll erachtet. Eine gute Trennung bei Raumtemperatur ist mit dieser Säule und diesem Eluenten nicht möglich. Auch die Verdünnung der Probe im Eluenten führte keine Verbesserung der Trennung der Triterpensäuren mit der Säule Luna C18 (2) herbei. Die Säule Discovery HS C18 hingegen zeigte eine Basislinientrennung beider Triterpensäuren mit einer Selektivität von α > 1,05 bei allen mit dieser Säule untersuchten Flüssen im Bereich von 0,5 bzw. 0,6 ml/min und Temperaturen von 16 bzw. 20 °C (siehe Tabelle 23).

Durch eine Erniedrigung der Temperatur konnte die Selektivität der Trennung der Triterpenisomere gesteigert werden (siehe Tabelle 23). Dies beruht darauf, dass bei niedriger Temperatur die Wechselwirkung isomerer Komponenten mit der stationären Phase bei RP-Material im Vergleich zu der Wechselwirkung mit der mobilen Phase in den Vordergrund gelangt (Kromidas 2012). Die Fließgeschwindigkeit wies in dieser Arbeit wie auch die Säulentemperatur im Vergleich zur Trennsäule einen geringfügigen Einfluss auf den Trennfaktor für die Triterpensäuren auf.

Neben der Zusammensetzung des Eluenten und der Säulentemperatur kann auch das Lösungsmittel der Proben einen entscheidenden Einfluss auf die Trenneigenschaften aufweisen. Eine Verdünnung der Proben in der mobilen Phase bei gleichzeitiger Erhöhung der Injektionsmenge verringert die Konzentration der Proben auf der Säule. Nach Kromidas (2012) ist dies eine Möglichkeit zur Verbesserung der Trennung. Daher wurden Standardkonzentrationen von 0,4 und 2 mg ml^{-1} vergleichend in Methanol und dem Eluenten aus Methanol und 0,1 %Ameisensäure verdünnt und auf die Säule Luna C18 (2) injiziert. Dabei war ebenfalls keine vollständige Trennung festzustellen, weshalb keine weiteren Versuche mit dieser Säule vorgenommen wurden.

Tabelle 23 Vergleich der Trennleistung ausgewählter HPLC-Säulen A - Luna C 18 2 bzw. B - Discovery HS C18 für die Bestimmung von Oleanol- und Ursolsäure, optimale Bedingungen grau hinterlegt

Parameter	Säule A	Säule B	Säule A						Säule B		
Eluent	Methanol/0,1 M Phosphatpuffer, 12:88, V/V		Methanol/0,1 % Ameisensäure, 92:8, V/V								
Fluss [ml min^{-1}]	0,4	0,8	0,3			0,4			0,5		0,6
T [°C]	20		10	16	25	10	16	25	16	20	16
Retentions-zeit OS [min]	23,9	35,0	25,0	22,4	18,9	19,2	17,0	14,4	25,0	23,3	21,2
Retentionszeit US [min]	24,9	37,2	26,2	23,3	16,7	20,1	17,7	15,0	27,5	24,8	22,6
α	1,04	1,07	1,04	1,04	1,04	1,05	1,04	1,04	1,07	1,06	1,07

Als geeignete Bedingungen für die Anwendung der Triterpenanalysen in dieser Arbeit haben sich folglich die HPLC-Säule Discovery HS C18, ein Eluent aus Methanol und 0,1 %ige Ameisensäure (92:8, V/V), eine Säulentemperatur von 20 °C und ein Fluss von 0,5 ml min^{-1} herausgestellt. Der dabei erzielte Trennfaktor von 1,06 erfüllt die o.g. Bedingung bei akzeptabler Analysenzeit von weniger als 30 min (siehe Abbildung 14). Zudem ist dieser Eluent unzersetzt verdampfbar, was eine Anwendung in der LC-MS-Analytik (Ludwig 2015) sowie auch in der präparativen Chromatographie ermöglicht.

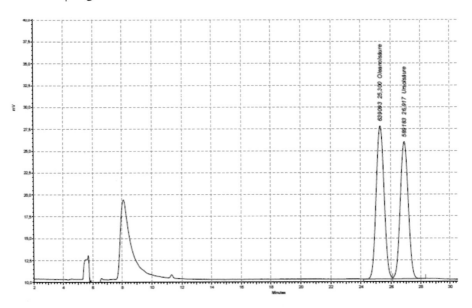

Abbildung 14 HPLC- Chromatogramm einer Standardlösung aus 50 µg ml⁻¹ OS (linker Peak) und US (rechter Peak) in Ethanol unter den optimierten Bedingungen: Säule Discovery HS C18, Eluent aus Methanol und 0,1 %iger Ameisensäure (92:8, V/V), Fluss 0,5 ml min⁻¹, 20 °C, UVDetektion bei 210 nm

4.1.3. Bestimmung von Oleanol- und Ursolsäure in pflanzlichem (in vitro) Material

Für die Entwicklung der HPLC-Methode zur Quantifizierung von OS und US wurden Standardlösungen dieser Triterpensäuren verwendet. Anschließend wurde diese Methode für die Analyse des OS- und US-Gehaltes von pflanzlichem Material aus Gewächshauskulturen, Sprosskulturen und Zellkulturen eingesetzt. In eigenen Untersuchungen von Blättern (n = 3) aus Gewächshauskulturen wurden für *S. fruticosa* 10,8 mgOS bzw. 31,1 mgUS g_{tr}^{-1}, für *S. officinalis* 7,5 mgOS bzw. 22,4 mgUS g_{tr}^{-1} , *S. virgata* 5,5 mgOS bzw. 2,8 mgUS g_{tr}^{-1} ermittelt (Kümmritz et al. 2014). Im Rahmen des ZIM-Projektes mit dem Titel „Entwicklung fungizider und hydrophobierender Schutzmittel aus Pflanzen sowie Entwicklung und Herstellung eines neuartigen natürlichen Dämmstoffes" (KF2049810SA2) wurden von dem Projektpartner Vita34 verschiedene weitere Pflanzenarten der Familie der Lamiaceae im Gewächshaus kultiviert und anschließend nach der vorgegebenen Methodik analysiert. Die in den eigenen Untersuchungen bestimmten Werte für *S. fruticosa* und *S. officinalis* stimmen gut mit den beim Projektpartner erzielten Wertebereich (Vgl. Tabelle 24) überein. Weiterhin decken sich diese Gehalte mit Angaben aus der Literatur für die jeweilige Salbeispezies (Janicsák et al. 2006; Razboršek et al. 2008).

Aus den Gewächshauskulturen verschiedener Lamiaceae wurden durch Vita34 Sprosskulturen erzeugt und diese an der Technischen Universität Dresden an der Professur für Bioverfahrenstechnik vermehrt und analysiert. Die Triterpengehalte der Sprosskulturen sind in Tabelle 25 dargestellt. Bei *Ocimum basilicum* waren einzelne Pflanzenorgane leicht abzutrennen. Daher erfolgte für *Ocimum* eine getrennte Analyse der Pflanzenteile Blätter und Sprosstängeln. Wurzeln wurden bei *Ocimum* nicht betrachtet, da in Voruntersuchungen von Pflanzenproben in den Wurzeln keine Triterpensäuren beobachtet wurden. Eigene Untersuchungen zur Produktion von Triterpensäuren mit Hairy Root Kulturen zeigten für *Ocimum basilicum* (Knoche 2014) und *Salvia* sp. bei Kultur im Dunkeln nur sehr geringe bis nicht nachweisbare Triterpengehalte. Aus der Literatur sind keine nennenswerten Gehalte an Triterpensäuren in Wurzeln bekannt. Marzouk (2009) berichtet jedoch über Oleanol- und Ursolsäure neben weiteren Triterpenen in Hairy Root Kulturen von *O. basilicum*, welche unter geringer Belichtung kultiviert wurden, wobei die Lichtintensität nicht genau angegeben ist. Bei Kuźma et al. (2006) wurden in Hairy Root Kulturen von *Salvia sclarea* OS und US neben anderen Terpenen und Sterolen identifiziert. Jedoch erfolgte dort keine Quantifizierung. In den Blattproben der Sprosskulturen von *O. basilicum* in dieser Arbeit war keine Oleanolsäure enthalten (n = 10). Die ermittelte Ursolsäurekonzentration lag bei Blättern von *O. basilicum* unterhalb der Nachweisgrenze und wurde daher nicht weiter betrachtet.

Sprosskulturen von *Rosmarinus* und *Salvia* sp. zeigten einen kompakten Wuchs, d. h. keine wie bei *Ocimum* leicht abtrennbare Organstruktur. Sie wurden daher im Ganzen analysiert. In der Sprosskultur wies *S. fruticosa* die höchsten Triterpensäuregehalte auf (Tabelle 25). Allerdings zeichnete sich diese Kultur durch ein sehr langsames Wachstum und eine starke Neigung zur Nekrose aus und ist daher für einen biotechnologischen Produktionsprozess weniger geeignet.

Im Vergleich der Oleanolsäuregehalte für *O. basilicum* und *S. officinalis* in der Sprosskultur mit den Gewächshauskulturen wurde ein Rückgang der Produktion dieses Metaboliten festgestellt. Ein ähnliches Phänomen wurde bereits bei Gregorczyk et al. (2005) für die Carnosinsäure, Carnosol und Rosmarinsäure bei *S. officinalis* Sprosskulturen beobachtet. Diese Metabolite waren in Gewächshauskulturen enthalten, blieben jedoch bei der in vitro Kultur aus. Ein derartiger Rückgang von Metabolitsynthesen aus der in vivo in die in vitro Kultur wird für Hyperizin aus *Hypericum perforatum* in Zobayed and Saxena (2004) näher beschrieben. Matkowski (2008) vermutet den Grund für die ausbleibende Metabolitsynthese u. a. darin, dass relevante Umweltfaktoren fehlen.

Aus den Sprosskulturen wurden in der Diplomarbeit von Freund (2014) unter Zugabe von Hormonen pflanzliche Zellkulturen erzeugt. Dabei wurde die Medienzusammensetzung in Anlehnung an in der Literatur für die jeweilige Pflanzenspezies als geeignet beschriebene Kombinationen eingestellt. Nachdem sich die Kultur etabliert hatte, erfolgten die Beprobung und Analyse des Triterpengehaltes. In der hormonbasierten Zellkultur ist der Triterpensäuregehalt bei *O. basilicum* im Vergleich zur den anderen Pflanzenspezies am höchsten (Tabelle 26). Der mittlere Triterpensäuregehalt nimmt in den Untersuchungen dieser Arbeit in folgender Reihenfolge zu: *S. fruticosa* (0,29 ± 0,19 mg OS g_{tr}^{-1}, 0,51 ± 0,23 mg US g_{tr}^{-1}) < *R. officinalis* (Medium in Anlehnung an Knöss (1995) 0,40 ± 0,07 mg OS g_{tr}^{-1}, 0,63 ± 0,14 mg US g_{tr}^{-1}) < *S. officinalis* (0,88 ± 0,13 mg OS g_{tr}^{-1}, 1,31 ± 0,26 mg US g_{tr}^{-1}) < *O. basilicum* (Medium in Anlehnung an Gopi und Ponmurugan (2006) 1,56 ± 0,37 mg OS g_{tr}^{-1}, 1,77 ± 0,43 mg US g_{tr}^{-1}). In der Arbeit von Haas et al. (2014) wurden für *Salvia* sp. Zellkulturen höhere Triterpengehalte erreicht.

Die Zellkultur von *O. basilicum* in Medium in Anlehnung an Gopi und Ponmurugan (2006) galt jedoch für diese Arbeit als vielversprechend. Für diese Sorte von Basilikum liegt bisher keine Information zur Nutzung als pflanzliches in vitro System zur Produktion von OS und US vor. Untersuchungen zum Wachstum und der Produktion mit dieser Zellkultur zeigten vergleichbare Ergebnisse mit der Suspensionskultur von *S. fruticosa* (Kümmritz et al. 2016). Für *O. basilicum* wurden bei Kultivierung im RAMOS® über 12 bis 14 d eine maximale Trockenmassekonzentration von $11,4 \pm 3,3$ g l^{-1}, eine maximale spezifische OTR von $0,19 \pm 0,01$ mmol g d^{-1} sowie eine maximale spezifische Wachstumsrate μ_{max} von $0,31 \pm 0,08$ d^{-1} erreicht. Mit Blick auf die Triterpenproduktion erreichte diese Suspensionskultur einen Ertrag von $27,5 \pm 5,8$ mg OS l^{-1} bzw. $35,5 \pm 6,0$ mg US l^{-1}. Dies entspricht einer Produktivität von $2,2 \pm 0,6$ mg für OS bzw. $2,4 \pm 0,.4$ mg für US l^{-1} d^{-1}. Die *O. basilicum* Zellkultur zeichnet sich jedoch sowohl in Kallus-, als auch in Suspensionskultur durch ein starkes Agglomerieren der Zellen aus. Die Größe der Agglomerate konnte in dieser Arbeit mittels Fraktionierung durch Siebung in Anlehnung an Mustafa et al. (2011) nicht verringert werden. Die damit verbundene Heterogenität innerhalb der Zellsuspension stellt z. B. bei der Auslegung und Beprobung von Bioreaktoren ein Hindernis für die weitere Entwicklung eines biotechnologischen Prozesses dar.

Die Bestimmung der Triterpensäuren in pflanzlichem (in vitro) Material verdeutlicht ein unterschiedliches biosynthetisches Potenzial der Pflanzenzellen in den betrachteten Kultivierungssystemen. Für die Zellkultur von *O. basilicum* wurde ein ca. 5-fach höherer Gehalt an Triterpensäuren als in der Gewächshauskultur ermittelt. Bei *S. fruticosa* hingegen war der Triterpensäuregehalt der Zellkultur ca. 1/10 bis 1/30 von dem, was in der Gewächshauskultur bestimmt wurde. Diese Ergebnisse erschweren pauschale Vorhersagen über die Eignung pflanzlicher Systeme zur in vitro Produktion von speziellen Metaboliten wie z. B. Triterpensäuren. Ein ähnliches Phänomen beobachteten Pandey et al. (2015) bei Zellkulturen von *Ocimum* sp. zur Produktion von Betulinsäure. Diese Triterpensäure war in der Feldkultur nur in einer Spezies nachweisbar. In der Zellkultur zeigten alle *Ocimum* sp. das Potential zur Bildung von Betulinsäure in unterschiedlicher Ausprägung.

Wie die Ergebnisse dieser Arbeit zeigen, kann sich das Verhältnis der Anteile der Triterpensäuren zueinander von der Ursprungspflanze zu der in vitro Zellkultur verschieben. Das Verhältnis der Konzentration von Oleanol- zu Ursolsäure betrug bei den Gewächshauskulturen sowie auch bei den Sprosskulturen ca. 0,3. Bei den Zellkulturen variierte das Verhältnis OS zu US für die verschiedenen Pflanzenspezies im Bereich von 0,3 bis 0,9 mit einem Median von ca. 0,6. Das Vorkommen dieser Triterpensäuren und deren Verhältnis zueinander sind für die jeweilige Pflanzenspezies charakteristisch. In einer umfangreichen Studie zu OS und US in verschiedenen Vertretern der Lamiaceae wird ein Verhältnis von OS:US mit 0,4 (Janicsák et al. 2006) angegeben, welches gut mit den beobachteten Werten für die Gewächshaus- und Sprosskulturen übereinstimmt. Andere Pflanzenarten enthalten ausschließlich Oleanolsäure wie z. B. *Calendula officinalis* (Ringelblume) (Wiktorowska et al. 2010) oder weisen eine starke Dominanz von OS gegenüber US auf, wie bei *Olea europaea* (Olive) mit einem Verhältnis von 9,4 (Kontogianni et al. 2009).

Tabelle 24 Gehalt an Oleanol- (OS) und Ursolsäure (US) in Gewächshauskulturen, kultiviert und analysiert durch Vita 34

Spezies	An-zahl Rep-likate	Triterpengehalt [mg g_{tr}^{-1}]					
		Minimum		Median		Maximum	
		OS	US	OS	US	OS	US
Ocimum basilicum	12	0,13	0,07	0,26	0,17	0,41	0,52
Rosmarinus officinalis	10	0,83	3,34	1,61	5,60	2,83	10,52
Salvia fruticosa	6	2,22	6,22	4,45	12,28	11,81	32,20
Salvia officinalis	16	0,58	3,24	1,54	6,31	8,68	27,71

Tabelle 25 Triterpengehalt in der Sprosskultur auf Festmedium, erzeugt durch Vita 34, vermehrt und analysiert an der Technischen Universität Dresden, Professur für Bioverfahrenstechnik, Mittelwert und Standardabweichung (SD); Extraktion erfolgte aus dem ganzen Spross (mit Ausnahme bei *O. basilicum*)

Spezies	Anzahl Best-immungen	Triterpengehalt [mg g_{tr}^{-1}]			
		Oleanolsäure		Ursolsäure	
		Mittel-wert	SD	Mittel-wert	SD
Ocimum basilicum [a]	4	0	0	0,14	0,02
Rosmarinus officinalis [b]	9	0,23	0,17	0,72	0,58
Salvia fruticosa	4	2,86	0,20	1,48	0,13
Salvia officinalis [b]	6	0	0	0,44	0,09

[a] Werte repräsentieren die Gehalte in Stängeln
[b] eigene Werte ergänzt um Messwerte von Vita 34, Leipzig

Tabelle 26 Gehalt an Oleanol- (OS) und Ursolsäure (US) in hormonbasierten Kalluskulturen, induziert durch Freund (2014) im Vergleich mit Literaturwerten

Spezies	Medium-Referenz	Anzahl Bestimmungen	Triterpengehalt [mg g_{tr}^{-1}]					
			Minimum		Median		Maximum	
			OS	US	OS	US	OS	US
Ocimum basilicum	Strazzer et al. (2011)	7	0,72	1,99	1,13	1,44	1,34	1,86
	Gopi und Ponmurugan (2006)	5	1,19	1,14	1,51	1,75	2,12	2,32
Rosmarinus officinalis	Boix et al. (2013)	4	0,18	0,31	0,22	0,46	0,50	0,79
	Knöss (1995)	4	0,30	0,44	0,42	0,66	0,47	0,76
Salvia fruticosa	Haas et al. (2014)	8	0,15	0,11	0,20	0,52	0,70	0,93
	Ergebnisse aus Haas et al. (2014)	5[a]	0,38	0,76	0,64	0,93	0,83	2,43
Salvia officinalis	Vita 34[b]	3	0,73	1,09	0,95	1,26	0,97	1,59
	Ergebnisse aus Haas et al. (2014)	57[a]	0	0	0,08	0,21	1,90	4,29

[a] Anzahl untersuchter Zelllinien
[b] Daten entstammen Analysen von Vita 34, Leipzig, Kulturmedium: Gamborg B5 mit 0,5 mg l^{-1} 2,4-D und 2 mg l^{-1} Kinetin

4.1.4. Metabolitanalysen von Salbeipflanzen und -suspensionskulturen mittels GC-MS

Die Ergebnisse der Metabolitanalysen ethanolischer Extrakte von Suspensionskulturen der 3 Salbeispezies *S. officinalis*, *S. fruticosa* sowie *S. virgata* wurden in einem Fachartikel zusammengefasst (Kümmritz et al. 2014). Insgesamt konnten durch Vergleich der MS-Spektren und des Retentionsindexes mit Angaben aus bekannten Datenbanken 48 Komponenten identifiziert werden (Tabelle 54 im Anhang 2). Für diese Arbeit relevante und gesundheitsfördernde sowie pharmakologisch wirksame Komponenten sind in Tabelle 27 aufgeführt. Zu den identifizierten Komponenten gehören z. B. die Triterpensäuren OS und US, wodurch deren Identität in den Extrakten der Salbeisuspensionskulturen verifiziert wurde. Neben diversen primären Metaboliten wurden zusätzlich zu den bekannten Triterpensäuren nur wenige Komponenten mit gesundheitsfördernden oder pharmakologischen Eigenschaften erfasst. Der größte Anteil in den Proben ist den Sacchariden Glucose und Saccharose zuzuordnen. Aus der Gruppe der Pflanzenphenole wurden Rosmarinsäure und Kaffeesäure identifiziert. In den Salbeisuspensionen wurden Gehalte im Bereich von 0,1 bis 1,7 mg g_{tr}^{-1} für Kaffeesäure sowie 0,9 bis 6,8 mg g_{tr}^{-1} für Rosmarinsäure vorgefunden. Rosmarinsäure ist ein Ester der Kaffeesäure mit der 3,4-Dihydroxyphenylmilchsäure und kommt weit verbreitet in verschiedensten Pflanzenfamilien vor (Petersen 2013). In der Pflanze überragt die Konzentration der Rosmarinsäure die Konzentration an Kaffeesäure (Kamatou et al. 2010), wie bereits für Salbei beschrieben wurde (Janicsák et al. 1999). Die in den Salbeisuspensionen dieser Arbeit ermittelten Gehalte an Kaffee- und Rosmarinsäure liegen in dem Bereich, welcher für Salbeipflanzen beschrieben ist (Janicsák et al. 1999). Für Suspensionskulturen von *S. officinalis* werden 18,6 mg g_{tr}^{-1} Rosmarinsäure angegeben (Grzegorczyk et al. 2007). Dieser Wert übertrifft die in dieser Arbeit für die drei Salbeispezies vorgefundenen Gehalte deutlich. Rosmarinsäure zeichnet sich durch ein breites Spektrum bioaktiver Wirkungen aus. Hauptsächlich werden antioxidative, entzündungshemmende, antibakterielle und antivirale Eigenschaften (Petersen & Simmonds 2003) aber auch hautschützenden Eigenschaften beschrieben (Bulgakov et al. 2012), wodurch ein Einsatz in der Kosmetik denkbar ist. Auch neuroprotektive Wirkungen und ein vielversprechender Einsatz in der Krebstherapie werden genannt (Bulgakov et al. 2012). Zusätzlich wurde eine Wirkung gegen phytopathogene Pilze beobachtet (Petersen 2013). Im Bereich der Pflanzenbiotechnologie gibt es bereits eine Vielzahl hochproduktiver Verfahren, in denen sogar die in der Pflanze beobachteten Gehalte von Rosmarinsäure übertroffen werden. Wirtschaftliche Umsetzungen sind jedoch nicht bekannt (Bulgakov et al. 2012).

Aus der Gruppe der pflanzlichen Sterole enthielten die Extrakte der 3 Salbeiarten beispielsweise β-Sitosterol im Bereich von ca. 1,7 bis 4,9 mg g_{tr}^{-1} (Tabelle 27). Für *S. fruticosa* Pflanzen wurde bei El-Sayed (2001) ein Gehalt von 4,7 mg g_{tr}^{-1} angegeben. Dieser Wert ist mit dem für *S. fruticosa* in dieser Arbeit vorgefundenen Gehalt an β-Sitosterol von 3,4 mg g_{tr}^{-1} vergleichbar. Für Pflanzenmaterial von *S. officinalis* wurde bei Miura (2001) ein Gehalt von 50 µg β-Sitosterol g_{tr}^{-1} angegeben. Die Löslichkeit von β-Sitosterol hängt stark von dem verwendeten Lösungsmittel ab (Wei et al. 2010). Die Abweichungen der β-Sitosterol Gehalte können folglich mit den verschiedenen Lösungsmitteln zur Extraktion aus dem Pflanzenmaterial, d.h. Ethanol in dieser Arbeit sowie Dichlormethan bei Miura (2001), begründet werden. Gesundheitsfördernde Eigenschaften pflanzlicher Sterine bestehen darin, dass diese Substanzen das LDL-Cholesterol von Patienten mit zu hohem Cholesterolspiegel im Blut verringern. Daneben werden immunmodulatorische, entzündungshemmende und antioxidative Wirkungen beschrieben (Li et al. 2007).

Tabelle 27 Auszug aus hormonbasierten *Salvia* sp. Suspensionskulturen mittels Ethanol extrahierter Metabolite; identifiziert über Golm Datenbank (GMD - the Golm Metabolome Database 2019) sowie Wiley (2008) über den Retentionstionsindex (RI); Angabe der Mittelwerte, Quantifizierung über Cholesterol als internen Standard (Kümmritz et al. 2014)

Komponente	RI	*S. virgata* [mg g_{tr}^{-1}]	*S. fruticosa* [mg g_{tr}^{-1}]	*S. officinalis* [mg g_{tr}^{-1}]
Saccharide				
Glucose	1889, 2008	138,77	111,20	80,11
Saccharose	2708	43,75	188,87	189,51
Organische Säuren				
trans-Kaffeesäure	2151	1,71	0,11	0,12
Rosmarinsäure	3463	6,86	2,01	0,86
Oleanolsäure	3586	0,85	1,24	0,81
Ursolsäure	3629	0,92	2,44	0,79
Phytosterine				
β-Sitosterol	3360	1,67	4,91	3,45

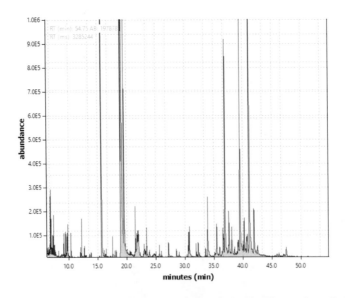

Abbildung 15 GC-MS-Chromatogramm der unpolaren Phase einer *S. fruticosa* Suspension; Chloroform-Extraktion, Säule HP5 MS (Agilent), 100 °C (2 min), mit 15 °C min^{-1} auf 180 C (1 min), mit 4 °C min^{-1} auf 300 °C (20 min)

Um ein umfangreicheres Bild über die stoffliche Zusammensetzung von hormonbasierten Zellsuspensionskulturen von *S. officinalis* und *S. fruticosa* zu erhalten, wurde ein Metabolitscreening mit fraktionierter Extraktion in unpolarer und polarer Phase vorgenommen. Vergleichend dazu erfolgte die Aufarbeitung von Material aus Gewächshauspflanzen von *S. officinalis*, *S. fruticosa* und *S. virgata*. Das Metabolitprofil der untersuchten Proben vom Salbei ist durch ein breites Spektrum verschiedenster Metabolitgruppen gekennzeichnet (Tabelle 56 im Anhang 2). Abbildung 15 veranschaulicht beispielhaft das Chromatogramm der unpolaren Phase einer hormonbasierten *S. fruticosa* Suspension. Insgesamt wurden in allen Salbeispezies 73 Komponenten anhand ihres Retentionsindexes und des MS-Spektrums identifiziert (Tabelle 55). In Tabelle 28 sind für diese Arbeit die relevanten, d. h. potentiell gesundheitsfördernden und pharmakologisch relevanten Metabolite und Hauptkomponenten der Extrakte sowie in Tabelle 29 wichtige Metabolitgruppen aufgeführt. Fettsäuren und deren Methylester mit Kettenlängen von C8 bis C20 haben sowohl in der ganzen Pflanze als auch in der Zellsuspension mit 29 bis 54 % den größten Anteil. In der Zellsuspension stellt Ölsäure die Hauptkomponente der Fettsäurefraktion mit 24,6 mg g_{tr}^{-1} für *S. officinalis* bzw. 34 mg g_{tr}^{-1} für *S. fruticosa* dar. Die Ganzpflanzen weisen ein breiter verteiltes Fettsäurespektrum auf, wobei auch dort Ölsäure (min. 1,7 bis max. 19,9 mg g_{tr}^{-1}) neben Hexadekansäuremethylester (min. 3,8 bis max. 13,4 mg g_{tr}^{-1}) dominieren. Als weitere ungesättigte Fettsäure wurde in dem Material von *Salvia* sp. Linolensäure in Form des Methylesters nachgewiesen. Die Linolensäuregehalte in den Zellsuspensionen überragen mit 7,1 für *S. fruticosa* bzw. 8,8 mg g_{tr}^{-1} für *S. officinalis* signifikant die Gehalte in dem Pflanzenmaterial. Dort wurde mit knapp 6 mg g_{tr}^{-1} für *S. officinalis* der maximale Gehalt beobachtet. Die Zellsuspensionen enthalten im Vergleich zu den ganzen Pflanzen mit ca. 50 % insgesamt einen hohen Anteil an Sacchariden. Sterole stellen mit 3,7 % für *S. fruticosa* und 7,5 % für die *S. officinalis* Suspension einen relevanten stofflichen Anteil der Zellmasse dar. β-Sitosterol ist die Hauptkomponente der Sterolfraktion und mit 0,9 bis 1,7 mg g_{tr}^{-1} in den ganzen Pflanzen, sowie 3,9 bis 4,4 mg g_{tr}^{-1} in den Zellsuspensionen enthalten. Der hier in der Zellsuspension beobachtete β-Sitosterolgehalt liegt im Bereich der Werte, welche in ethanolischen Extrakten der Zellsuspensionen von *Salvia* sp. beobachtet wurden (Kümmritz et al. 2014). Der Phenolsäuregehalt ist in der Zellsuspension mit maximal 0,8 % für *S. officinalis* im Vergleich zur ganzen Pflanze mit Werten Bereich von 4,3 bis 11,9 % stark verringert. Mit einem Gehalt von maximal 6,6 mg g_{tr}^{-1}. für *S. fruticosa* Pflanzen dominiert Rosmarinsäure die Phenolsäurefraktion. Das Pflanzenmaterial von *S. officinalis* und *S. fruticosa* weist gegenüber den Suspensionskulturen einen hohen Isoprenoidgehalt auf. Dieser übertrifft für *S. fruticosa* 50 % und liegt bei *S. officinalis* knapp unter 40 %. In der Zellsuspension wurden in den untersuchten Proben Isoprenoid-Gehalte unter 0,1 % bestimmt. Oleanol- und Ursolsäure machen den größten Isoprenoidanteil in den Untersuchungsproben aus. Einige Metabolite wie z. B. Glycerol wurden aufgrund ihrer Lösungseigenschaften sowohl in der polaren, als auch in der unpolaren Fraktion nachgewiesen. Einige Komponenten bildeten bei der Derivatisierung verschiedene TMS-Derivate, welche zu unterschiedlichen Zeitpunkten im Chromatogramm sichtbar wurden. Diese wurden für die Auswertung zusammengefasst und durch Angabe mehrerer Retentionszeiten gekennzeichnet. Ein Beispiel hierfür ist Asparagin, welches sowohl zweifach als auch vierfach trimethylsiliert vorkam.

Tabelle 28 ausgewählte Metabolite aus Metabolitprofilen von pflanzlichem (in vitro) Material von *Salvia* sp., polare Fraktion weiß bzw. unpolare Fraktion dunkelgrau hinterlegt, RT-Retentionszeit, RI-Retentionsindex, Angabe Gehalt jeweils als Mittelwert ± Standardabweichung in [µg g_{tr}^{-1}], NA

Komponente	RI	Pflanze						Hormonbasierte Zellsuspension			
		S. officinalis		*S. fruticosa*		*S. virgata*		*S. officinalis*		*S. fruticosa*	
Fruktose	1833, 1842	7704	± 20	3971	± 30	1483	± 97	22368	± 406	6073	± 256
Glukose	1850, 2015	355	± 28	585	± 68	191	± 22	15755	± 553	28712	± 1254
Hexadecansäuremethylester	1927	9534	± 10044	1321	± 811	3851	± 322	9087	± 503	11102	± 879
9,12-Octadecadiensäuremethylester (Linolsäuremethylester)	2100	5988	± 6542	780	± 474	2455	± 282	8846	± 342	7108	± 651
trans-Ferulasäure	2104	890	± 81	639	± 24	1765	± 158	NA	± NA	NA	± NA
(9Z)-Octadec-9-ensäure (Ölsäure)	2104	8972	± 4534	1651	± 415	19934	± 2405	24605	± 971	34036	± 2177
trans-Kaffeesäure	2152	196	± 21	318	± 59	238	± 44	29	± 6	NA	± NA
Saccharose	2700	NA	± NA	NA	± NA	NA	± NA	22516	± 202	26129	± 671
α-Tocopherol	3159	1443	± 1192	250	± 56	107	± 11	NA	± NA	NA	± NA
β-Sitosterol	3365	1624	± 31	969	± 642	1759	± 984	3931	± 14	438	± 1008
β-Amyrin	3392	586	± 829	131	± 40	NA	± NA	NA	± NA	NA	± NA
α-Amyrin	3438	1604	± 758	225	± 49	164	± 20	NA	± NA	NA	± NA
Rosmarinsäure	3459	2648	± 13	6653	± 211	4206	± 363	769	± 18	NA	± NA
Oleanolsäure	3586	20583	± 24872	1536	± 788	1049	± 746	35	± 12	NA	± NA
Ursolsäure	3675	14180	± 17723	602	± 144	602	± 749	NA	± NA	18	± 25

Tabelle 29 Ausgewählte Metabolitgruppen von pflanzlichem (in vitro) Material von _Salvia_ sp., Anteile in [%] bezogen auf das Totalionen-chromatogramm der polaren und apolaren Fraktion, Hauptkomponenten in Fettdruck

Klassierung	Pflanze			Hormonbasierte Zellsuspension	
	S. officinalis	_S. fruticosa_	_S. virgata_	_S. officinalis_	_S. fruticosa_
N-haltige Verbindungen	0,04	0,05	0,04	0,07	0,04
Aminosäuren	1,31	0,26	0,69	0,65	0,45
Disaccharide	-	0,56	-	18,47	20,74
Fettsäuren	33,37	29,09	53,98	37,40	45,49
Isoprenoide	37,34	52,93	3,63	0,03	0,01
Monosaccharide	8,60	0,06	3,53	31,02	27,97
Nukleoside	4,35	0,74	18,27	-	-
Phenolsäuren	4,29	8,88	11,91	0,82	0,10
Polyphenole	1,34	1,95	0,67	-	-
Sterole	2,22	1,23	3,49	7,47	3,74

In dieser Arbeit wurden bei den GC-MS-Analysen neben einzelnen sekundären vorwiegend primäre Pflanzenmetabolite identifiziert. Das dabei beobachtete geringe Spektrum an sekundären Metaboliten kann durch die heterotrophe Kultivierung unter Lichtausschluss bedingt sein. Die allgemeine Vorstellung, dass pflanzliche in vitro Kulturen im Vergleich zu ganzen Pflanzen durch ein geringeres biosynthetisches Potential gekennzeichnet sind, wurde in dieser Arbeit nicht bestätigt. Vielmehr verändert sich das Metabolitprofil durch die abweichenden Bedingungen der Kultivierung z. B. die Belichtung sowie eine heterotrophe Ernährung. Es ist zu berücksichtigen, dass bei den in dieser Arbeit durchgeführten Metabolitanalysen keine Variation des Probenahmezeitpunktes der (in vitro) Kultur erfolgte. Somit stellen die ermittelten Metabolitmuster nur eine Momentaufnahme dar. Weiterhin eignet sich laut Hill & Roessner (2013) die GC-Trennung besonders für die Bestimmung primärer Metabolite. Für die Analyse sekundärer Pflanzenstoffe, insbesondere thermolabile und große Moleküle hingegen ist eine LC-Analyse (gekoppelt mit der MS) besser geeignet (Roessner et al. 2002; Hill & Roessner 2013). Es gibt jedoch auch zahlreiche Beispiele in der Literatur, bei denen mit Hilfe der GC-MS Analyse nicht nur primäre sondern auch sekundäre Metabolite erfasst wurden. Beispielsweise wurden in sterilen Sprosskulturen von _Haberla rhodopensis_ verschiedene Phenolsäuren (Berkov et al. 2011) sowie in Hairy Root Kulturen von _Harpagophytum procumbens_ unter anderem Carotinoide detektiert (Ludwig-Müller et al. 2008). Die Metabolitanalysen stellten die Salbeizellkultur als weitere Quelle von Ölsäure heraus.

Diese ungesättigte Fettsäure ist nicht so stark oxidationsempfindlich wie mehrfach ungesättigte Fettsäuren und daher z. B. für eine Anwendung in der Kosmetik geeignet. Der nachgewiesene Anteil an Amino- und Stickstoffkomponenten in den Salbeizellsuspensionen ist mit unter 1 % gering. Demnach eignen sich die Zellsuspensionen nur geringfügig für einen Einsatz als proteinhaltige Nahrungsergänzung.

Mit den in dieser Arbeit durchgeführten Metabolitanalysen wurden erste Erkenntnisse zur stofflichen Zusammensetzung von Salbeisuspensionskulturen im Vergleich zu ganzen Pflanzen gewonnen. Diese stellen die Grundlage für eine tiefgehende Analyse von Reaktionen der Pflanzenzellen auf z. B. Stress in der Metabolitebene dar. Allgemein ist bekannt, dass die Synthese sekundärer Pflanzenstoffe in der stationären Phase besonders ausgeprägt ist. Weitergehende Untersuchungen sollten über den Verlauf der Kultivierung erfolgen, da bei einigen, insbesondere sekundären Pflanzenstoffen eine Änderung der Konzentration im Kultivierungsverlauf bekannt ist. Zur Optimierung der Ausbeute relevanter Wirkstoffe kann die hier angewandte Metabolitanalyse dazu dienen verschiedene Szenarien wie z. B. den gezielten Einsatz von Elizitoren auf die Triterpenproduktion zu eruiren.

4.2. Bioaufarbeitung pflanzlicher Zellkuturen und Isolierung von Triterpensäuren

Am Ende des Bioprozesses liegen die als Zielprodukte angestrebten Triterpensäuren in der Kulturlösung vor. Die Auslegung der Verfahrensschritte zur Gewinnung biologischer Produkte aus Zellkulturen wird allgemein dadurch bestimmt, ob die Produkte in das Kultivierungsmedium abgegeben werden, d. h. extrazellulär vorliegen oder in den Zellen verbleiben, d. h. intrazellulär vorliegen. Haas et al. (2014) stellten heraus, dass die höchsten Produktivitäten zum Ende der stationären Phase der Zellkultur zu erwarten sind. Bei einer Ernte am Ende der stationären Wachstumsphase liegen die Triterpensäuren hauptsächlich intrazellulär vor, wie sich bei Voruntersuchungen im zellfreien Überstand von Filtraten der Suspensionskultur S. fruticosa von Faust (2013) herausstellte. Der Gehalt an OS und US im Kulturmedium betrug weniger als 1 % im Vergleich zu dem Gehalt, welcher in der abgetrennten Trockenmasse bestimmt wurde. Dieser geringe Anteil an Triterpensäuren im Medium resultiert vermutlich aus überalterten bzw. lysierten Zellen in der Suspensionskultur. Eine Aufarbeitung des Medienüberstandes der Kultivierung zur Gewinnung der Triterpensäuren ist bei derart geringem Gehalt nicht wirtschaftlich. Der Zeitpunkt der Ernte der Kultur ist für die Lokalisation der Wirkstoffe relevant. Die Ernte sollte nicht zu spät erfolgen, da bei fortgeschrittener Lyse der Zellen in der Absterbephase eine Abgabe der Zielprodukte in das Medium erfolgt. Die Zellen sollten vom Medium möglichst unversehrt abgetrennt werden, um Übergänge in das Kulturmedium sowie damit verbundene Produktverluste zu vermeiden.

4.2.1. Zellernte

Für die Abtrennung von Fragmenten pflanzlicher Zellkulturen kommen basierend auf der vorliegenden Zellgröße, wie in Abschnitt 2.5 beschrieben, die Filtration und die Zentrifugation in Betracht. Die Trennmethode sollte eine möglichst vollständige und unversehrte Abtrennung der Zellen von der Nährlösung gewährleisten. Faust (2013) wies nach, dass hinsichtlich der Abtrennung von *S. fruticosa* Zellen aus der Suspensionkultur mittels Zentrifugation im Vergleich zu filtrierten Referenzansätzen mikroskopisch keine Veränderung der Zellvitalität durch die Zentrifugalbeschleunigung auftritt. Die Leitfähigkeit des Überstandes der Zentrifugation war identisch mit den Werten, welche bei der Tuchfiltration in der Referenzprobe bestimmt wurden. Dies deutet daraufhin, dass bei beiden Verfahren keine Lyse erfolgte und folglich die Zellstruktur erhalten blieb. Der Anteil devitaler Zellen lag bei der Zentrifugation wie auch bei Referenzansätzen nach Filtration bei ca. 20 %. Dieser Wert wurde für die Salbeizellsuspensionen allgemein bei Kultivierungen nach ca. 10 d beobachtet. Die Suspensionskultur wurde ursprünglich mit 20 % Inokulum angeimpft. Vermutlich handelt es sich bei dem Anteil devitaler Zellen um die gealterten Zellen der Inokulation. Für die Zentrifugation war eine im Vergleich zur Filtration geringere Trenngüte zu verzeichnen. Der abgesetzte Zellverband war auch bei Einwirkung einer hohen Zentrifugalbeschleunigung von 8000 rcf über 15 min instabil und konnte nicht vollständig vom Medium abgetrennt werden. Da der Wassergehalt in den Zellen zum Zeitpunkt der Ernte ca. 96 % beträgt, ergibt sich ein geringer Dichteunterschied zum wässrigen Medium. Für eine gute Trennbarkeit von Stoffgemischen mittels Zentrifugation wird jedoch ein Unterschied der Dichten der zu trennenden Phasen gefordert. Die Filtration hingegen eignete sich in diesem Fall gut zur Abtrennung der Zellrückstände aus dem Kulturmedium und wurde daher in den folgenden Untersuchungen eingesetzt. Nach der Abtrennung der Salbeizellen vom Kulturmedium der Suspension und dem anschließenden Auswaschen der den Zellen anhaftenden Medienbestandteilen betrug die Feuchtmassekonzentration nach 8 bis 10 d Kultivierung ca. 250 bis 280 g_f l^{-1}. Dies entspricht einer Trockenmassekonzentration von ca. 10 g_{tr} l^{-1}.

Für die Filtration im industriellen Maßstab hat sich bereits beispielsweise der Einsatz einer Filterpresse für die Ernte von Suspensionen von *Nicotiana tabacum* BY2 (Reuter et al. 2014) sowie von *Rubus chamaemorus* (Nohynek et al. 2014) als geeignet herausgestellt.

4.2.2. Hochdruckhomogenisation

In der Literatur sind bisher nur wenige Verfahren zum Aufschluss pflanzlicher Zellen beschrieben, welche allgemein für verschiedenste sekundäre Pflanzenstoffe gültig sind und in einem industriellen Maßstab umsetzbar wären (siehe Abschnitt 2.5). Einige Anwendungen des Zellaufschlusses bei pflanzlichen Zellkulturen basieren auf der Hochdruckhomogenisation (Tabelle 9). Daher wurde in dieser Arbeit der Hochdruckzellaufschluss als potentiell geeignetes Verfahren zum mechanischen Zellaufschluss von Salbeisuspensionskulturen mit dem Ziel der Gewinnung von Triterpensäuren betrachtet. In der Literatur beschriebene Verfahren zum Hochdruckzellaufschluss pflanzlicher Zellkulturen arbeiten bei vergleichsweise geringen Drücken von < 500 bar. Voruntersuchungen von Faust (2013) zeigten, dass bei einem Druck von 300 bar kein vollständiger Aufschluss von Zellen einer *S. officinalis* Suspension vorliegt, da die Zellstruktur nicht komplett zerstört war und der Wirkstoff nur unvollständig freigesetzt wurde. Daher wurde der Aufschlussdruck für die aufzuschließende Salbeissupension im Bereich von 300 bis 1800 bar variiert und die erhaltenen Lysate wurden mikroskopisch untersucht. Dabei hat sich für die Isolierung der Triterpensäuren ein Zellaufschluss der Feuchtbiomasse mittels Hochdruckhomogenisation unter Zugabe von Ethanol als Extraktions- und Lösungsmittel als vielversprechend herausgestellt. In den mikroskopischen Aufnahmen der Abbildung 16 ist der Einfluss des Aufschlussdruckes bei der Hochdruckhomogenisation auf die Größe der Zellbruchstücke dargestellt. Mit zunehmendem Aufschlussdruck nimmt die Größe der Zellbruchstücke ab. Bei einem Aufschlussdruck von 300 bar sind noch vereinzelte, unaufgebrochene Zellstrukturen zu erkennen. Bei 1800 bar hingegen liegen die Zellen vermutlich vollständig aufgebrochen in feinen Bruchstücken vor (Faust 2013).

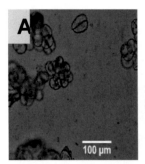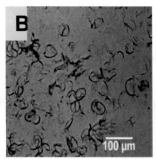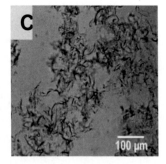

Abbildung 16 Mikroskopische Aufnahme einer hormonbasierten *S. officinalis* Suspension A - unbehandelt, nach Aufschluss in Wasser B - bei 300 bar, C - bei 1800 bar, Mikroskop: Axioskop 2 MOT (Zeiss), modifiziert nach Faust (2013)

Da die Beurteilung des Aufschlusses auf Basis mikroskopischer Bilder keinen Rückschluss auf den Grad der Wirkstofffreisetzung erlaubt, wurde in dieser Arbeit die Triterpenausbeute als messbares Kriterium für den Erfolg des Aufschlusses gewählt. Der im Lysat bestimmte Triterpengehalt wurde bei der Bestimmung der Ausbeute auf den mit Hilfe der analytischen Referenzmethode bestimmten Gehalt bezogen. Der Aufschlussdruck variierte in dieser Testreihe im Bereich von 300 bar bis zum gerätespezifischen maximalen Aufschlussdruck von 2700 bar. Die dabei erhaltenen Ergebnisse (Vgl.

Abbildung 17 A) bekräftigen die Beobachtungen der vorangegangenen mikroskopischen Untersuchung. Bei geringem Aufschlussdruck wurden vergleichsweise höhere Schwankungen in der Triterpenausbeute beobachtet. Als mögliche Ursache kommt hier in Betracht, dass die Zellen unvollständig aufgeschlossen wurden und damit die Zielprodukte unregelmäßig freigesetzt werden. Zudem liegt der geringe Druck im unteren Arbeitsbereich des Gerätes und kann daher Schwankungen in der Prozessierung hervorrufen. Die höchste Triterpenausbeute wurde ab einem Aufschlussdruck von 2100 bar erreicht. Für den maximal einstellbaren Aufschlussdruck erhöhten sich die Abweichungen der Messwerte. Als Ursache wird vermutet, dass es sich hierbei um die obere Grenze für den Arbeitsbereich des Aufschlusssystems handelt. Ab einem Druck von 2100 bar wurde mit einer Triterpenausbeute von > 100 % eine im Vergleich zur Referenzprobe vollständige Freisetzung von OS und US festgestellt. Daher wurde dieser Aufschlussdruck für die weiteren Untersuchungen übernommen.

Neben dem Aufschlussdruck wird die Wirtschaftlichkeit des Aufschlussverfahrens durch die maximale Beladung der prozessierten Probe mit Biomasse bestimmt. In einer weiteren Versuchsreihe erfolgte daher die Variation des Anteiles des Feuchtgewichtes in der ethanolischen Lösung im Bereich von 10 bis 60 % (m/V) (Abbildung 17 B). Bei einem Feuchtgewichtsanteil von > 30 % (m/V) nahm die Triterpenausbeute mit Werten < 100 % ab. Als wahrscheinlichste Ursache für die verringerte Triterpenausbeute kommt die geringe Wasserlöslichkeit der Triterpensäuren in Betracht. Die feuchten Zellen bestehen nach Analysen des Anteiles an Trockenmasse bezogen auf Feuchtmasse der geernteten Zellen zu ca. 96 % aus Wasser. Damit erhöht sich mit zunehmender Zellkonzentration der Wasseranteil in der Suspension, wodurch der Gehalt an Ethanol, dem eigentlichen Lösungsmittel für die Triterpensäuren, sinkt. Die Triterpensäuren sind nur schlecht wasserlöslich, weshalb der zunehmende Wassergehalt der Probe eine potentielle Ursache für die starke Abnahme der Triterpenausbeute bei hohen Zellkonzentrationen darstellt. Als weitere Ursache für die sinkende Triterpenausbeute könnte die mit zunehmendem Zellanteil in der Suspension steigende Viskosität in Betracht gezogen werden. Scherhag (2016) zeigte nachfolgend, dass die dynamische Viskosität der in dieser Arbeit untersuchten Zellsuspension von S. fruticosa von ca. 1 bis 1,2 mPas am Anfang auf 1,5 bis 2,2 mPas am Ende eines Kultivierungszyklus ansteigt. Die Trockenmassekonzentration im Kulturmedium liegt dabei im Bereich von 8 bis 11 g_{tr} l^{-1}. Die Viskosität der Aufschlussprobe wäre somit maximal doppelt so hoch wie bei reinem Wasser. Der zu erwartende Einfluss der Viskosität der Zellsuspension auf die Prozessierbarkeit im Hochdruckhomogenisator ist also vergleichsweise gering.

Anschließend erfolgten Versuche zur Übertragung des Aufschlussverfahrens vom one-shot Betrieb in den kontinuierlichen Betrieb. Die Aufschlussprobe wird in diesem Modus kontinuierlich aus dem Vorratsgefäß in die Probenkammer eingezogen. Der im Hochdruckhomogenisator ablaufende Prozess (Vgl. Abschnitt 3.5.2) ändert sich durch den veränderten Modus nicht. Daher wurde der im one-shot Betrieb ermittelte optimale Aufschlussdruck von 2100 bar direkt übernommen. Allerdings beeinflusst der Anteil der Feuchtmasse in der Aufschlussprobe die Prozessierbarkeit der aufzuschließenden Suspension. Unter Berücksichtigung der Ergebnisse im one-shot Modus in einer Versuchsreihe unter Variation des Anteiles an Feuchtgewicht im Bereich von 10 bis 35 % (m/V) mit einem Prozessvolumen von 20 ml (siehe Abbildung 17 C) stellte sich heraus, dass ab einem Feuchtgewichtsanteil von 35 % mit >30 % Standardabweichung eine intensive Streuung der Triterpenausbeute auftritt. Die maximal erreichten Triterpenausbeuten weichen im Vergleich zum one-shot Modus stärker von der Referenzprobe ab. Bei der Probenverarbeitung durch das Gerät wurde für diese Proben eine ungleichmäßige Entnahme der Probenlösung aus dem Vorratsgefäß beobachtet. Auch wenn der Viskositätsunterschied der höher konzentrierten Zellsuspension im Vergleich zu reinem Wasser geringfügig ist, wird ein Einfluss der Viskosität in der Aufschlussprobe auf deren Prozessierbarkeit über den Zulauf vermutet. Je dichter die zu verarbeitende Zellsuspension ist, desto schneller sinken die Zellen ab und die Suspension lässt sich nur unzureichend durchmischen. Eine zusätzliche Durchmischung der Lösung im Vorratsgefäß könnte das Absinken der Zellen bei höherer Zelldichte verhindern. Bei der anschließenden Erprobung des Ausschlussprozesses mit einer Vorlage von 100 ml Zellsuspension in Ethanol mit 25 % (m/V) wurden Ausbeuten von OS bzw. US von jeweils 106 % mit Abweichungen um 14 % (OS) bzw. 15 % (US) erreicht. Dieses Ergebnis verdeutlicht, dass unter den gewählten Bedingungen bei größeren Volumina ein vollständiger Aufschluss der Salbeizellen zur Gewinnung der Triterpensäuren möglich ist.

Allgemein wird für den Hochdruckzellaufschluss eine relativ hohe Schwankung der Triterpengehalte in der Aufschlussprobe mit relativen Standardabweichungen von z. T. über 30 % beobachtet (Abbildung 17). Die Ursache dafür wird in Fehlern bei der gravimetrischen Bestimmung des Trockengewichtes oder Probeneinwaage der Referenzprobe für die Analyse sowie auch längeren Standzeiten der feuchten Zellmasse, wobei enzymatische Abbauprozesse ausgelöst worden sein könnten, vermutet. Eine weitere Ursache kann in der Heterogenität der Probe gesehen werden. Da es sich um biologisches Material handelt, sind derartige Ausreißer möglich.

Für die analytische Bestimmung von Wirkstoffgehalten zum Vergleich verschiedener Zelllinien und Kultivierungen ist im Gegensatz zu deren Gewinnungsverfahren die Extraktion intrazellulärgebildeter Wirkstoffe aus der trockenen Biomasse von Vorteil. Die Feuchtmassekonzentration in der Zellsuspension steigt mit zunehmender Kultivierungszeit zum Ende der Kultivierung im Vergleich zur Trockenmassekonzentration stärker an. Bei zunehmendem Alter der Zellen erfolgt eine Einlagerung von Zellwasser in den Vakuolen. Dadurch ergibt sich im Verlauf der Kultivierung eine Abweichung von dem Verhältnis der Anteile von Trockenmasse zu der Feuchtmasse. Eine präzise Bestimmung der Wirkstoffgehalte für einen Vergleich unterschiedlicher Zelllinien in verschiedenen Phasen des Wachstums ist daher nur durch eine auf die Trockenmasse bezogene Angabe der Wirkstoffkonzentration möglich. Für eine wirtschaftliche Extraktion der Wirkstoffe hingegen stellen Trocknungsverfahren wegen des zusätzlichen Aufwandes an z. B. geeigneter Geräteausstattung sowie Energie ein Hindernis dar. Weiterhin erfolgt die Aufarbeitung der Wirkstoffe aus Zellmaterial, welches sich in einer für die jeweilige Zelllinie definierten Wachstumsphase befindet. Bei entsprechend genauer Charakterisierung des Wachstumsverlaufes einer Kultur sollte folglich der Anteil an Trockenmasse bezogen auf die feuchte Zellmasse vorhersagbar sein. Daher können für die Extraktion von Wirkstoffen auch Verfahren unter Aufarbeitung der feuchten Zellmasse in Betracht gezogen werden. Hierbei ist jedoch zu beachten, dass die feuchte Zellmasse vorwiegend aus Wasser besteht. Dieser Wassergehalt beeinflusst die Effizienz der Extraktion, da mit dem Wasseranteil der Zellen die Löslichkeit der Wirkstoffe verändert wird, wie sich in dieser Arbeit herausgestellt hat. Um einen Einfluss durch den im Verlauf der Kultivierung sich verändernden zellulären Wassergehalt auf die Bewertung der Aufschlussergebnisse zu minimieren, wurden für jeden Versuchsansatz Referenzwerte des Wassergehaltes bestimmt und die Proben für den Zellaufschluss aus einer homogenisierten Zellmasse entnommen. Die in dieser Arbeit untersuchten Triterpensäuren OS und US weisen in reiner Ethanollösung und in wässrig-ethanolischer Lösung bis zu einem Ethanolgehalt im Bereich von 70 bis 80 % eine gute Löslichkeit auf. Bei der Einstellung des Verhältnisses an feuchter Zellmasse zum Extraktionsmittel sollte dies berücksichtigt werden, da mit dem zunehmenden Anteil des Feuchtgewichtes in der ethanolischen Lösung der Wasseranteil der Suspension steigt. Sofern dieser Grenzwert eingehalten wird, sollte eine effiziente Extraktion dieser Triterpensäuren aus der feuchten Zellmasse möglich sein. Weiterhin hält ein Aufschluss der Zellen mit Ethanol die Triterpensäuren direkt in Lösung und vermeidet Verluste durch einen Wechsel des Lösungsmittels, da die Triterpensäuren nicht wasserlöslich sind. Bei einer Feuchtmassekonzentration > 30 % (m/V) nimmt die Triterpenausbeute ab. Albu et al. (2004) stellten ein ähnliches Phänomen für die Extraktion von Carnosinsäure aus Rosmarin mit Ethanol und Ethanol-Wassergemisch aus frischer Biomasse mittels Ultraschall vergleichend zur klassischen Extraktion aus der Trockenmasse fest. Dabei stellte sich der zusätzliche Wasseranteil in dem Extraktionsgemisch für die Isolierung der Carnosinsäure aus Rosmarin als nachteilig heraus.

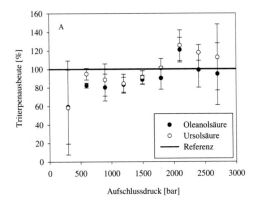

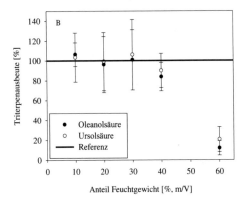

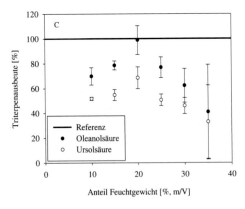

Abbildung 17 Hochdruckzellaufschluss einer hormonbasierten *S. officinalis* Suspension unter Variation A - des Aufschlussdruckes im one-shot Modus (Prozessvolumen 6 ml, Anteil Feuchtgewicht 25 % (m/V) in Ethanol); B - des Anteiles an Feuchtgewicht (m/V) in Ethanol (Prozessvolumen 6 ml (n = 3), 2100 bar sowie C - einer *S. fruticosa* Suspension im kontinuierlichen Modus unter Variation des Anteiles an Feuchtgewicht (m/V) in Ethanol (Prozessvolumen 20 ml (n = 2), 2100 bar; Daten aus Faust (2013) um eigene Messwerte ergänzt

4.2.3. Mazeration

Als Alternative zum mechanischen Zellaufschluss mittels Hochdruck wurde der chemische Zellaufschluss mit Hilfe der Mazeration der feuchten Zellbiomasse in Ethanol untersucht. Die mikroskopischen Aufnahmen in Abbildung 18 verdeutlichen, dass die Zellen bei einer Exposition über 5 h mit Ethanol lysieren. Die Zellwandstruktur in Abbildung 18 B ist stellenweise aufgebrochen und Zellbruchstücke liegen vor. Ethanol ist durch seine hydrophile (OH-Funktion) und gleichzeitig hydrophobe (C-Kette) Struktur der Zellmembran ähnlich und löst daher die geordnete Struktur der Pflanzenzellmembran auf. Reiner Ethanol bewirkt jedoch keine Quellung und trägt vorzugsweise zur Stabilisierung des Wirkstoffes bei Fahr & Voigt (2015). Eine Zugabe von Wasser, wie beispielsweise in 70 %iger (V/V) Lösung, hat nicht nur einen osmotischen Effekt, sondern verstärkt auch den Zellwandaufschluss, da Wassermoleküle Zucker aus der Zellwand herauslösen (Fahr & Voigt 2015) und somit die Struktur der Zellwand auflösen.

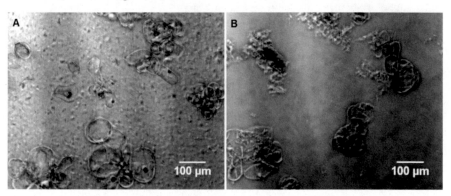

Abbildung 18 Zellsuspension von *S. fruticosa* hormonbasiert
A -unbehandelt und B -nach 5 h Behandlung mit Ethanol, Kultivierungsparameter
siehe 3.2.3, Mikroskop Axioskop MOT (Zeiss) Hell-Feld

Wie bereits für die Hochdruckhomogenisation beschrieben, hat auch bei der Mazeration die maximale Beladung der Extraktionslösung mit feuchter Zellmasse einen Einfluss auf die Wirtschaftlichkeit des Verfahrens. Um die optimale Zellkonzentration in der Lösung zu bestimmen, wurden im Maßstab von 10 ml Zellsuspension Mazerationen mit einer Feuchtmassekonzentration im Bereich von 10 bis 60 % (m/V) durchgeführt (Abbildung 19 A). Das Verfahren ist bis zu einem Feuchtgewichtanteil von 40 % (m/V) in Ethanol geeignet, um mit über 100 % eine vollständige Freisetzung der Wirkstoffe zu garantieren. Bei einem Feuchtgewichtanteil von 50 % (m/V) lag die Ausbeute im Mittel für OS bei 101 bzw. für US bei 83 %. In einem Ansatz mit Feuchtgewichtanteil von 60 % (m/V) war die Ausbeute für OS auf 14 bzw. für US auf 4 % gesunken. Diese Abnahme der Triterpenausbeute mit steigender Feuchtmassekonzentration in der Vorlage wurde bereits für den Hochdruckzellaufschluss im one-shot Betrieb beobachtet. Eine potentielle Ursache dafür stellt die verringerte Löslichkeit der Zielkomponenten mit dem zunehmenden Wasseranteil in der Suspension dar, welcher aus der steigenden Feuchtmassekonzentration resultiert.

Um die erforderliche Mindesteinwirkzeit des Ethanols zur vollständigen Auslaugung der Zellen und Lösung der OS und US zu bestimmen, wurde die Expositionszeit im Bereich von 2,5 min bis zu 24 h variiert (Abbildung 19 B). Bei einer Einwirkzeit von 2,5 min wurden schon über 80 % der Triterpensäuren in das Extraktionsmedium abgegeben. Bereits nach 30 min wurde mit einer Triterpenausbeute 96 % für OS und 97 % für US eine nahezu vollständige Freisetzung der Triterpensäuren festgestellt. Die Versuchsansätze mit einer Einwirkzeit von > 5 h wurden mit einer neuen Charge von Zellmaterial präpariert. Da dieses Zellmaterial bei der Ernte vermutlich unzureichend homogenisiert wurde, führte dies zu abweichenden Triterpengehalten. Dieser Sachverhalt stellt eine potentielle Ursache für die größeren Standardabweichungen ab einer Einwirkzeit von 5 h im Vergleich zu den Versuchsansätzen unterhalb von 5 h Einwirkzeit dar. Weiterhin wurde für die Versuchsansätze nach 5 h ein von den Ansätzen < 5 h abweichendes Verhältnis von OS zu US beobachtet. Die gewonnenen zellfreien Lösungen zeigten auch nach 24 h keine Änderung der Wirkstoffkonzentration im Überstand und können daher auch bei längerer Standzeit als stabil betrachtet werden.

In den Versuchen erwies sich die Abtrennung der Zellrückstände vom Extraktionsmittel mit Hilfe der Zentrifugation als problematisch, da sich kein festes Zellpellet absetzte und somit keine vollständige Gewinnung des Überstandes möglich war. Das gewonnene geringe Volumen an zellfreiem Überstand reichte jedoch für die analytische Bestimmung der Triterpensäurekonzentration mittels HPLC-UV aus. Bei der Maßstabsvergrößerung wurde für die Abtrennung der Zellen aus der Mazerationslösung daher die Filtration mittels Filterpresse angewandt, welche bereits zur Ernte der Zellen aus der Suspensionskultur genutzt wurde.

Die Schwankungen der Messwerte der Einzelbestimmungen resultieren vermutlich insbesondere aus der Heterogenität des Probenmaterials, wie sich auch bei dem Hochdruckzellaufschluss zeigte. Auch wenn bei der Probenvorbereitung intensiv auf einen möglichst gleichmäßigen Feuchtegehalt des geernteten Zellmaterials sowie eine repräsentative Probenahme geachtet wurden, kann kein einheitlicher Anteil an Zellen in den Einzelproben garantiert werden.

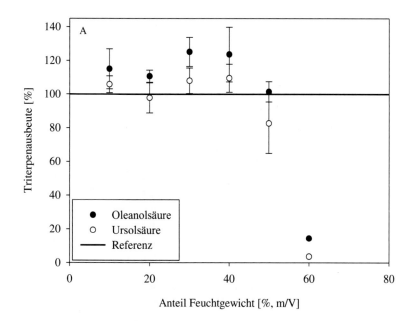

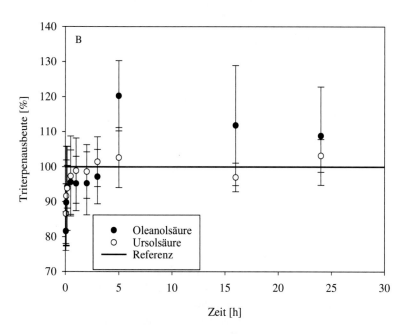

Abbildung 19 Mazeration einer hormonbasierten *S. fruticosa* Suspension A - über 24 h unter Variation des Anteiles an Feuchtgewicht (m/V) in Ethanol (Prozessvolumen 10 ml) (n = 3) und B - mit 20 % (m/V) Anteil Feuchtgewicht in Ethanol unter Variation der Einwirkzeit (Prozessvolumen 10 ml) (n = 3)

4.2.4. Maßstabsvergrößerung der Mazeration

Das Verfahren zur Extraktion der Triterpensäuren mittels Mazeration wurde von den Versuchsansätzen mit einem Volumen von 10 ml (Vgl. 4.2.3) auf die Aufarbeitung von Zellmaterial aus Bioreaktorkulturen übertragen. Die Ermittlung der Anzahl erforderlicher Extraktionsstufen für ein effizientes Verfahren erfolgte mit einer *S. fruticosa* Suspension von der Kultivierung in einer 2 l Blasensäule mit einem Arbeitsvolumen von 1,6 l (siehe Tabelle 30). Bereits nach einer ersten Extraktion bei einem Feuchtgewichtanteil von 30 % (m/V) in Ethanol wurde über die Hälfte des Triterpensäureanteiles aus der Zellmasse herausgelöst. Mit dem zweiten Extraktionsschritt lag die Ausbeute an Triterpenen bei knapp drei Viertel der Ausgangsmenge bezogen auf die Referenzprobe. Durch einen weiteren Extraktionsschritt wurde eine Ausbeute von ca. 80 % erreicht. Der Trend der Ausbeuten über die drei Extraktionsstufen zeigt, dass ein zusätzlicher vierter Extraktionsschritt unter Berücksichtigung des zusätzlichen technischen Aufwandes durch die weitere Verdünnung keinen signifikanten Einfluss auf die Gesamtausbeute ausüben sollte. Daher wurde die Extraktion in Folgeversuchen in drei Schritten ausgeführt um die Zielprodukte OS und US möglichst vollständig aus dem Zellmaterial zu gewinnen.

Tabelle 30 Ausbeute der 3-fach Extraktion einer hormonbasierten
***S. fruticosa* Suspensionskultur im 1,6 l-Maßstab**

Extraktionsschritt		Ausbeute [%]
1	OS	55
	US	57
2	OS	16
	US	17
3	OS	3
	US	4
Extraktgemisch	OS	79
	US	80

Die finale Triterpenausbeute im Extraktgemisch ist ca. 20 % geringer, als nach der Analyse der Referenzprobe aus der Bioreaktorkultur erwartet wurde. Dies kann dadurch verursacht worden sein, dass die Aufarbeitung des Zellmaterials in der Referenzprobe von dem Verfahren bei dem geernteten Zellmaterial aus der Bioreaktorkultur abweicht. Bei der Berechnung der Ausbeute hat, wie zuvor beschrieben, der Anteil der Trockenmasse bezogen auf die Feuchtmasse einen entscheidenden Einfluss, da die Aufarbeitung der Bioreaktorkultur aus der Feuchtmasse erfolgt. Bei der Referenzprobe hingegen wird der Triterpengehalt aus dem getrockneten Material bestimmt, wobei hier auch das Verfahren zur Abtrennung der Zellen aus der Lösung abweicht. Bei Einsatz der Filterpresse für die Bioreaktorkultur ist von einer intensiveren Entwässerung der Zellen im Vergleich zur Filtration durch Mullvlies auszugehen, welche bei der Referenzprobe vorgenommen wird. Eine ähnliche Beobachtung machten Nohynek u. a. (2014) bereits bei der Filtration einer Zellsuspension von *Rubus chamaemorus* durch eine Filterpresse im Vergleich zur Verwendung eines Büchnertrichters.

Das dreistufige Extraktionsverfahren durch Mazeration wurde auf vier verschiedene Chargen von Zellmaterial aus Bioreaktorkultivierungen angewandt. Diese Chargen unterscheiden sich sowohl in dem verwendeten Kulturvolumen von 1,6 bzw. 3,2 l, in ihrer finalen Trockenmassekonzentration und dem Gehalt an Triterpensäuren (siehe Tabelle 31).

Tabelle 31 Triterpenextraktion aus Bioreaktorkulturen einer hormonbasierten *S. fruticosa* Suspension

Parameter		Versuch 1	Versuch 2	Versuch 3	Versuch 4
Trockenmasse [g]		5,4	12,2	25,4	61,2
Kulturvolumen [l]		1,6		3,2	
Triterpenmenge - soll[1] [mg]	OS	5	17	92	203
	US	14	39	183	305
Triterpenmenge - ist[2] [mg]	OS	5	13	65	182
	US	11	31	117	303
Ausbeute [%]	OS	88	79	70	90
	US	84	80	64	99

[1] bestimmt aus Referenzanalyse der Trockenmasse

[2] bestimmt durch direkte Analyse des gewonnenen Extraktes

Die Ausbeute der Extraktion beträgt im Mittel für OS 82 ± 9 % und für US 82 ± 14 %. Dieses Ergebnis ist zufriedenstellend und verdeutlicht, dass die Methode der Mazeration gut geeignet ist um die Triterpensäuren in verschiedenen Kulturansätzen aus der Zellmasse zu extrahieren. Da die Extraktion direkt aus der feuchten Zellmasse erfolgt, wird eine aufwendige Trocknung des Materials gespart. Dies trägt wesentlich zu einer Vereinfachung der Prozessschritte zur Isolierung von Triterpensäuren aus der Salbeizellkultur bei, erfordert jedoch eine zeitnahe Aufarbeitung der Zellbiomasse. Falls die zügige Aufarbeitung der geernteten Zellen nicht möglich ist, bietet sich eine Lagerung des Materials bei −20 °C an, was jedoch einen höheren Aufwand darstellt.

Weiterhin zeichnet sich die Mazeration im Vergleich zur z. B. Hochdruckhomogenisation durch einen äußerst geringen Energieverbrauch aus (Tabelle 32). Dies schont die Umwelt und trägt somit zu einem nachhaltigen Verfahren zur Gewinnung und Isolierung der Triterpensäuren aus Pflanzenzellkulturen bei.

Im analytischen Bereich der Extraktion von Triterpensäuren aus Pflanzenmaterial werden der Mazeration zumeist ein hoher Zeitbedarf sowie eine im Vergleich zu modernen Techniken, wie der Ultraschall- oder Mikrowellenextraktion, geringere Effizienz zugesprochen. Beispielsweise wurden für die Aufarbeitung von *Lamii albi flos* über 30 h nur ca. 24 % für OS bzw. 35 % für US in Bezug auf die effizientere Mikrowellenextraktion erreicht (Wójciak-Kosior et al. 2013). In dieser Arbeit hingegen konnte gezeigt werden, dass die Mazeration von Triterpensäuren aus der frischen Zellmasse eine durch den geringen laborativen Aufwand sehr einfach und mit Ausbeuten >80 % effiziente Technik darstellt.

Mit Hinblick auf das Scale up zeichnet sich die Mazeration gegenüber dem Hochdruckzellaufschluss durch einen geringen apparativen Aufwand und damit verbundenen geringen Investitionskosten aus. Zudem ist dieses Verfahren bis zu einem Arbeitsvolumen von 6000 l skalierbar (Kassing et al. 2010). Es eignet sich daher besonders für die Bereitung von ethanolischen Wirkstoffextrakten mit pharmazeutischer Anwendung. Im Vergleich zu der Aufarbeitung von pflanzlichem Material mittels Mazeration besteht bei der Aufarbeitung dieser Salbeisupension ein enormer Vorteil in der geringen erforderlichen Einwirkzeit. Für pflanzliches Material variiert die erforderliche Einwirkzeit bei Mazerationsverfahren sehr stark (Tabelle 8). Die Extraktionszeit bei dieser Salbeisuspension wird vermutlich durch die vergleichsweise hohe Homogenität des Ausgangsmateriales in der Zellsuspension positiv beeinflusst und verkürzt. Generell hängt die erforderliche Einwirkzeit sehr stark vom Grad der Differenzierung ab: Für Blätter von *G. sylvestre* (Mandal & Mandal 2010) und Blüten von *Punica granatum* (Fu et al. 2014) erfolgte die Mazeration über 2 d, bei Apfelschalen hingegen werden Zeitfenster von bis zu 30 d angegeben (Siani et al. 2014).

Im Vergleich zu Wasser als Extraktionsmittel, bewirkt Ethanol eine Quellung der Zellmembran und erleichtert somit das Herauslösen der angestrebten Wirkstoffe. Daneben trägt es auch zur Stabilisierung des Wirkstoffextraktes bei, da Proteine und folglich auch Enzyme durch den Ethanolgehalt inaktiviert werden. Für die Extraktion der Triterpensäuren aus den Pflanzenzellen wurde in dieser Arbeit einzig Ethanol als Lösungsmittel betrachtet, da Ethanol in die Reihe der Bio-Lösungsmitteln nach Chemat et al.(2012) gehört und sich zur Extraktion von Triterpensäuren eignet (Gbaguidi et al. 2005).

Tabelle 32 Gegenüberstellung in dieser Arbeit untersuchter Zellaufschlussverfahren

Parameter	Hochdruckzellaufschluss	Mazeration
Triterpenausbeute	hoch: min. 100 % für 6 ml Ansatz	hoch: min. 100 % für 10 ml Ansatz
Energieverbrauch, Arbeitsaufwand und Kosten	hoch: - Geräteausstattung, - qualifiziertes Personal - Betriebskosten etc.	gering: - bei direkter Verarbeitung - einfache Umsetzung in geschlossenem Gefäß mit ggf. Vorrichtung zur Durchmischung - geringe Betriebskosten
Zeitbedarf	min bis h	ca. h
Skalierbarkeit	bis 8000 l h^{-1} (Kampen 2006)	bis zu 6000 l (Kassing et al. 2010)

4.2.5. Chromatographische Aufarbeitung

Die Effizienz des Trennprozesses zur Isolierung der Triterpensäuren wird durch eine geringe Löslichkeit von OS und US in umweltfreundlichen Lösungsmitteln, die Penetrationseigenschaften des Lösungsmittels in die Zellmatrix sowie die Koextraktion von Nebenbestandteilen und daher die Selektivität des Extraktionsmittels erschwert (Siani et al. 2014). Zur gezielten Isolierung der reinen Wirkstoffe aus dem Rohextrakt eignet sich die präparative HPLC. Diese Technik findet beispielsweise weit verbreitet Anwendung bei der Naturstoffisolierung zur Gewinnung von Standardsubstanzen. In dieser Arbeit erfolgte der Transfer der Methode für die analytische Bestimmung der Gehalte an Triterpensäuren mittels HPLC in den semi-präparativen Maßstab. Dabei wurde als Probenmatrix ein Standardgemisch aus OS und US namens Ursolat verwendet. Um eine möglichst hohe Ausbeute durch Überladung der Säule zu erzielen, wurden die Konzentrations- und Volumenüberladung untersucht. Die Versuche zur Konzentrationsüberladung zeigten, dass aufgrund der geringen Löslichkeit der Triterpensäuren maximal eine Konzentration von 10 mg l^{-1} Ursolat injiziert werden kann. Ab einer Konzentration von 10 mg l^{-1} Ursolat kommt es zu einer Rekristallisation der Triterpensäuren in der Messprobe, womit diese nicht mehr prozessiert werden kann. In der Literatur wurde für Ursolat (Boehringer) eine Löslichkeit von 16,8 mg ml^{-1} angegeben (Schneider et al. 2009). Hinsichtlich der Volumenüberladung sollte das Injektionsvolumen 125 µl nicht überschreiten. Ab diesem Volumen wird die Trennung beider Triterpensäuren stark verschlechtert. Entsprechend dieser Grenzwerte zur Konzentrations- und Volumenbeladung können mit einem HPLC-Lauf 1,25 mg Ursolat aufgetrennt werden. In der semi-präparativen HPLC isolierte Substanzmengen liegen üblicherweise im Bereich von 0,1 bis 10 mg (Heilmann 2010). Durch eine Erhöhung des Säulendurchmessers steigt der Skalierungsfaktor, somit kann die applizierbare Probenmenge gesteigert werden. Bei Trennproblemen mit geringer Trennbarkeit, wie es bei den Triterpensäuren mit einem Trennfaktor α von ca. 1 der Fall ist, sind die Möglichkeiten zur Überladung der Säule stark eingeschränkt. In solchen Fällen kann die Wirtschaftlichkeit des Trennverfahrens durch Rezyklieren, d.h. erneute Injektion der nicht getrennten Fraktion, erhöht werden.

Zusammenfassend zeigte sich in dieser Arbeit, dass mit Hilfe von Filtrationsverfahren eine schonende Abtrennung der Zellen vom Mediumüberstand möglich ist. Zum Zellaufschluss im Labormaßstab sind sowohl die Hochdruckhomogenisation als auch die Mazeration der Frischmasse in Ethanol mit Konzentrationen von 10 bis max. ca. 40 % (m/V) geeignet. Unter diesen Bedingungen wurden Ausbeuten von über 80 % für beide Triterpensäuren erzielt. Nach dem Zellaufschluss und der Extraktion kann die Abtrennung der Zellbruchstücke aus dem Rohextrakt ebenfalls mittels Filtration vorgenommen werden. Die so bereiteten Wirkstofflösungen können entsprechend der Anforderungen für die Anwendungsverfahren weiter aufkonzentriert und beispielsweise mittels präparativer Flüssigchromatographie aufgereinigt werden. Bei der Übertragung der analytischen Methode zur Trennung von OS und US mittels HPLC in den semipräparativen Maßstab wurden akzeptable Werte für die Konzentrations- und Volumenüberladung erzielt.

4.3. Kryokonservierung von Salbeizellsuspensionen

4.3.1. Charakterisierung einer hormonbasierten Salbeisuspensionskultur

Eine unbehandelte Kontrollkultur wurde hinsichtlich ihrer Atmungsaktivität, ihres Wachstums und ihrer Triterpenproduktivität charakterisiert (Tabelle 33 und Abbildung 20). Basierend darauf sollten durch eine Behandlung bewirkte Änderungen der charakteristischen Merkmale der untersuchten hormonbasierten Suspensionskultur von S. fruticosa identifiziert werden. Die dabei bestimmten Eigenschaften weisen eine gute Übereinstimmung mit bereits zu dieser Zellkultur veröffentlichten Daten (Haas et al. 2014) auf.

Der in eigenen Untersuchungen beobachtete OTR-Verlauf ist beispielhaft in Abbildung 20 dargestellt. Die untersuchte Suspensionskultur weist von der Inokulation bis wenige Stunden später (<1 d) eine relativ kurze Anpassungsphase auf. Dies zeigt sich dadurch, dass die OTR bereits nach ca. einem halben Tag stetig, nahezu linear ansteigt. Die kurze Anpassungsphase lässt sich damit begründen, dass die Vorkultur unter identischen Bedingungen erfolgte und somit keine Anpassung der Zellen an eine neue Kultivierungsumgebung erforderlich war. Die Phase des Wachstums hält bei der betrachteten S. fruticosa Suspensionskultur in Abhängigkeit von dem Ausgangszustand des Inokulums bis zum Kultivierungstag 4 oder 5 an. Ab dem 4. bis ca. den 11. Tag der Kultivierung verläuft die OTR nahezu plateauförmig und indiziert ein limitiertes Wachstum. Die Absterbephase zeigte sich bei der S. fruticosa Suspensionskultur ab ca. dem 10. oder 12. Kultivierungstag durch einen intensiven Abfall der OTR an. Die maximale spezifische Wachstumsrate μ_{max} für diese Kultur im Bereich von 0,2 bis 0,3 d^{-1} stimmt mit den Angaben in vorangegangenen Untersuchungen von Haas et al. (2014) überein. Ebenso stimmten die in dieser Arbeit erhobenen Daten hinsichtlich des Verlaufes und der Intensität der OTR mit den Angaben von Haas et al. (2014) überein. Haas et al. (2014) beobachteten einen nahezu exponentiellen Anstieg der OTR für die in dieser Arbeit untersuchte S. fruticosa Suspensionskultur. Im Anschluss daran blieb die OTR im Bereich der maximalen OTR für einen längeren Zeitraum nahezu konstant. Ein plateauförmiger Verfauf der OTR indiziert nach Wewetzer et al. (2015) eine Limitation an Sauerstoff in der Kultur. Ursachen für einen Sauerstoffmangel liegen z. B. in zu hohen Füllvolumina der Kulturgefäße und niedrigen Schüttelfrequenzen (Wewetzer et al. 2015). Die Limitation in der hormonbasierten S. fruticosa Suspensionskultur scheint laut Haas et al. (2014) nicht durch Sauerstoffmangel verursacht worden zu sein. Da die Probenahme bei den hier beschriebenen Untersuchungen nur jeweils zu Beginn und dem Endpunkt der Kultivierung erfolgte und somit keine Daten zur Biomassekonzentration am Zeitpunkt der maximalen OTR vorliegen, ist keine Angabe eines Wertes für die spezifische OTR_{max} möglich. Bedingt durch den zu Haas et al. (2014) ähnlichen Verlauf der OTR ist von einer geringfügigen Abweichung des dort angegebenen Bereiches für die spezifische OTR_{max} von 0,17 bis 0,38 mmol $(l \cdot d)^{-1}$ auszugehen. Vorangegangene Untersuchungen haben gezeigt, dass zum Beginn der Abnahme der OTR in der stationären Phase der Kultivierung sowohl die maximale Konzentration der Biomasse als auch die maximalen Triterpenkonzentrationen zu erwarten sind (Haas et al. 2014). Daher wurde die Kultivierung der Salbeizellen bei signifikanter Abnahme der OTR beendet. Die angestrebten Triterpensäuren liegen in der *S. fruticosa* Suspensionskultur im Verhältnis von ca. 1:2 für OS:US vor.

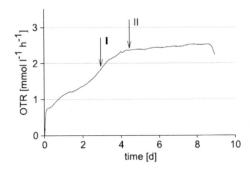

Abbildung 20 Charakteristischer Verlauf der OTR einer unbehandelten hormonbasierten *S. fruticosa* Zellsuspension; Pfeile kennzeichnen die Zeitpunkte des stetig ansteigenden OTR (I) und eines plateauförmigen OTR (II) (Kümmritz et al. 2016), Kultivierung in LS-Medium mit 30 g l⁻¹ Saccharose und 0,2 mg ml⁻¹ 2,4-D, 26 °C, 110 rpm, dunkel

Tabelle 33 Charakteristische Merkmale zum Wachstum und der Triterpensäureproduktion einer hormonbasierten *S. fruticosa* Suspensionskultur ergänzt nach Kümmritz et al. (2016), Kultivierung in LS-Medium mit 30 g l⁻¹ Saccharose und 0,2 mg ml⁻¹ 2,4-D, 26 °C, 110 rpm, dunkel

Parameter	Einheit	Wert bzw. Bereich	
Anpassungsphase	[d]	meist <1	
Anstieg OTR	[d]	annähernd linear, bis ca. 4 bis 5	
μ_{max}	[d⁻¹]	0,2 bis 0,3	
OTR$_{max}$	[mmol (l·h)⁻¹]	ca. 2,5	
OTR-Plateauphase	[d]	ca. 4 bis 11	
Abfall OTR	[d]	ab ca. 9 bis 11	
Ende der Kultivierung bzw. Ernte	[d]	10 bis 12	
Maximale Konzentration BM$_{tr}$	[g l⁻¹]	10,0 ± 0,8	
Biomasseproduktivität	[mg (l·d)⁻¹]	ca. 0,7	
Änderung Leitfähigkeit $\Delta LF_{Start \searrow Ende}$	[mS cm⁻¹]	4,86 ± 0,04 (Start)→ 2,42 ± 0,01 (Ende)	
ΔLF/Tag	[(mS cm⁻¹) d⁻¹]	0,27	
Triterpengehalt	[mg g$_{tr}$⁻¹]	OS: 2,4 ± 0,4	US: 4,5 ± 0,9
Volumetrischer Produktertrag	[mg l⁻¹]	OS: 23,5 ± 3,5	US: 45,5 ± 9,3
Triterpenproduktivität	[mg (l·d)⁻¹]	OS: 1,9 ± 0,4	US: 3,5 ± 1,2

4.3.2. Einfrierung und Regeneration

Am Beispiel von hormonbasierten Suspensionskulturen von *S. officinalis* und *S. fruticosa* wurden in Vorarbeiten (Bugge (2012), Song (2012) und Oehmichen (2013)) verschiedene Verfahren zur Kryokonservierung pflanzlicher Zellkulturen getestet. Die dabei gewonnenen Erkenntnisse stellen die Grundlage für die in dieser Arbeit angewandte Technik dar. In diesen Vorarbeiten wurden für verschiedene Untersuchungsansätze hinsichtlich der Zusammensetzung der Behandlungslösungen sowie auch der Technik zum Einfrieren nach dem Auftauen keine viablen Zellen erhalten.

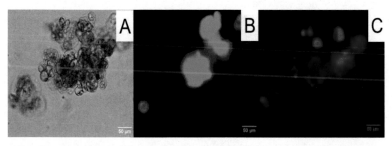

Abbildung 21 Hormonbasierte *S. fruticosa* Zellen mit A - Hell-Feld und nach B - Fluoreszeindiacetat- oder C - Propidiumiodid-Färbung mit Fluoreszenz-Mikroskop Axioskop, Zeiss betrachtet (Maßstabsbalken = 50 μm), Kultivierung in LS-Medium mit 30 g l^{-1} Saccharose und 0,2 mg ml^{-1} 2,4-D, 26 °C, 110 rpm, dunkel

In dieser Arbeit zeigte sich für Zellkulturen, welche mehrere kurze Kultivierungszyklen über 3 bis 5 d in dem Standardmedium für den Erhalt der Suspensionskultur ohne Zusätze durchliefen, nach dem Auftauen der Zellen ein positiver Nachweis der Viabilität mittels FDA. Durch eine verkürzte Vorkultur werden die Pflanzenzellen vermutlich in der Phase des linearen bzw. exponentiellen Wachstums gehalten. Diese Art der Vorkultur hat sich bei Menges und Murray (2004) als geeignet herausgestellt. Dort erfolgte die Subkultur für eine *Arabidopsis thaliana* Suspension alle 7 d bis zur stationären Phase. Für die erfolgreiche Kryokonservierung wurden die Zellen danach 3 d mit frischem Nährmedium behandelt und anschließend 2 d mit 0,5 M Sorbitol osmotisch vorbehandelt. Garrison (2010) beschreibt Kurz-Zyklus-Konditionen mit einer Ernte der Zellen in der errechneten Hälfte der Dauer der exponentiellen Phase und anschließender Verdünnung der Zellen mit frischem Nährmedium als eine geeignete Methode zur Vorkultur pflanzlicher Zellen mit dem Ziel einer erfolgreichen Kryokonservierung. 1 bis 20 Subkultivierungszyklen, bevorzugt 3 bis 6, können als Vorkultur für die Kryokonservierung genutzt werden. Ebenso beschreibt ein Patent von Ainley et al. (2005) die mehrfache Vorkultur von Pflanzenzellen bis zur mittleren Wachstumsphase mit 1 bis 10 Zyklen als vorteilhaft. Jedoch wurde bei Ainley et al. (2005) sowie auch Menges und Murray (2004) ein Kryomedium, welches DMSO enthält, verwendet. Die Verwendung von DMSO bzw. Ethylenglycol als Kryoprotektiva ist aufgrund der cytotoxischen und gesundheitsgefährdenden Eigenschaften unvorteilhaft und führte bei der *S. officinalis* Suspensionskultur zu sehr geringen Viabilitäten. Diese Intensität der Viabilität der behandelten Zellen war für ein erneutes Wachstum nach dem Auftauen nicht ausreichend (Bugge 2012). Die Behandlungschritte wiesen zudem zum Teil schädigende Wirkungen auf die Pflanzenzellen auf (Oehmichen 2013). DMSO bewirkt eine im Vergleich zu

Glycerol größere pH-Wert Änderung (Oehmichen 2013) und ist aufgrund seiner Toxizität für die besonders empfindlichen Pflanzenzellen nur bedingt geeignet. Der Einsatz von DMSO als Kryoprotektivum erfordert daher eine sichere Handhabung und genaue Einhaltung der Vorgaben zur Temperatur und Einwirkzeit. Um Einbußen in der Zellviabilität, welche auf die Toxizität der Kryoprotektiva zurückzuführen sind, zu verhindern, wurden DMSO und Ethylenglycol für die weitere Untersuchung zur Kryokonservierung der *S. fruticosa* Suspensionskultur nicht in Betracht gezogen.

Hinsichtlich der Biomassekonzentration in dem Ansatz zur Kryokonservierung stellte sich in dieser Arbeit ein sedimentiertes Zellvolumen von 60 % (V/V) als geeignet heraus. Diese Zelldichte war erforderlich, um den Verlust an vitalen Zellen über die verschiedenen Behandlungsschritte hinweg auszugleichen und eine für ein Hochwachsen der Zellen ausreichende Zelldichte zu gewährleisten.

Basierend auf den Ergebnissen der Voruntersuchungen an einer *S. officinalis* Suspensionskultur (Bugge 2012; Song 2012; Oehmichen 2013) wurde die Zwei-Schritt-Methode, d. h. langsame Einfrierung, für eine eingehende Untersuchung der Kryokonservierung mit der *S. fruticosa* Suspensionskultur ausgewählt. Bei eigenen Untersuchungen stellte sich heraus, dass die Zellen im Anschluss an die Kryokonservierung sehr schonend behandelt werden mussten. Dabei war es besonders wichtig, dass beim Auftauen ein Eiskristall im Kryovial verblieb, bevor die Probe dem Wasserbad entnommen wurde. Wenn dieser Eiskristall im Wasserbad zu schnell aufgelöst wird, ist vermutlich die Temperatureinwirkung auf die Zellen zu stark, so dass die Zellmembran geschädigt wird. Um dies zu vermeiden hat sich ein nach dem Antauen im Wasserbad anschließendes vollständiges Auftauen bei Raumtemperatur an der Luft als geeignet herausgestellt. Da die Raumtemperatur in den nichtklimatisierten Laborräumen saisonale Schwankungen aufweist und wie erwähnt ein zügiges Antauen die Zellviabilität nach der Kryokonservierung fördert, wurde der erste Schritt der Tauphase stets in einem temperierten Wasserbad vorgenommen. Ein ähnlicher Ansatz wird auch bei Reed (2008) erwähnt. Eine parallele Behandlung mehrerer Kryovials gleichzeitig ist in diesem Fall nicht sinnvoll. Durch eine vermutlich unzureichende Durchmischung bzw. ungleiche Temperaturverteilung oder osmotische Effekte wurde bei geschachtelter Arbeitsweise in der anschließenden Zellfärbung für diese Ansätze ein Verlust der Zellviabilität beobachtet. Um ein schnelles Auftauen zu ermöglichen und gleichzeitig möglichst geringfügig von der für die Suspensionskultur optimierte Kultivierungstemperatur von 26 °C abzuweichen, wurde das Wasserbad auf 30 °C temperiert. Eine Überhitzung der Proben sollte unter Berücksichtigung der optimalen Temperaturen für die Kultivierung der Pflanzenzellen vermieden werden.

In Bezug auf die Beurteilung des Erfolges der Kryokonservierung ermöglichte die Zellfärbung mit FDA und PI (siehe Abbildung 21) nur ein Abschätzen der Viabilität der Zellen. Häufig erschienen die Zellen direkt nach der Kryokonservierung viabel. Jedoch blieb bei einer Rekultivierung in vielen Fällen das Zellwachstum aus und die Zellen blichen aus. Im Gegensatz dazu erschienen erfolgreich wachsende Zellen gelb und zeigten eine sichtbare Zunahme an Biomasse. Die Ursache für diese Diskrepanz könnte darin liegen, dass die Zellen zwar durch die Kryokonservierung geschädigt wurden, aber die für die FDA-Färbung verantwortlichen Esterasen noch aktiv waren. Ein ähnliches Phänomen wurde bei der Vitalfärbung von Sprosskulturen mit dem Tetrazoliumchlorid-Farbstoff beobachtet (Kadolsky 2007), wobei die ausbleibende Regeneration u. a. auf eine unerwartet längere Aktivität der Reduktasen zurückgeführt wurde. Eine weitere Schlussfolgerung von Kadolsky (2007) bestand darin, dass Experimente zur Kryokonservierung von Pflanzenzellen erst nach erfolgreicher Regeneration von Pflanzen abschließend beurteilt werden sollten. Daher wurde im vorliegenden Fall eine Regenerationsfähigkeit der kryokonservierten hormonbasierten Suspensionskultur von *S. fruticosa* auf Festmedium untersucht.

Ein Auswaschen der Zellen mit frischem Nährmedium nach dem Auftauen zur Entfernung der Rückstände von Kryoprotektiva sowie eine zügige Vermehrung der konservierten Zellen in Flüssigmedium direkt nach dem Auftauen wirkten sich für Suspensionen von *S. officinalis* sowie *S. fruticosa* negativ auf die Zellviabilität, bestimmt mittels FDA/PI-Färbung (vgl. Bugge (2012)) aus. Dieses Phänomen wurde bereits in der Literatur beschrieben (Chen et al. 1984). Als mögliche Ursache werden der osmotische Effekt sowie der damit verbundene Stress auf die Zellen in Betracht gezogen. Durch die starke Beanspruchung der Zellen über den Behandlungszeitraum sind diese sehr sensibel gegenüber Belastungen durch z. B. osmotischen Stress, welcher durch den schnellen Übergang und die hohe Konzentration gelöster Nährstoffe ausgelöst wird. Daher wurden die Zellen in Folgeversuchen auf zweilagigem getrocknetem Filterpapier auf festem Nährmedium rekultiviert. Die Trennung der Zellen vom Medium durch einen Filter erleichtert zudem die Bestimmung des Biomassezuwachses sowie auch das Abfließen der verbleibenden Kryoprotektiva. Durch das Filterpapier werden verbleibende Kryoprotektiva aufgesaugt und dabei deren Konzentration und deren schädigende Wirkung auf die Pflanzenzellen verringert. Langsame Diffusionsprozesse durch einen Filter sind hier förderlich. Die Kultivierung auf festem Nährmedium ist schonend für die durch die Behandlung beanspruchten Zellen. Dies hat sich bereits auch für andere Pflanzenzellkulturen als geeignet herausgestellt (Reed 2008).

4.3.3. Analyse regenerierter Suspensionskulturen

Bei einer Kryokonservierung in reinem Nährmedium ohne Kryoprotektiva wurde keine Zellviabilität festgestellt und daher wurde das Wachstum dieser Zellen nicht weiter untersucht. Für die verwendeten Kryoprotektiva aus Saccharose, Glycerol und Prolin wurden positive FDA-Testergebnisse beobachtet. Da die Zellen in der Aggregatstruktur nur unzureichend genau erfasst werden können, ist eine Angabe der Lebend-Tod-Zellzahl wenig sinnvoll. Die Auswertung der Kryokonservierung erfolgte daher über die Zunahme des Feuchtgewichtes der kryokonservierten Suspensionen in einem definierten Zeitraum der Rekultur. Ein sichtbarer Zuwachs an Zellmasse war erst nach einer Lag-Phase von ca. 5 Tagen zu verzeichnen (Abbildung 22). Bei Zugabe der Kryoprotektiva zu den Zellen wird eine leichte Wachstumseinschränkung beobachtet. Das Ausmaß ist für die Ansätze mit Kryoprotektiva-Lösungen mit bzw. ohne Prolin-Zusatz nahezu identisch. Wie in Abbildung 22 ersichtlich ist, verlängert sich die o. g. Lag-Phase durch das Einfrieren um 1 bis 2 d. Die Wachstumsrate der eingefrorenen behandelten Zellen ist direkt nach der Einfrierung nahezu identisch mit den nicht-eingefrorenen behandelten Zellen. Daher wurde mit Ausnahme der zeitlichen Verzögerung kein Einfluss der Kryokonservierung auf das Zellwachstum der regenerierten Zellen von *S. fruticosa* beobachtet. Ein Wechsel des Mediums, wie bei Kuriyama et al. (1989); Schmale et al. (2006) zur Entfernung toxischer Kryoprotektiva wie DMSO angewandt worden war, war in dieser Arbeit nicht erforderlich.

Die erfolgreich auf Festmedium rekultivierten Zellen wurden nach ausreichender Vermehrung in Suspensionskulturen in Flüssigmedium überführt. Anschließend erfolgte die Untersuchung von Veränderungen über den Prozess der Kryokonservierung und Regeneration hinweg, hinsichtlich der Ploidie, des Wachstums und der Produktivität der hormonbasierten Suspensionskulturen von *S. fruticosa*. Zum Vergleich wurde eine nicht-kryokonservierte Stammkultur herangezogen.

Die Ergebnisse der flowcytometrischen Analysen sind in Abbildung 23 dargestellt. Die Überlagerung der Histogramme ist ohne den internen Standard dargestellt, da durch den direkten Vergleich bereits eine gute Übereinstimmung der Verläufe sichtbar ist. Der erste Peak des relativen DNA-Gehaltes deutet die G1-Phase an (einfacher DNA-Gehalt). Dieser wird gefolgt von der S-Phase (DNA-Synthese) und anschließend der G2-Phase (doppelter DNA-Gehalt). Danach erfolgt die M-Phase (Mitose). Die schwarze Linie bezieht sich auf die unbehandelte Kontrolle und zeigt Zellteilungsaktivität an. Bei der blauen und grünen Linie wird eine geringere Zellteilungsaktivität angezeigt. Eine mögliche Ursache hierfür besteht darin, dass die kryokonservierten Suspensionskulturen an Tag 4 bis 10 der Kultivierung vermessen wurden. Die Positionen des relativen DNA-Gehaltes der Zellkerne der kryokonservierten Suspensionen und der Kontrollkultur sind nahezu identisch. Die unbehandelte Zellsuspension ist im Vergleich zur intakten Pflanze tetraploid und für die kryokonservierten Suspensionen wurden keine Abweichungen beobachtet. Folglich konnte der Erhalt der genetischen Stabilität hinsichtlich des Ploidiegrades über die Kryokonservierung hinweg bestätigt werden.

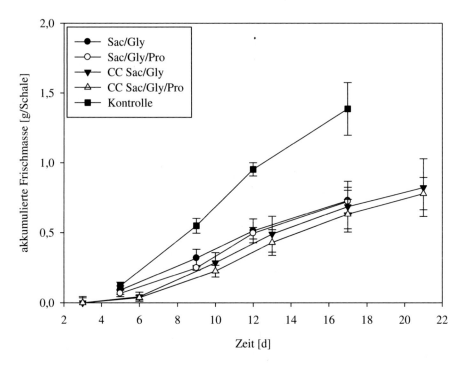

Abbildung 22 Kultivierung hormonbasierter *S. fruticosa* Zellen mit Einfrier-medium aus Saccharose (Sac), Glycerol (Gly) bzw. Prolin (Pro) behandelter bzw. unbehandelter (Kontrolle) Suspension von S. fruticosa auf festem Nährmedium ohne Einfrieren bzw. nach Kryokonservierung (CC), Kultivierung in LS-Medium mit 30 g l^{-1} Saccharose, 7 g l^{-1} Phytoagar und 0,2 mg ml^{-1} 2,4-D, 26 °C, dunkel

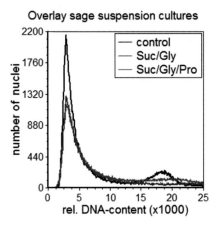

Abbildung 23 Histogramm von hormonbasierten *S. fruticosa* Suspensionskulturen nach der Kryokonservierung mit Saccharose, Glycerol (blau) bzw. zusätzlich Prolin (grün) sowie einer unbehandelten Kontrolle (schwarz)
(von Christiane Haas erstellt)

Im weiteren Verlauf der Subkultivierung wurde für die Suspensionskultur, die ohne Prolinzusatz konserviert wurde, eine Einstellung des Wachstums festgestellt. Die Vermehrung auf Festmedium blieb jedoch weiterhin erfolgreich. Daher wurde diese Suspensionskultur von der weitergehenden Untersuchung des Wachstums und der Produktiviät im RAMOS® ausgeschlossen. Der Zusatz von Prolin ist vermutlich bei der Kryokonservierung wichtig für den Erhalt der vollen Funktionsfähigkeit der Pflanzenzellen. Insbesondere freies Prolin schützt Pflanzen sowie auch Bakterien in verschiedenen Stresssituationen, wie z. B. gegen Kälte und Frost, aber auch osmotischem Stress (Hoffmann & Bremer 2013). Durch den Zusatz von Prolin im Kryoprotektivum könnten nicht nur der osmotische Stress auf die Zellen während des Gefriervorgangs gemindert, sondern auch ein Schutz vor Stresseinwirkung während des Auftauvorgangs und der anschließenden Regeneration geboten worden sein. Prolin hat in Pflanzen neben der Funktion als Proteinbaustein auch eine wichtige Bedeutung als Schutzsubstanz gegen Austrocknungsschäden, und wird daher in Blättern v. a. bei osmotischem Stress akkumuliert. Im Gegensatz zu anorganischen Salzen hemmt es auch in hohen Konzentrationen Enzyme nicht und wird daher auch als kompatible Substanz bezeichnet. Neben der osmotischen Schutzfunktion ist Prolin u. a. auch an der Eliminierung von reaktiven Sauerstoff-Spezies beteiligt, was zum Schutz der Pflanzenzellen beiträgt (Heldt et al. 2015). In pflanzlichen Zellkulturen wurden nach einer Behandlung mit Prolin eine Reduktion der Sauerstoffaufnahme sowie eine Verringerung der Dicke und Elastizität der Zellwand beobachtet. Zusätzlich wurden die Wachstumsrate der Kulturen sowie die Dauer des Erhaltes/Überlebens reduziert, wobei sich die Kulturdauer erhöht (Endress 1994).

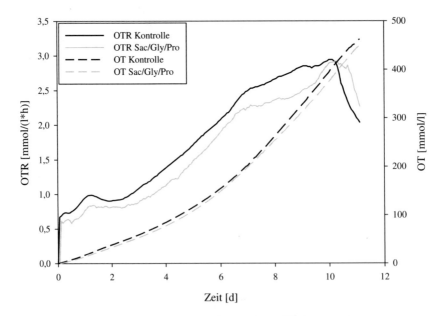

Abbildung 24 Vergleich der Atmungsaktivität anhand des Sauerstofftransfers (OT) bzw. der –rate (OTR) einer kryokonservierten hormonbasierten _S. fruticosa_ Suspension und Kontrolle (n = min. 2, mit Variationskoeffizienten < 10 %) Kultivierung in LS-Medium mit 30 g l⁻¹ Saccharose, 7 g l⁻¹ Phytoagar und 0,2 mg ml⁻¹ 2,4-D, 26 °C, 110 rpm, dunkel

Die in Abbildung 24 dargestellte Atmungsaktivität der betrachteten Suspensionskulturen weist eine gute Übereinstimmung für die verschiedenen Ansätze auf. Der Sauerstofftransfer (OT) ist nahezu identisch. Für beide Suspensionskulturen wurde eine maximale Sauerstofftransferrate (OTR_{max}) von 2,9 mmol $(l \cdot h)^{-1}$ erreicht. Die aus dem OTR-Verlauf ermittelte maximale spezifische Wachstumsrate μ_{max} liegt bei 0,22 d^{-1} für die unbehandelte Kontrollkultur bzw. bei 0,25 d^{-1} für die kryokonservierte Suspension. In vorangegangenen Untersuchungen von Haas et al. (2014) wurden für diese Suspensionskultur eine μ_{max} von 0,21 d^{-1} sowie ein OTR_{max} von ca. 2,4 mmol $(l \cdot h)^{-1}$ festgestellt. Dies stimmt mit den in dieser Untersuchung erzielten Ergebnissen überein und deutet ebenso auf eine Stabilität der Suspensionskultur von *S. fruticosa*.

Die in Tabelle 34 aufgeführten Wachstumsparameter zeigen eine große Ähnlichkeit zwischen der subkultivierten und kryokonservierten Suspension von *S. fruticosa*. Beide Suspensionen wurden mit einer Trockenmasse-Konzentration von 2 bis 3 g l^{-1} angeimpft und erreichten eine finale Trockenmasse-Konzentration von ca. 11 g l^{-1}. Der Verbrauch an gelösten ionischen Nährstoffen aus dem Medium ist für beide Kulturen nahezu identisch. Damit geht eine vergleichbare Produktivität an Zellbiomasse einher. Die Wachstumskenngröße GI ist bei der konservierten Kultur geringfügig höher. Diese Abweichung liegt jedoch für die untersuchte Suspension von *S. fruticosa* im normalen Schwankungsbereich.

Tabelle 34 Vergleich der Wachstumsparameter für eine hormonbasierte *S. fruticosa* Suspension nach der Kryokonservierung mit Saccharose, Glycerol und Prolin mit unbehandelter Kontrolle (n = min. 2)

Kultur (Dauer)	finale Konzen-tration [g l^{-1}]		GI^a	Produkti-vität BM_{tr} [g $(l \cdot d)^{-1}$]	Änderung Leitfähig-keit ΔLF [mS cm^{-1}] Start → Ende	$\Delta LF/d$ [(mS cm^{-1}) d^{-1}]
	BM_f	BM_{tr}				
Kontrolle (10 d)	303 ± 17	11,2 ± 0,4	3,02	0,83	4,70 ± 0,14 → 2,25 ± 0,04	0,24
Kryo-konser-viert (12 d)	332 ± 26	10,9 ± 0,5	3,96	0,73	4,92 ± 0,02 → 2,36 ± 0,15	0,21

^{a} GI-Growth index basierend auf BM_{tr}

Tabelle 35 Vergleich der Produktion an Triterpensäuren Oleanol- (OS) und Ursolsäure (US) für hormonbasierte _S. fruticosa_ Suspension vor und nach Kryokonservierung (n = min. 2)

Kultur (Dauer)	Gehalt [mg g_{tr}^{-1}]		Volumetrischer Ertrag [mg l^{-1}]		Produktivität [mg $(l \cdot d)^{-1}$]	
	OS	US	OS	US	OS	US
Referenz (10 d)	2,05 ± 0,11	4,41 ± 0,44	22,8 ± 1,6	49,17 ± 0,02	1,47	3,08
Kryokonserviert (12 d)	2,05 ± 0,37	3,99 ± 0,62	22,4 ± 4,2	43,63 ± 0,10	1,48	3,42

Die Bildung der Triterpensäuren ist bei der subkultivierten Referenzkultur einer Suspension von _S. fruticosa_ im Vergleich zur kryokonservierten Kultur sehr ähnlich (Tabelle 35). Für OS wurden nahezu identische Kennwerte hinsichtlich des Gehaltes, des volumetrischen Ertrages sowie der Produktivität beobachtet. Die geringfügig größeren Abweichungen für US liegen im Bereich der für diese betrachtete Kultur normalen Schwankungen (Kümmritz et al. 2016).

Somit konnte über den Prozess des Einfrierens, Auftauens und der Regeneration und Kultivierung die Stabilität der Suspension von _S. fruticosa_ erhalten bleiben. Dies verspricht einen stabilen Prozess der Produktion der Triterpensäuren Oleanol- und Ursolsäure mit Hilfe einer Suspension von _S. fruticosa_ zu garantieren und somit eine industrielle Umsetzung zu ermöglichen.

Die von Ludwig (2015) etablierte Methode zur Kryokonservierung von _S. officinalis_ ist nicht direkt auf die hier betrachteten Suspensionskulturen von _S. officinalis_ bzw. _S. fruticosa_ übertragbar. Ludwig nutzte als Ausgangsmaterial für seine Untersuchungen Zellen einer Kalluskultur. In den hier beschriebenen Untersuchungen wurden Suspensionskulturen als Ausgangsmaterial verwendet, v. a. weil diese wegen der größeren Vermehrungsrate (Wachstumszyklen von mehreren Tagen) im Vergleich zu Kalluskulturen (mehrere Wochen Kultur) in biotechnologischen Prozessen am weitesten verbreitet sind. Daneben weisen Suspensionskulturen eine größere Homogenität auf, da hier durch eine Durchmischung im Schüttelinkubator eine homogenere Verteilung der Substrate vorliegt und Phasengrenzflächenphänomene wie es bei Kalluskulturen auf festen Nährmedien der Fall ist, eine untergeordnete Rolle spielen. Wie eingangs erwähnt sind für eine langfristige Lagerung der Pflanzenzellen Temperaturen von unterhalb −130°C erforderlich. Die in Ludwig (2015) beschriebene Methode verwendet eine Lagerungstemperatur von −80°C. Bei dieser Temperatur ist die Eiskristallbildung nicht gänzlich unterbunden und zerstörende Effekte auf die Salbeizellen können bei einer Langzeitlagerung nicht ausgeschlossen werden. Eine Lagerung von Mikroorganismen bei Temperaturen von ca. −80 °C wird in der Mikrobiologie für den Erhalt von Produktionsstämmen genutzt (Storhas 2013). Eine Gefrierkonservierung bei −196 °C hingegen wird als geeignetste Methode angesehen, um sämtliche Zelleigenschaften über lange Zeiträume zu erhalten (Mustafa et al. 2011). Der bei Ludwig (2015) angegebene Zeitraum von 13 d für die Lagerung ermöglicht keinen direkten Rückschluss auf eine Langzeitbetrachtung. Ob diese Behandlung der Salbeizellen ausreichend für den Erhalt der Vitalität der Zellen nach einem Transfer in die Gasphase über Flüssigstickstoff ist, wurde nicht betrachtet. In Bezug auf die eingesetzten Kryoprotektiva zeigte sich auch bei Ludwig (2015), dass die Zellen Glycerol als Kryoprotektivum gut vertragen.

Für die Zulassung von bioverfahrenstechnischen Produktionsverfahren muss für die Zellkultur ein Nachweis über die Langzeitstabilität in Bezug auf die phänotypischen wie Zellwachstum, Zellvitalität und Produktbildung und genetischen Eigenschaften erbracht werden (Chmiel 2011). Der Verlust genetischer Integrität hat eine große Bedeutung für den Produktionsprozess mit pflanzlichen Zellkulturen. Für die genetische Analyse des regenerierten Materials auf DNA-Ebene eignen sich flowcytometrische Untersuchungen. Obwohl häufig bekannt ist, dass der relative DNA-Gehalt in pflanzlichen Zellkulturen eine hohe Variabilität aufweist, wird in den meisten Studien zur Kryokonservierung kein Nachweis von durch die Kryokonservierung hervorgerufenen Veränderungen auf genetischer Ebene erbracht (Škrlep et al. 2008). In dieser Arbeit konnte nachgewiesen werden, dass die beschriebene Methode zur Kryokonservierung von einer *S. fruticosa* Suspension keinen Einfluss auf den relativen DNA-Gehalt in dieser Zelllinie ausübt.

In dieser Arbeit konnte gezeigt werden, dass für die Vorbehandlung von Salbeizellen auf die Kryokonservierung eine mindestens 3-fache Vorkultur im Standardmedium mit Zykluslängen von 3 bis 5 Tagen geeignet ist. Für die Kryokonservierung eignet sich die Zwei-Schritt-Methode unter Zugabe von Saccharose, Glycerol und Prolin (jeweils 14, 18 und 40 %; m/V) in LS-Medium als Kryoprotektiva auf eine Zellsuspension mit einer Zelldichte von ca. 60 % (V/V) in einem geeigneten Kryovial. Die Einfrierung kann in einem Isopropanolbad in einer Styroporbox auf eine Temperatur von −80 °C erfolgen. Anschließend ist ein Transfer in die Flüssigphase bzw. in die Gasphase über Flüssigstickstoff möglich. Für den Erhalt der Zellviabilität sollte nach der Einfrierung der Auftauprozess im Wasserbad ein Eispellet im Kryovial verbleiben, welches bei Raumtemperatur unbewegt auftaut. Nach diesem Vorgehen wurden positiv viable Zellen erfolgreich regeneriert. Der Nachweis über den Erhalt der charakteristischen Zelleigenschaften hinsichtlich der Ploidie, des Wachstums sowie der Produktivität der Zellen wurde in dieser Arbeit erbracht.

4.4. Elizitierung von Triterpensäuren in der Salbeisuspension

Der Effekt verschiedener Elizitoren wurde an zwei verschiedenen Zugabezeit-punkten sowie mit unterschiedlichen Konzentrationen der Elizitoren untersucht. Die Zugabezeitpunkte wurden in Abhängigkeit des OTR-Verlaufes der Kultivierung im RAMOS® festgelegt (Abbildung 20). Am Zugabepunkt I, d. h. nachdem die Biomasse-bildung vorangeschritten war, sollten die Zellen ein unlimitiertes, weiter fortschreitendes Wachstum aufweisen, welches durch eine stetig zunehmende OTR indiziert wurde. Bei dem Zugabepunkt II sollte das Wachstum kontinuierlich und fortgeschritten sein, wobei die OTR dabei einen plateauförmigen Verlauf aufwies, welcher eine Limitation des Wachstums indiziert. Im Vergleich mit dem Verlauf der unbehandelten Kultur konnte eine fortlaufend zunehmende OTR an Tag 3 gesichert werden. Daher wurde dieser Tag für den Zugabezeitpunkt I gewählt. Bei Elizitoren, für die ein wachstumsinhibierender Effekt bekannt ist, eignet sich der Zugabezeitpunkt II (ca. Tag 5 bis 6). Zum Zeitpunkt II konnten die Zellen das verfügbare Substrat effektiv verwerten und ausreichend Biomasse bilden. Die Synthese der Triterpensäuren erfolgt für die *S. fruticosa* Suspension verstärkt in der späten Wachstumsphase und der stationären Phase (Haas et al. 2014). Daher konn-te bei Zugabe zum Zeitpunkt II die Produktsynthese in der Suspensionskultur bereits initiiert werden. Für die Produktion der Triterpensäuren mit einer *Lantana camara* Sus-pension hat sich ebenfalls eine Zugabe der Elizitoren in der späten Wachstumsphase als geeignet herausgestellt (Kumar et al. 2016).

Der Effekt verschiedener Elizitoren wurde sowohl in Bezug auf das Zellwachs-tum sowie auch in Hinblick auf die Triterpenproduktion untersucht. Bedingt durch vari-ierende Untersuchungszeitpunkte und verschiedene Ansätze der Vorkulturen traten Ab-weichungen in den Ergebnissen für identische Referenzkulturen auf. Um diese Abwei-chungen auszugleichen, wurden die Differenzen der erreichten Parameter für die Beur-teilung der Effekte prozentual auf eine je Versuchsreihe mitgeführte unbehandelte Refe-renzkultur normiert. Die Ergebnisse sind in Abbildung 25 und Tabelle 36 dargestellt.

Die Wahl der Elizitoren und der zu untersuchenden Konzentration erfolgte in Anlehnung an vielversprechende elizitierende Effekte an pflanzlichen in vitro Kulturen aus der Literatur mit dem Fokus auf der Produktion von Triterpenen. Jasmonsäure und Hefeextrakt wurden bereits für die Elizitierung von OS und US in *Uncaria tomentosa* Suspension (Feria-Romero et al. 2005) sowie *Calendula officinalis* Suspension (Wiktorowska et al. 2010) eingesetzt. Bei der Elizitierung mit Pilzen eignen sich vor allem für die jeweilige Spezies bekannte Phytopathogene. *Curvularia* ist ein bekanntes Phytopathogen und hat bereits eine aktive Wirkung auf *A. indica* gezeigt (Srivastava und Srivastava 2014). Pilze der Gattungen *Aspergillus* und *Trichoderma* sind als endophyti-sche Pilze mit einem breiten Wirtsspektrum bekannt (Hermosa et al. 2012; Ramirez-Estrada et al. 2016) und zeichnen sich daher hinsichtlich der Elizitierung von Salbeisus-pensionen als vielversprechend aus. Beispielsweise zeigte Pilzmediumfiltrat der Spezies *Trichoderma* einen elizitierenden Effekt auf die Asiaticosid-Synthese bei *Centella asia-tica* Sprossen (Prasad et al. 2013) sowie auch eine Wachstumsförderung und Steigerung der Produktion des Alkaloides Vincamin bei *Vinca minor* Hairy Roots (Verma et al. 2014).

Jasmonsäure ist für einen wachstumsinhibierenden Effekt auf Pflanzenzellen bekannt. Daher erfolgte in dieser Arbeit die Jasmonsäure-Zugabe nur zum Zeitpunkt des fortgeschrittenen Wachstums der Zellen (II). Für den untersuchten Konzentrationsbereich von 0,05 bis 0,1 mM Jasmonsäure wurde eine Reduktion der Biomassekonzentration um mehr als 40 % (Abbildung 25) und somit eine stark wachstumshemmende Wirkung festgestellt. Der Triterpensäuregehalt stieg bei der geringeren Konzentration von 0,05 mM auf nahezu 80 % (OS, Abbildung 25) an und war damit fast doppelt so hoch im Vergleich zum Ergebnis der doppelten Konzentration. Folglich ist eine Konzentration von 0,05 mM Jasmonsäure besser für eine Steigerung des Triterpensäuregehaltes geeignet als der 0,1 mM Ansatz. Der produktionssteigernde Effekt wird jedoch stark durch die wachstumshemmende Wirkung aufgehoben, woraus sich ein im Vergleich zu den anderen im Rahmen dieser Arbeit betrachteten Elizitoren geringerer volumetrischer Triterpenertrag ergibt. Der wachstumshemmende Effekt von Jasmonsäure wurde bereits für eine *Uncaria* Suspension beobachtet. Bei Feria-Romero et al. (2005) verursachte eine Zugabe von 0,1 mM Jasmonsäure ebenso eine Verringerung der Zellviabilität um 80 % und eine Abnahme der Biomassekonzentration um 20 %. Der für die *Uncaria* Suspension gezeigte elizitierende Effekt mit einem 10-fach höheren Triterpensäuregehalt wurde in der vorliegenden Arbeit für die *S. fruticosa* Suspension nicht erreicht. Dies kann mit der speziesspezifischen Wirkung von Elizitoren begründet werden. Jasmonsäure und deren Derivate werden weit verbreitet zur Elizitierung sekundärer Pflanzenstoffe in pflanzlichen in vitro Kulturen eingesetzt (Giri & Zaheer 2016). Bei einer Betrachtung verschiedenster Pflanzen und Kultivierungssysteme kommt Methyljasmonat mit einer Konzentration von 0,1 mM am weitaus häufigsten zum Einsatz. Generell reicht der angewandte Konzentrationsbereich für Methyljasmonat und Jasmonsäure von 0,005 bis max. 0,5 mM (Giri & Zaheer 2016). Belhadj u. a. (2008) beschreiben Methyljasmonat als das aktivere Derivat der Jasmonsäure. Bei vergleichender Untersuchung beider Elizitoren in identischer Konzentration wurden jedoch in einigen Fällen nur geringe Abweichungen in dem erzielten Gehalt an sekundären Pflanzenstoffen nachgewiesen (Giri & Zaheer 2016). Der Einfluss von Methyljasmonat bzw. deren Analoga kann bereits innerhalb der Pflanzengattung variieren. Während bei Zugabe einer Konzentration von 0,1 mM Methyljasmonat in der mittleren Wachstumsphase bei *Taxus chinensis* Suspension kein negativer Effekt auf das Wachstum beobachtet wurde, zeigten andere Untersuchungen mit *T. canadensis* ein 20 % geringeres Wachstum der elizitierten Suspensionskultur im Vergleich zur unbehandelten Referenz (Dong & Zhong 2002).

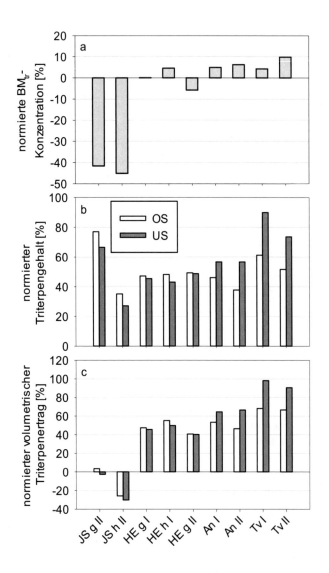

Abbildung 25 Effekt untersuchter Elizitoren auf a - die Biomassekonzentration, b - den Triterpengehalt und c - den volumentrischen Triterpenertrag einer hormonbasierten *S. fruticosa* Suspension; verwendete Elizitoren: Jasmonsäure (JS), Hefeextrakt (HE), *A. niger* (An) oder *T. virens* (Tv); Konzentrationsstufen gering (g), hoch (h), Zugabezeitpunkte I bzw. II, Angaben in % bezogen auf unbehandelte Kontrolle (Kümmritz et al. 2016)

Bei der Behandlung der *S. fruticosa* Suspension mit der Polysaccharidfraktion von Hefeextrakt wurde im Rahmen dieser Arbeit kein signifikanter Einfluss auf das Zellwachstum bzw. keine Wachstumshemmung festgestellt. Eine frühe Zugabe von Hefextrakt brachte eine mit der bei der unbehandelten Kultur nahezu identische Biomassekonzentration. Für die Zugabe von 0,25 g l^{-1} Hefeextrakt bei einem fortgeschrittenen Zellwachstum war die Verringerung der Biomassekonzentration mit ca. 6 % (Abbildung 25) im Vergleich zu der Referenzkultur relativ gering. Der Triterpengehalt und folglich auch der volumetrische Triterpenertrag lagen bei allen untersuchten Ansätzen bei ca. 50 % höher im Vergleich zur unbehandelten Kontrollprobe (Abbildung 25). Demzufolge zeigte der Hefeextrakt in diesen Untersuchungen einen elizitierenden Effekt. Ein ähnlicher Effekt wurde bei Srivastava & Srivastava (2014) für die Steigerung des Produktgehaltes von *Azidirachta indica* Hairy Roots nach Elizitation mit der Saccharid-Fraktion von Hefeextrakt erzielt. Dort lag die Steigerung des Azidirachtingehaltes bei ca. 55 % bezogen auf die unbehandelte Kontrolle.

Die Konzentration der Pilzmediumfiltrate wurde für die Untersuchungen in dieser Arbeit auf 3 % (V/V) eingestellt. Voruntersuchungen mit einer Konzentration von 12 % (V/V) Pilzmediumfiltrat zeigten eine starke Wachstumsinhibierung der Salbeizellsuspension. Die eingestellte Konzentration von 3 % (V/V) ist vergleichbar mit Konzentrationen verwendet durch Kumar et al. (2016) für eine *Lantana camara* Suspension zur Produktion von Triterpensäuren (2,5 %, V/V) sowie durch Prasad et al. (2013) für Sprosskulturen und für Hairy Root Kulturen (Kumar et al. 2012; Srivastava & Srivastava 2014). Die elizitierende Wirkung der Pilzmediumfiltrate auf die *S. fruticosa* Suspension war für beide Zugabezeitpunkte ähnlich. Von den im Rahmen dieser Arbeit untersuchten Elizitoren zeigte die Zugabe von *T. virens* Filtrat zum Zeitpunkt II die intensivste Steigerung der Trockenmassekonzentration mit einer Erhöhung um ca. 10 %. Der Triterpengehalt wurde bei beiden Pilzmediumfiltraten um 40 bis 60 % für OS bzw. um 60 bis 90 % für US gesteigert.

Bei einem Vergleich beider Pilzmediumfiltrate zeigt *T. virens* eine etwas stärkere Erhöhung des Triterpengehaltes sowie der Produktivität als *A. niger* (Abbildung 25). Die Erhöhung des volumetrischen Triterpenertrages lag für beide Pilzmediumfiltrate im Bereich der bei Zugabe von Hefeextrakt beobachteten Intensität. Die intensivste Steigerung des Triterpengehaltes sowie des volumetrischen Triterpenertrages wurde bei der Zugabe von *T. virens* Mediumfiltrat zum Zeitpunkt I beobachtet. Mit dieser Behandlung wurden Absolutwerte für den Triterpengehalt von 3,6 mgOS g_{tr}^{-1} bzw. 7,2 mgUS g_{tr}^{-1} sowie ein volumetrischer Ertrag von 32,6 mgOS l^{-1} bzw. 65,9 mgUS l^{-1} erreicht. Die erzielten Produktivitäten lagen in diesem Ansatz bei 2,8 mgOS $(l \cdot d)^{-1}$ bzw. 5,6 mgUS $(l \cdot d)^{-1}$ (Tabelle 36). Dies entspricht einer Steigerung auf das 1,5-fache für OS bzw. das 1,6-fache für US verglichen mit der zuvor charakterisierten unbehandelten Kontrollkultur (Vgl. Tabelle 33). In der Literatur wurde die Steigerung der Thiophenproduktion in Hairy Roots von *Tagetes patula* mit Extrakten aus dem Myzelhomogenat verschiedener Schimmelpilze beschrieben (Buitelaar et al. 1992). Bei der Verwendung von *Aspergillus niger* wurde mit 85 % die stärkste Steigerung der Thiophen-Produktivität erreicht. Diese starke Steigerung ist mit der in dieser Arbeit für die Elizitierung der Triterpenproduktion mit Pilzkulturfiltraten beobachteten Steigerung vergleichbar.

Die Vorbereitung des Pilzmediums hat einen entscheidenden Einfluss auf die elizitierende Wirkung. In Arbeiten von Kumar et al. (2012) wurden bei Zugabe von sterilfitriertem Pilzmedium im Vergleich zu autoklaviertem Medium eine intensivere Wachstumsförderung sowie auch ein stärkerer elizitierender Effekt beobachtet. Dies lässt darauf schließen, dass die für diese Effekte verantwortlichen Komponenten des Pilzmediums temperaturempfindlich sind. Die Sterilisation des Pilzmediums erfolgte daher in dieser Arbeit durch eine schrittweise Filtration. Dadurch bleiben temperaturempfindliche Substanzen mit potentiell elizitierender Wirkung wie z. B. Enzyme erhalten.

Weiterhin beeinflusst der Zeitpunkt der Ernte der Pilzmedien den Elizitierungseffekt, da in den Pilzen die Synthese der elizitierenden Wirkstoffe wachstumsabhängig sein kann. Kumar et al. (2012) stellten für verschiedene Lignane unterschiedliche optimale Zeitpunkte für die Ernte der Pilzkultur heraus. Die mit Pilzkulturen aus der lag- oder aus der Absterbephase erzielte Produktkonzentration variierte und stellte für die dort untersuchten Lignane unterschiedliche Präferenzen heraus. Für Podophyllotoxin eignet sich eine Pilzkultur aus der lag-Phase. Für 6-Methoxypodophyllotoxin war eine Pilzkultur aus der Absterbephase besser geeignet. Die im Rahmen dieser Arbeit untersuchte Pilzkultur war zum Zeitpunkt der Ernte 14 d alt und vermutlich in der Phase des fortgeschrittenen Wachstums oder der Absterbephase. Bei Srivastava & Srivastava (2014) wurde ebenfalls eine 14 d, bei Prasad et al. (2013) eine 7 bis 14 d sowie bei Verma et al. (2014) eine 15 bis 20 d alte Pilzkultur erfolgreich zur Elizitation verwendet.

Tabelle 36 Effekte der Elizitierung mit Jasmonsäure (JS), Hefeextrakt (HE) und Pilzmediumfiltraten von _Aspergillus niger_ (An) und _Trichoderma virens_ (Tv) auf die Triterpenproduktion einer hormonbasierten _S. fruticosa_ Suspensionkultur im RAMOS® in absoluten Werten (Indizierung analog Tabelle 16: geringe (g) oder hohe (h) Konzentration; Zugabezeitpunkt: I oder II). Die Wertes repräsentieren den Mittelwert ± Standardabweichung (n = min. 2). Die Prozentangaben stellen die Abweichung der Werte von der unbehandelten Kontrolle dar (Kümmritz et al. 2016).

Behandlung (Tag der Ernte)		Triterpen Gehalt [mg g_{tr}^{-1}]	Volumetrischer Triterpenertrag [mg l^{-1}]	Triterpen Produktivität [mg $(l \cdot d)^{-1}$]
JS g II	OS	3,10 ± 0,18 (+77 %)	13,39 ± 0,83 (+3 %)	1,06
(Tag 8)	US	5,33 ± 0.39 (+67 %)	23,01 ± 1,76 (−3 %)	1,63
JS h II	OS	2,37 ± 0,38 (+35 %)	9,61 ± 1,54 (−26 %)	0,59
(Tag 8)	US	4,07 ± 0,65 (+27 %)	16,52 ± 2,63 (−30 %)	0,81
HE g I	OS	4,27 ± 0,01 (+47 %)	41,74 ± 0,18 (+47 %)	3,39
(Tag 11)	US	8,70 ± 0,09 (+45 %)	85,01 ± 0,98 (+46 %)	6,92
HE h I	OS	4,30 ± 0,49 (+48 %)	43,94 ± 6,04 (+55 %)	3,59
(Tag 11)	US	8,56 ± 1,19 (+43 %)	87,49 ± 13,82 (+50 %)	7,14
HE g II	OS	4,33 ± 0,44 (+49 %)	39,86 ± 4,61 (+41 %)	3,22
(Tag 11)	US	8,90 ± 1,00 (+49 %)	81,91 ± 10,30 (+40 %)	6,64
An I	OS	3,22 ± 0,12 (+46 %)	29,74 ± 1,63 (+53 %)	2,43
(Tag 9)	US	5,92 ± 0,50 (+57 %)	54,67 ± 5,08 (+64 %)	4,29
An II	OS	3,04 ± 0,15 (+38 %)	28,39 ± 1,55 (+46 %)	2,28
(Tag 9)	US	5,92 ± 0,33 (+57 %)	55,36 ± 3,32 (+66 %)	4,37
Tv I	OS	3,55 ± 0,42 (+61 %)	32,60 ± 4,17 (+68 %)	2,77
(Tag 9)	US	7,18 ± 1,15 (+90 %)*	65,89 ± 11,01 (+98 %)*	5,59
Tv II	OS	3,34 ± 0,07 (+52 %)	32,31 ± 1,11 (+67 %)	2,73
(Tag 9)	US	6,56 ± 0,01 (+74 %)	63,43 ± 1,78 (+91 %)	5,31

*Variationskoeffizient bis 17 %

In Prozessen, bei denen die Produktakkumulation im Kulturmedium erfolgt, muss bei der Aufreinigung ein zusätzlicher Aufwand für die Bestandteile des Pilzmediumfiltrates eingeplant werden (DiCosmo & Misawa 1985). Bei der Elizitierung der Salbeisuspension mit Pilzmediumfiltraten lagen die Zielprodukte auch nach der Behandlung intrazellulär vor und können aus den geernteten Zellen gewonnen werden, was in Bezug auf die Auslegung des Downstreamprozesses von Vorteil ist.

Bei komplexen Stoffgemischen, zu denen Hefeextrakte oder Pilzelizitoren gehören, sind die genaue Zusammensetzung und der Wirkungs-Mechanismus bei der Elizitierung sekundärer Pflanzenstoffe in Pflanzenzell- und Gewebekulturen meist unbekannt. Studien über Interaktionen zwischen Pilzen der Gattung *Trichoderma* und Pflanzen haben im Allgemeinen gezeigt, dass das Pilzmediumfiltrat Makromoleküle und niedermolekulare Substanzen enthält, welche eine enorme Veränderung des cytosolischen Ca^{2+} Levels in den Pflanzenzellen bewirken und die Abwehrmechanismen der Pflanzenzellen mit der Akkumulation sekundärer Pflanzenstoffe aktivieren (Prasad u. a. 2013). Zur Aufklärung der produktionssteigernden Wirkung der Pilzkulturmedien wurden in dieser Arbeit der Einfluss des für die Pilzkultur verwendeten reinen Malzmediums auf Wachstum und Produktivität der Salbeizellen untersucht. Weiterhin wurden die in den verwendeten Pilzmedien für die Pflanzenzellen verfügbaren Zucker und ausgewählte pilzspezifische Enzyme bestimmt (Kümmritz et al. 2016). Saccharose, Glucose und Fructose gehören zu den potentiell im Nährmedium enthaltenen C-Quellen für Pflanzenzellen. Das reine Malzmedium enthielt 1,3 g l^{-1} Saccharose, 0,5 g l^{-1} Glucose sowie 0,1 g l^{-1} Fructose. Im Medium der Kultur von *T. virens* wurden 0,7 g l^{-1} Saccharose, 5,4 g l^{-1} Glucose und 0,7 g l^{-1} Fructose bestimmt. Bei Medium von *A. niger* wurden 0,9 g l^{-1} Saccharose, 3,5 g l^{-1} Glucose und 0,4 g l^{-1} Fructose nachgewiesen. Ein Vergleichsansatz unter Zusatz von reinem Malzmedium zeigte mit ca. 12 % Steigerung gegenüber der Kontrolle keinen signifikanten Einfluss auf das Wachstum der *S. fruticosa* Suspension. Hinsichtlich der Triterpenproduktion wurde im reinen Malzmedium nur eine geringfügige Erhöhung von ca. 22 % gegenüber dem Kontrollansatz festgestellt. Daher wurde den im Pilzmedium enthaltenen Zuckern eine geringe Bedeutung für den produktivitätssteigernden Effekt zugesprochen. Eine Analyse der im Pilzkulturmedium enthaltenen Enzyme stellte die Anwesenheit von Cellulasen und Xylanasen heraus. Um die elizitierende Wirkung dieser Enzyme zu untersuchen, wurde die dabei im Pilzkulturmedium ermittelte Konzentration von Xylanasen mit Hilfe kommerziell verfügbarer Enzymprodukte auf die *S. fruticosa* Suspension appliziert. Die Konzentration an Xylanasen in den Enzymprodukten war basierend auf ihrer Aktivität ca. 150-fach gegenüber der Cellulase. Im Konzentrationsbereich, der im Pilzkulturmedium vorlag, wurde kein signifikanter Effekt auf das Zellwachstum und im Vergleich zu den anderen Elizitoren mit maximal 27 % Steigerung nur eine geringfügige Erhöhung der Produktion an Triterpensäuren festgestellt (Tabelle 37). Folglich ist die elizitierende Wirkung des Pilzkulturmediums nicht alleinig auf die bestimmten Zucker und Enzyme zurückzuführen. Eine Kombination verschiedener Bestandteile inklusive der Enzyme könnte jedoch die elizitierende Wirkung verursacht haben.

Tabelle 37 Effekte der Elizitierung mit Enzymprodukten auf die Triterpenproduktion einer hormonbasierten *S. fruticosa* Suspensionkultur im RAMOS® in absoluten Werten (Indizierung: MethaPlus (MP), Accellerase XC (Ac); geringe (g) oder hohe (h) Konzentration; Zugabezeitpunkt II). Die Wertes repräsentieren den Mittelwert ± Standardabweichung (n = min. 2). Die Prozentangaben stellen die Abweichung der Werte von der unbehandelten Kontrolle dar (Kümmritz et al. 2016).

Behandlung (Tag der Ernte)		Triterpen Gehalt [mg g_{tr}^{-1}]	Volumetrischer Triterpenertrag [mg l^{-1}]	Triterpen Produktivität [mg $(l \cdot d)^{-1}$]
MP g (Tag 8)	OS	2,44 ± 0,06 (+8,6 %)	23,67 ± 1,13 (+8,1 %)	1,90
	US	4,46 ± 0,10 (+7,2 %)	43,22 ± 1,99 (+6,7 %)	3,19
MP h (Tag 8)	OS	2,62 ± 0,24 (+17 %)	24,25 ± 2,64 (+11 %)	1,98
	US	4,65 ± 0,02 (+12 %)	43,02 ± 2,48 (+6,25 %)	3,16
Ac g (Tag 9)	OS	2,49 ± 0,10 (+11 %)	23,79 ± 1,08 (+8,6 %)	1,72
	US	4,47 ± 0,36 (+7,5 %)	42,72 ± 3,57 (+5,5 %)	2,80
Ac h (Tag 8)	OS	2,80 ± 0,70 (+24 %)**	27,29 ± 6,96 (+25 %)**	2,37
	US	5,26 ± 1,43 (+26 %)**	51,27 ± 14,27 (+27 %)**	4,22

*Variationskoeffizient bis 17 %   ** Variationskoeffizient bis 25 %

Die Zusammensetzung von Pilzkulturmedien ist komplex und beherbergt eine Vielzahl potenziell elizitierender Faktoren, wie z. B. Proteine (v. a. Enzyme), Hormone, Oligosaccharide und Mykotoxine (siehe Abschnitt 2.7). In dieser Arbeit wurde Malzmedium verwendet, welches für die Kultivierung von Pilzen verbreitet eingesetzt wird (Steudler & Bley 2015). Malzmedium wird eine geringe elizitierende Wirkung auf Pflanzenzellen zugeschrieben (Marsik et al. 2014), was in dieser Arbeit bestätigt werden konnte. In der Literatur zur Pilzelizitierung kommt verstärkt Kartoffel-Dextrose-Medium zum Einsatz (Prasad et al. 2013; Srivastava & Srivastava 2014; Verma et al. 2014).

Enzyme hingegen wurden bereits in verschiedenen pflanzlichen in vitro Kulturen erfolgreich als Elizitoren eingesetzt (Peltonen et al. 1997; Namdeo 2007; Ma 2008; Srivastava & Srivastava 2014). Peltonen, Mannonen, und Karjalainen (1997) schreiben mikrobiellen Enzymen bei der Pathogen-Pflanzen-Interaktion eine besondere Bedeutung zu. Wirtsspezifische Interaktionen können durch die Gegenwart von nicht-wirtseigenen Enzymen stimuliert werden. Neben der Produktionssteigerung bereits bekannter Metabolite einer in vitro Kultur, kann die Elizitierung auch eine de novo-Synthese bisher nicht beobachteter Metabolite auslösen (Narayani & Srivastava 2017). So lösten Cellulasen in Suspensionskulturen von *Tabernaemona* sp. die Bildung von Triterpenen aus (van der Heijden et al. 1988).

Hormone beeinflussen das Wachstum der Pflanzenzellen und somit auch deren Produktivität. Die pflanzenassoziierte Mikroflora ist die reichste Quelle an Mikroorganismen, welche Wachstumsregulatoren produzieren (Tsavkelova et al. 2006). Beispielsweise produzieren die Pilzspezies *Trichoderma* (Bhat et al. 2005) sowie *Aspergillus niger* (Cihangir 2002) Gibberelline, wie die Gibberellinsäure (GA$_3$), welche u. a. die Zellteilung und -streckung anregen und somit das Wachstum von Pflanzenzellen fördern. Ein positiver Einfluss auf das Zellwachstum trägt bei gleichbleibendem Wirkstoffgehalt auch zu einer Produktivitätssteigerung bei.

Oligosacchariden werden verschiedene biologische Funktionen zugeordnet, wie z. B. eine elizitierende Wirkung. Diese beruht v. a. auf dem Vorhandensein von Pilzzellwand oder deren Fragmenten in Gegenwart von Pflanzenzellen. Ein Bindungsprotein fungiert nachweislich als (Teil-) Rezeptor für N-Acetylchitooligosaccharid, einem Fragment des Chitins und deren Zuckerderivaten, und verursacht so die elizitierende Wirkung in Zellen verschiedener Pflanzenarten wie Tabak, Karotte und Gerste. In Abwesenheit dieses spezifischen Proteins wurde für diese Spezies keine zelluläre Abwehrreaktion mit der Bildung reaktiver Sauerstoffspezies (ROS) beobachtet. Chitosanfragmente, Glucosamin oder Cellooligosaccharide, welche nicht an diesen spezifischen Rezeptor binden können, lösten keine ROS-Bildung in Gerste und Karottensuspension aus (Okada et al. 2002).

Nicht nur die Art, sondern auch die Konzentration des Elizitors hat einen enormen Einfluss auf die elizitierende Wirkung und somit die Produktbildung in der Pflanzenzellsuspension (Namdeo 2007; Kumar et al. 2012). Ist die Konzentration zu gering, sind die Rezeptorstellen in der Pflanzenzelle vermutlich unvollständig besetzt. Dadurch wird in der Pflanzenzelle die für die Auslösung der Abwehrreaktion erforderliche Belegung unterschritten. Bei einer zu hohen Konzentration an Elizitoren kann seitens der Pflanzenzelle eine hypersensitive Reaktion ausgelöst werden, welche den Zelltod induziert. Letztere wurde vermutlich in dieser Arbeit bei der Zugabe von Jasmonsäure sowie auch in den Voruntersuchungen mit einem 12 % (V/V) Pilzmediumfiltrat beobachtet. Einen ähnlichen Effekt der Wachstumsinhibierung beobachteten Srivastava & Srivastava (2014) für Hairy Root Kulturen von *Azadirachta indica* bei hohen Konzentrationen von 5 % (V/V) der Pilzkulturfiltrate von u. a. *Curvularia lunata* und *Fusarium solani*, zugefügt vor der Inokulation. Bei Srivastava und Srivastava (2014) lag die maximale Steigerung des Azidirachtingehaltes für Hairy Roots von *A. indica* nach Elizitation mit Pilzkulturfiltrat *C. lunata* (1 %, V/V) bei ca. 114 %, bezogen auf die Kontrolle. Der maximale volumetrische Ertrag an Azidirachtin wurde bei Zugabe von *F. solani* (1 %, V/V) mit einer Steigerung um 88 % - bezogen auf die Kontrolle - erreicht. Diese Intensität der Steigerung ist mit der in dieser Arbeit für die Elizitierung mit Pilzkulturfiltraten erreichten Steigerung vergleichbar. Kumar et al. (2012) verwendeten Pilzkulturfiltrat (2,5 %, V/V) von *P. indica* zur Elizitierung von OS und US in einer *Lantana camara* Suspension. In fortführenden Untersuchungen sollte die Konzentration des Pilzmediumfiltrates z. B. im Bereich von ca. 2 bis 8 % (V/V) variiert werden, um den Verlauf von Dosis-Wirkungskurven aufzuzeichnen. Bei biotischen Elizitoren können 2 verschiedene Verläufe der Dosis-Wirkungskurven beobachtet werden: ein Sättigungsverhalten oder ein Optimum (Buitelaar et al. 1992). Bei Pilzelizitoren wurde bisher größtenteils ein Optimum beobachtet. Dies wäre auch für das hier untersuchte Modell der Salbeizellkultur zu erwarten.

Neben den Eigenschaften des Elizitors spielt in Hinblick auf die elizitierte in vitro Pflanzenkultur deren Zellzustand bzw. die Wachstumsphase eine wichtige Rolle. Die Zwei-Phasenkultur, in welcher zunächst eine Vermehrung der Biomasse erfolgt und anschließend in der stationären Phase in einem zweiten Medium die Bildung der Sekundärmetabolite ausgelöst wird, hat sich als sinnvoll herausgestellt, um den Produktertrag zu maximieren (Kumar et al. 2012; Ramirez-Estrada et al. 2016). Dong und Zhong (2002) beobachteten bei Zugabe von 0,1 mM Dihydromethyljasmonat, einem Methyljasmonat-Analogon, zu Beginn der Kultivierung (Tag 0) zu einer Suspension von *Taxus chinensis* für das Wachstum sowie auch die Taxanproduktion eine starke Hemmung. Ein elizitierender Effekt wurde dort bei einer Zugabe in der mittleren Wachstumsphase beobachtet. Dong & Zhong (2002) stellten heraus, dass eine Elizitierung erst sinnvoll ist, wenn sich die Zellen an die neue Umgebung bzw. das frische Nährmedium nach dem Beimpfen angepasst haben. Mit Bezug auf die Elizitierung mit Pilzkulturfiltraten variiert der geeignete Zugabezeitpunkt von der Inokulation für Hairy Root Kulturen von *Azadirachta indica* zur Produktion von Azidirachtin (Srivastava & Srivastava 2014) bis zur späten exponentiellen Phase bei Hairy Root Kulturen von *Vinca minor* zur Produktion von Vincamin (Verma et al. 2014) sowie auch bei Hairy Root Kulturen von *Linum album* zur Produktion von Lignan (Kumar et al. 2012).

Die Analyse der Atmungsaktivität von Pflanzenzellen bei der Elizitierung ermöglicht Rückschlüsse auf elizitierende Wirkung potentiell wirksamer Substanzen (Schilling et al. 2015). Bei Elizitierung einer Suspensionskultur von Petersilie mit Salizylsäure sowie mit einem Zellwandpeptid von *Phytophthora sojae* (Pep13) wurde mit Hilfe des RAMOS® durch einen Anstieg der OTR in den Petersilienzellen die Auslösung einer Immunantwort in der Atmungsaktivität erfasst. Nicht aktive bzw. nicht-elizitierende Zusätze zeigten keinen nachweislichen Effekt auf den OTR. Im Rahmen der Untersuchungen mit der Salbeisuspension war es aufgrund des Versuchsaufbaus nicht möglich die OTR direkt nach der Zugabe des Elizitors zu erfassen. Der Ort für die sterile Behandlung der Zellkultur lag räumlich zu weit von dem Kultivierungssystem entfernt. Daher wurde die OTR der elizitierten Kultur nicht direkt nach der Zugabe, sondern erst zeitlich verzögert gemessen. Die Verwendung eines automatisierten Dosiersystems, dem sogenannten Feedmodul, ermöglicht eine automatische Zulaufsteuerung und kann für diesen Zweck Abhilfe schaffen. Zum Zeitpunkt der Versuchsdurchführung stand dieses Systemmodul jedoch nicht zur Verfügung.

4.5. Kombination Zugabe Pilzmediumfiltrat und Saccharose fed-batch bei Salbeisuspension

Die Arbeit von Haas (2014) beschäftigte sich bereits mit dem Einfluss eines Saccharose fed-batches auf die Produktion von OS und US einer *S. fruticosa* Suspension. Eine Erhöhung der initialen Saccharosekonzentration von 30 auf 50 g l^{-1} zeigte dort einen negativen Effekt auf das Zellwachstum der Suspension. Weiterhin wurden in den Arbeiten von Haas (2014) mit einem Saccharose fed-batch zu Beginn der stationären Phase eine Verlängerung der Wachstumsphase sowie eine Erhöhung der Produktion an OS und US erzielt. Die intensivste Steigerung des volumetrischen Ertrages an OS und US wurde bei Zugabe von Saccharose in der stationären bzw. Absterbephase beobachtet.

Neben dem von Haas (2014) untersuchten Zeitpunkt der Zugabe zu Beginn der stationären Phase scheint der Zeitpunkt, wenn die im Nährmedium zu Beginn der Kultivierung bereitgestellte Menge an Saccharose von den Zellen gerade umgesetzt ist, ein günstiger Moment für die Zugabe. Zu diesem Zeitpunkt sollten die für die Saccharose-Hydrolyse verantwortlichen extra- und intrazellulären Invertasen noch aktiv sein. Für die in dieser Arbeit eingehend untersuchte *S. fruticosa* Suspension korreliert dieser Zeitpunkt im Verlauf der Kultivierung in etwa mit dem in der Abgasanalytik erkennbaren Wendepunkt der OTR-Zunahme, wie beispielsweise bei Haas (2014) am Tag 5. Bei einem späteren Zugabezeitpunkt müsste der Zellstoffwechsel für Saccharose entsprechend reaktiviert bzw. umgestellt werden, wodurch ein zusätzlicher Energiebedarf für die Salbeizellen entsteht. Bei heterotrophen Pflanzenzellkulturen korreliert der Zeitpunkt des Maximums der OTR mit der Erschöpfung der verfügbaren C-Quelle (Ullisch et al. 2012).

Ergänzend zu der alleinigen Zufütterung von Saccharose wurde für diese *S. fruticosa* Suspension eine Kombination des fed-batches mit der Elizitierung mit Pilzmediumfiltrat untersucht. In der vorliegenden Arbeit erfolgte die Zugabe der Saccharose am Tag 5, welcher in etwa dem Zugabezeitpunkt II der Elizitierung (vgl. Abschnitt 4.4) entspricht. Tabelle 38 und Abbildung 26 veranschaulichen den Einfluss der Zugabe von Saccharose einzeln sowie auch in Kombination mit den Pilzmediumfiltraten auf das Zellwachstum und die Triterpenproduktion. Bedingt durch den Saccharosezusatz zeigte sich ein positiver Einfluss auf die Triterpenproduktion, welcher mittels Elizitierung verstärkt werden konnte.

Die durchschnittliche Biomasseproduktivität über den gesamten Zeitraum der Kultivierung lag bei der unbehandelten Kontrolle bei 0,7 g$_{tr}$ (l·d)$^{-1}$ (Vgl. Abschnitt 4.3.1). Durch den fed-batch wurde bei allen Versuchsansätzen eine Steigerung der Biomasseproduktivität im Bereich von 1,4 bis 1,7-fach gegenüber der batch-Kultivierung beobachtet (Tabelle 38). Eine alleinige Zugabe von Saccharose oder eine Kombination mit der Elizitierung durch Pilzmediumfiltrat, führen folglich zu einer ähnlichen Steigerung der Biomasseproduktion. Daraus lässt sich ableiten, dass die Zunahme der Zellkonzentration in der Kultur auf die den Zellen zusätzlich zur Verfügung gestellte Saccharose zurückgeführt werden kann. Eine Aussage hinsichtlich einer vermuteten Sauerstofflimitation in der Zellkultur ist anhand dieser Werte nicht möglich, da hierfür Daten an den Zeitpunkten mit Änderungen im Verlauf der OTR hätten erhoben werden müssen. Saccharose ist eine bedeutende Kohlenstoff- und Energiequelle für Pflanzenzellen, insbesondere bei der heterotrophen Kultivierung (Zhang et al. 1996).

Tabelle 38 Effekt des Saccharose fed-batches allein sowie in Kombination mit Elizitierung durch Pilzmediumfiltrate von *A. niger* und *T. virens* auf die Triterpenproduktion einer hormonbasierten *S. fruticosa* Suspensionkultur im RAMOS® in absoluten Werten; Zugabezeitpunkt II. Die Werte repräsentieren den Mittelwert ± Standardabweichung (n = 2). Die Prozentangaben stellen die Abweichung der Werte von der unbehandelten Kontrolle der batch-Kultivierung dar (Kümmritz et al. 2016)

Versuchsansatz (Tag der Ernte)	Biomasse-produktivität [g_{tr} (l·d)$^{-1}$]	Triterpengehalt [mg g_{tr}^{-1}]		Volumetrischer Triterpenertrag [mg l^{-1}]	Triterpenproduktivität [mg (l·d)$^{-1}$]
Saccharose (Tag 17)	1,2	OS	4,3 ± 1,0 (+89 %)**	85,8 ± 9,9 (+292 %)**	4,6
		US	7,6 ± 2,0 (+83 %)**	153,7 ± 40,7 (+280 %)**	8,1
A. niger Filtrat + Saccharose (Tag 16)	1,0	OS	5,8 ± 1,0 (+161 %)*	122,6 ± 21,4 (+532 %)*	7,3
		US	10,8 ± 1,7 (+185 %)*	229,1 ± 37,5 (+589 %)*	13,7
T. virens Filtrat + Saccharose (Tag 16)	1,1	OS	5,1 ± 0,2 (+131 %)	112,9 ± 5,2 (+482 %)	6,7
		US	9,5 ± 0,5 (+151 %)	210,4 ± 12,1 (+533 %)	12,4

*Variationskoeffizient bis 17 %   ** Variationskoeffizient bis 25 %

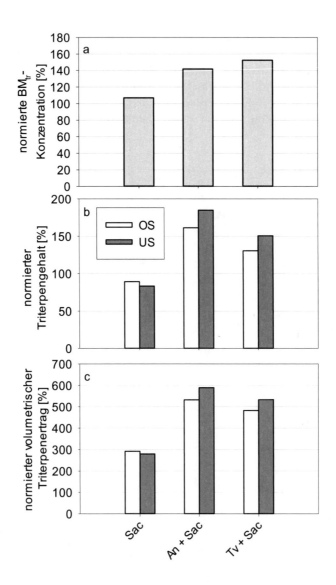

Abbildung 26 Effekt des Saccharose (Sac) fed-batches allein, sowie in Kombination mit Elizitierung durch Pilzmediumfiltrate auf a - die Trockenmassekonzentration, b - den Triterpengehalt und c - den volumetrischen Triterpenertrag für eine hormonbasierte *S. fruticosa* Suspension; Pilzelizitoren: *A. niger* (An) und *T. virens* (Tv), Zugabezeitpunkt II, Angaben in % bezogen auf unbehandelte Kontrolle der batch-Kultivierung (Kümmritz et al. 2016)

In Bezug auf die Produktion von OS und US wurde für die Triterpensäuren jeweils einzeln betrachtet ein mit Abweichungen von <10 % vergleichbares Ausmaß an Effekten beobachtet (Tabelle 38) und wird daher im Folgenden beispielhaft für OS erläutert. Der Triterpengehalt wurde durch die alleinige Zugabe von Saccharose im Vergleich zur unbehandelten Kontrolle knapp verdoppelt (1,8-fache Steigerung für OS). Dieses Ausmaß der Steigerung des Triterpengehaltes entspricht in etwa dem Ausmaß der Steigerung bedingt durch die erhöhte Biomasseproduktivität. Durch die verlängerte Wachstumsphase wurde die Produktion von OS und US gesteigert, was auch bei Haas (2014) für eine Zugabe von 30 g Saccharose l^{-1} am Kultivierungstag 10 beobachtet wurde.

Die zum Saccharose fed-batch ergänzende Zugabe von Pilzmediumfiltrat induzierte eine weitere Produktionserhöhung (Tabelle 38 und Abbildung 26). In Kombination mit Pilzmediumfiltrat erfolgte eine zusätzliche Steigerung des Triterpengehaltes (OS bzw. US) auf das 2,1- (*T. virens*) bis 2,4-fache (*A. niger*) im Vergleich zur unbehandelten Kontrolle. Daraus lässt sich ein durch das Pilzmediumfiltrat hervorgerufener ergänzender elizitierender Effekt vermuten. Die Steigerung des volumetrischen Triterpenertrages lag für OS bei 3,7-fach für den Saccharose fed-batch allein und bis zu 5,2-fach in Kombination mit Mediumfiltrat von *A. niger* verglichen mit dem Kontrollansatz. Die Triterpenproduktivität wurde durch Zugabe von Saccharose einzeln um das 2,4-fache (OS) im Vergleich zur unbehandelten Kontrolle gesteigert. Bei zusätzlicher Zugabe von Pilzmediumfiltraten waren die OS-Produktivitäten bezogen auf die unbehandelte Kontrolle um das 3,5- (*T. virens*) bis 3,8-fache (*A. niger*) erhöht. Damit stellt die Kombination von fed-batch und Elizitierung mit Pilzmediumfiltrat eine geeignete Möglichkeit zur Steigerung der Triterpensäureproduktion in der *S. fruticosa* Suspensionskultur dar.

In Hinblick auf die Verwertung des Substrates Saccharose wurde bei Anwendung der fed-batch Strategie eine Erhöhung der Metabolisierung der Saccharose beobachtet. Dies zeigt sich im Vergleich zur Ausbeute an Biomasse besonders deutlich für die Ausbeuten an Triterpenen (siehe Tabelle 39).

Bereits die initiale Saccharosekonzentration beeinflusst die Metabolisierung des Zuckers sowie auch den Verbrauch an Nitrat und Phosphat in der Pflanzenzellkultur. Hohe Zuckerkonzentrationen steigerten beispielsweise die Produktion von Ginsengsaponinen bei einer Suspensionskultur von *Panax notoginseng*. Dies wird vermutlich durch den damit verbundenen erhöhten osmotischen Druck sowie die verringerte Nährstoffaufnahme von insbesondere Nitrat hervorgerufen (Zhang et al. 1996).

Malik u. a. (2011) stellen für die Produktion von Taxol mit Zellkulturen von *Taxus* sp. neben der Elizitation mit u. a. pilzlichem Elizitor auch die Optimierung der Zuckerkonzentration im Nährmedium (in Kombination mit Hormonen) als Strategie zur Steigerung der Produktivität vor. Suspensionskulturen von *Taxus* sp. weisen hinsichtlich der Produktion von Taxol in der späten Wachstumsphase bzw. auch der stationären Phase ein Maximum auf (Malik et al. 2011). Damit eignete sich für diesen Produktionsprozess in der Zellkultur ein zweistufiges Verfahren. Die Produktion von OS und US mit der in dieser Arbeit betrachteten *S. fruticosa* Suspensionskultur verläuft ähnlich (Haas et al. 2014), wodurch sich auch hier eine Zwei-Stufenkultur eignen sollte. Dies bestätigen die oben beschriebenen Ergebnisse. Neben einer zweistufigen Saccharose-Zugabe könnten für eine weitere Produktivitätssteigerung auch mehrstufige fed-batch Verfahren in

Betracht gezogen werden. Bei einer Suspensionskultur von *Panax notoginseng* wurde die Produktivität der Ginsengsaponine durch einen 3-stufigen Saccharose Feed um das 2,1-fache im Vergleich zur normalen batch-Kultur gesteigert. Die Trockenmassekonzentration wurde dabei um das 1,4-fache im Vergleich zur batch-Kultur erhöht (Zhang et al. 1996).

Tabelle 39 Einfluss der Pilzelizitierung mit *T. virens* und des Saccharose fedbatches sowie in Kombination auf die substratbezogene Ausbeutekoeffizienten bezüglich der Biomasse $Y_{(X/S)}$ und der Triterpensäuren $Y_{(Triterpen/S)}$ einer hormonbasierten *S. fruticosa* Suspensionskultur (Kümmritz et al. 2016)

Versuchs-ansatz (Tag der Ernte)	$Y_{(X/S)}$ [g g^{-1}]	$Y_{(Triterpen/S)}$ [mg g^{-1}]	
Kontrolle (Tag 10 bis 12)	0,24	OS	0,12
		US	0,08
T. virens (Tag 17)	0,29	OS	0,48
		US	0,92
Saccharose (Tag 16)	0,36	OS	0,84
		US	1,31
T. virens Filtrat + Saccharose (Tag 16)	0,40	OS	0,36
		US	2,42

Neben der Anzahl der fed-batch Stufen hat die Konzentration des Feeds einen entscheidenden Einfluss auf den Zellmetabolismus. Bei der Zugabe von Saccharose könnten verschiedene Konzentrationen < 30 g l^{-1}, sowie auch schrittweise geringerere Konzentrationen getestet werden. Die Zugabe einer höheren Saccharose-Konzentration als 30 g l^{-1} ist nicht geeignet, da hier wie eingangs erwähnt eine Wachstumsinhibierung, bedingt durch z. B. osmotische Effekte auftreten kann. Die von einer Pflanzenzellsuspension maximal tolerierbare Zuckerkonzentration ist vermutlich speziesspezifisch. Zenk, El-Shagi, und Ulbrich (1977) stellten bei der Zwei-Stufenkultur für eine Suspensionskultur von *Coleus blumei* ein Produktionsmedium bestehend aus einer Saccharose-Lösung mit 70 g l^{-1} für die Bildung von Rosmarinsäure als optimal heraus. Wang et al. (1999) testeten für eine *Taxus chinensis* Zellsuspension verschiedene Start-Konzentrationen an Saccharose im Bereich von 20 bis 50 g l^{-1}. Eine niedrige initiale Saccharose-Konzentration von 20 g l^{-1} mit anschließendem fed-batch zeigte ein ähnliches Wachstum sowie auch ähnliche finale Biomassekonzentration im Vergleich zur batch-Kultivierung. Mit Blick auf die Taxanproduktion führte die fed-batch Kultivierung im Vergleich zur batch-Kultur bei 20 g Saccharose l^{-1} zu einer Steigerung des Gehaltes, sowie auch einer ca. 1,6-fach höheren Produktion und auch ca. 1,2-fachen Produktivität von Taxan.

Eine Kombination aus der Elizitierung und einem Saccharose fed-batch erzielte bei einer *Taxus chinensis* Zellsuspension eine signifikante Steigerung der Taxan-Diterpen-Produktion (Dong & Zhong 2002). Die Zugaben von Elizitor und Saccharose (20 g l⁻¹) erfolgten zeitgleich, wie auch in dieser Arbeit. Für den reinen Saccharose fed-batch sowie die Kombinationsstrategie wurde eine ähnliche Verlängerung der Wachstumsphase und folglich eine Steigerung der finalen Biomassekonzentration beobachtet: ca. 1,5-fach für den Saccharose fed-batch sowie ca. 1,4-fach bei der Kombinationsstrategie im Vergleich zur unbehandelten Kontrolle (Dong & Zhong 2002). Dieses Ausmaß der Steigerung der Biomasseproduktivität ist mit den in dieser Arbeit erzielten Ergebnissen für die *S. fruticosa* Suspension vergleichbar. In Bezug auf den Taxangehalt beobachteten Dong und Zhong (2002) für den Saccharose fed-batch eine ca. 1,8-fache Steigerung im Vergleich zur unbehandelten Kontrolle (unter Berücksichtigung der verlängerten Kultivierungsdauer, d.h. nach 21 d). Bei Anwendung der Kombinationsstrategie lag die Steigerung bei 2,1-fach gegenüber der unbehandelten Kontrolle (nach 12 d). Mit Hilfe des Saccharose fed-batches sowie auch bei der Kombinationsstrategie wurde eine ca. 5-fache Steigerung der volumetrischen Taxanerträge im Vergleich zum unbehandelten Kontrollansatz erzielt (Dong & Zhong 2002). Dieser Steigerungsfaktor stimmt sehr gut mit der Beobachtung in dieser Arbeit bezüglich der Triterpensäureerträge mit der *S. fruticosa* Suspension überein. Durch die Kombinationsstrategie wurde das höhere Level des volumetrischen Taxanertrages zeitlich betrachtet früher als bei alleinigem Saccharose fed-batch erreicht (Dong & Zhong 2002). Daher konnte die Produktivität der *T. chinensis* Suspension durch Anwendung der Kombinationsstrategie gesteigert werden. Die Produktivität lag bei der unbehandelten Kontrollkultur bei ca. 7,7 mg (l·d)⁻¹ (Wang et al. 1999). Mit der Kombinationsstrategie wurde die Produktivität um das 3,9-fache, mit dem Saccharose fed-batch um das 1,3-fache bzw. durch die alleinige Elizitierung um das 2,4-fache gesteigert (Dong & Zhong 2002).

Ein durch einen Saccharose fed-batch wachstumsfördernder Effekt sowie eine Steigerung der Produktivität wurde ebenfalls bei Wang et al. (2012) beobachtet. Eine *Panax quinquefolium* Suspension erbrachte im 5 l Rührreaktor bei Zugabe von 30 g Saccharose l⁻¹, wie in unserem Fall, bei einem Restzuckergehalt im Kulturmedium von < 15 g l⁻¹ am Tag 16 einen ca. 1,6-fachen volumetrischen Saponinertrag im Vergleich zur batch-Kultivierung. Bei Kombination des Saccharose fed-batches mit einer zeitlich verzögerten Elizitierung am Tag 20 wurde für diese Suspension eine dem reinen fed-batch ähnlich intensive Wachstumsförderung im Vergleich zur batch-Kultivierung festgestellt. Der volumetrische Saponinertrag betrug bedingt durch die Elizitierung mit Laktoalbumin-Hydrolysat und Methyljasmonat das 4-fache verglichen mit dem fed-batch Ansatz bzw. das 4,3-fache bezogen auf die unbehandelte batch-Kultur. Folglich leistete hier die zur Saccharosezugabe zusätzliche Elizitierung der *Panax quinquefolium* Suspension einen ergänzenden Beitrag zur Steigerung der Saponinproduktivität.

Für eine Zellsuspension von *Vitis vinifera* wurde im Vergleich zum alleinigen Saccharose fed-batch durch zu der Elizitierung eine Verstärkung des Sekundärstoffwechsels beobachtet. Bei Behandlung mit 20 µM Methyljasmonat und 27 g Saccharose l⁻¹ zum Zeitpunkt der Subkultur zeigten sich in der Zellsuspension eine im Vergleich zur alleinigen Elizitierung 2-fache Akkumulation von Resveratrol und ca. 4-fache Akkumulation von Anthocyanin (Belhadj et al. 2008).

Weiterhin ist die Kombination einer fed-batch Kultivierung mit einer geeigneten Hormonbehandlung für eine Steigerung der Produktivität förderlich. Bei einer *Commiphora wightii* Suspension wurde durch Zugabe von aufbereitetem Pilzmycel aus *Fusarium* sp. und pflanzenwachstumshemmenden Substanzen in Kombination mit einem fed-batch (Saccharose:Glucose, 1:1) der volumetrische Guggolsteron-Ertrag im einfachen fed-batch ca. 2,4-fach, bzw. im doppelten fed-batch ca. 3,5-fach im Vergleich zur unbehandelten Kontrollkultur gesteigert (Suthar & Ramawat 2010).

4.6. Hormonautotrophe Zellkulturen zur Produktion von Triterpensäuren

4.6.1. Induktion durch Transformation mittels *A. tumefaciens*

An Explantaten steriler Sprosskulturen konnten nach Kokultur mit *A. tumefaciens* bei allen untersuchten Pflanzenspezies (*O. basilicum*, *S. officinalis*, *S. fruticosa* und *R. officinalis*) Kalli erzeugt werden (Abbildung 27 und Tabelle 40). Die Intensität der Kallusbildung variierte zwischen den einzelnen Pflanzenspezies, was sich zum Teil auf die unterschiedlichen Materialien zurückführen lässt. Die Explantate der untersuchten Pflanzenspezies unterscheiden sich morphologisch sehr stark z. B. in der Größe, der Dicke und der Form des Oberblattes sowie der Rauigkeit der Blattoberfläche (vgl. Abbildung 27). Die Blätter von *O. basilicum* sind großflächig, dünn, eiförmig und weisen eine relativ glatte Blattoberfläche auf. *S. officinalis* zeichnet sich durch mittelgroße, feste Blätter in länglicher Form und mit leichten Einkerbungen aus. *S. fruticosa* besitzt kleine, dünne und dreieckige Blätter mit leichten Einkerbungen. Die Blätter des *R. officinalis* sind klein, nadelförmig und weisen eine raue Oberfläche auf.

Tabelle 40 Kalluskulturen von *O. basilicum*, *S. officinalis*, *S. fruticosa* und *R. officinalis* induziert nach Transformation mit *A. tumefaciens* C58, Wildtyp

Pflanzenspezies	Anzahl Kulturlinien 6 Monate nach Induktion	Anzahl Kulturlinien 2,5 Jahre nach Induktion
Ocimum basilicum	8	5
Salvia officinalis	56	28
Salvia fruticosa	4	1
Rosmarinus officinalis	1	1

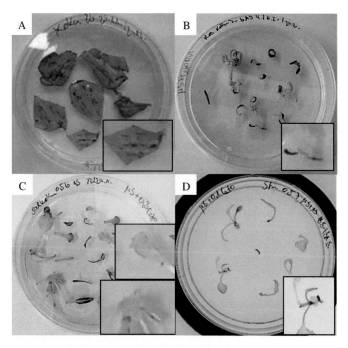

Abbildung 27 Bildung von Kallusgewebe nach Behandlung mit *A. tumefaciens* an A - *O. basilicum*, B - *R. officinalis*, C - *S. officinalis* und D - *S. fruticosa* (Ø Petrischale 92 mm), jeweils mit vergrößertem Ausschnitt

Bei *O. basilicum* wurde in bakterienfreien Kontrollansätzen bereits wenige Tage nach der Verwundung an der Wundstelle eine Bildung von Kallusgewebe beobachtet. Da die Sprosse sowie auch die Explantate von *O. basilicum* auf hormonfreiem Medium kultiviert wurden, besteht die Vermutung, dass es sich hierbei um sogenannten Wundkallus handelt. Diese Kallusstrukturen wiesen einen Durchmesser von << 0,5 cm auf und nekrotisierten schnell. Neben diesen nicht lebensfähigen Kallusgeweben, bildeten sich an den Explantaten der Kokultivierung mit *A. tumefaciens* vereinzelt Kolonien undifferenzierter Zellen, die eine kontinuierliche Vergrößerung zeigten. Diese Kolonien wurden ab einem Durchmesser von ca. 0,5 cm oder wenn das Blattgewebe stark nekrotisiert war vom Explantat abgetrennt und separat vermehrt. Für die Transformation von *O. basilicum* hat sich eine OD $_{600}$ der Bakterienkonzentration von ca. 0,6 bis 0,8 als geeignet herausgestellt. Besonders auffällig war eine starke Neigung zur Ausbildung von Wurzeln bei mit Bakterien behandelten Explantaten sowie auch bei bakterien- und hormonfreien Kontrollproben. Neben den Transformationsversuchen mit *A. tumefaciens* wurde dies auch bei dem Großen Beleg von Knoche (2014) zur Hairy Root Induktion an *O. basilicum* mit *A. rhizogenes* beobachtet. Eine Vielzahl zunächst gebildeter Wurzelstrukturen war nicht überlebensfähig und nekrotisierte schnell.

Die Induktion hormonautotropher Kalluskulturen war bei *S. officinalis* besonders erfolgreich. Für diese Spezies konnte im Vergleich zu den anderen Pflanzenspezies mit 28 Zelllinien (nach 2,5 Jahren) die höchste Anzahl lebensfähiger Zelllinien induziert werden. Bereits nach 2 Wochen Inkubation waren gut ausgebildete kallöse Strukturen mit Durchmessern größer als 0,5 cm zu beobachten. Diese traten ausschließlich bei mit Bakterien behandelten Explantaten auf und blieben bei den bakterien- und hormonfreien Kontrollansätzen aus. Die Kallusbildung trat bei *S. officinalis* besonders häufig an der Schnittstelle von Blattstielen sowie an verwundeten Internodien auf. Bei den Explantaten der Kontrollansätze war eine leichte Neigung zur Wurzelausbildung zu verzeichnen. An den Explantaten in Kokultur mit Agrobakterien blieb dieses Phänomen aus.

Bei *S. fruticosa* waren an den Explantaten nach gut 2 Wochen vereinzelt kallöse Strukturen sichtbar. Diese nekrotisierten jedoch bereits nach wenigen Subkultivierungen. Im Vergleich zu den Sprosskulturen von *O. basilicum* und *S. officinalis* zeigten die Sprosskulturen von *S. fruticosa* (Vgl. 3.1) eine deutlich geringere Vermehrungsrate. An den Sprossen selbst traten häufig eine Nekrose sowie eine Vitrifizierung auf. Ergebnisse der Diplomarbeit zur Etablierung hormonbasierter Kalluskulturen aus u. a. der gleichen Sprosskultur von *S. fruticosa* durch Freund (2014) bestätigten die geringe Vermehrungsrate der Sprosskulturen und die eingeschränkte Vitalität der Explantate. Daher eignete sich die Sprosskultur von *S. fruticosa* nur bedingt für eine Induktion von in vitro Kulturen.

In mit Agrobakterien unbehandelten Kontrollansätzen wurde bei *S. officinalis*, wie auch bei *S. fruticosa*, an den Wundstellen eine im Vergleich zu den anderen untersuchten Pflanzenspezies intensive Kallusbildung beobachtet. Das Medium zur Sprosskultur von *S. officinalis* und für *S. fruticosa* enthält das Cytokinin 6-BAP. Daher handelt es sich bei dem gebildeten undifferenzierten jedoch nicht über lange Zeit lebensfähigen pflanzlichen Zellverband vermutlich um hormonbasiertes Kallusgewebe.

Die Transformation von *R. officinalis* stellte sich im Vergleich zu den anderen untersuchten Pflanzenspezies in dieser Arbeit als besonders schwierig heraus. Verschiedene Ansätzen wurden zur Optimierung der Induktion herangezogen: Neben der Kokultivierung wurde auch die direkte Infektion der Explantate und Sprosse durchgeführt. Nach stetig ausbleibendem Erfolg wurde eine Ursache für das Ausbleiben der Tumorbildung in dem Vorhandensein antibakterieller Substanzen an der Wundstelle vermutet, wie z. B. Phenolen, welche von den Sprossen bei der Abwehrreaktion gebildet werden. Daher erfolgten ebenfalls Versuche zur Adsorption von phenolischen Substanzen nach (Marchev et al. 2011). Letztendlich konnte durch Kokultivierung mit einer Bakterienkonzentration von $OD_{600} = 0,6$ über eine Stunde eine Zelllinie erzeugt werden.

Bei *O. basilicum* wurde an der Wundstelle ohne Zugabe von Hormonen und in Abwesenheit von *A. tumefaciens* undifferenziertes Zellgewebe beobachtet. Gebilde an verwundetem Pflanzenmaterial, welche sich ohne die externe Zugabe von Hormonen und in Abwesenheit von Pflanzenpathogenen vermehren, werden dem sogenannten Wundkallus zugeordnet (Ikeuchi et al. 2013, 2017). Dieser Typ von Kallus ist hinsichtlich seiner molekularen und physiologischen Eigenschaften vom Kallus, welcher durch exogene Hormonzugabe oder Pflanzenpathogene erzeugt wurde, abzugrenzen. Wundkallus akkumuliert Phytoalexine und pathogengerichtete Proteine. Zu den Phytoalexinen gehören unter anderem phenolische Substanzen, welche die in dieser Arbeit bei den Wundkalli beobachtete Nekrose bewirken (Ikeuchi et al. 2013).

Zur Induktion hormonautotropher Kalluskulturen durch Transformation steriler Sprosse der Lamiaceae mit *A. tumefaciens* hat sich in dieser Arbeit die Methode der Kokultivierung von entsprechend vorbereiteten Explantaten gegenüber einer direkten Infektion als geeigneter herausgestellt. In der Literatur gibt es keine Hinweise zur Eignung der direkten Infektion von Pflanzenmaterial der Famile der Lamiaceae mit *A. tumefaciens*. Für die Hairy Root Induktion mit *A. rhizogenes* eignete sich eine direkte Injektion in die Internodien von *S. sclarea* Sprosskulturen bei Kuźma et al. (2006). Eine Anwendung dieser Technik auf die Sprosskulturen war in Vorversuchen dieser Arbeit nicht erfolgreich. Die Einstellung der für die Transformation mit Agrobakterien relevanten Parameter erfolgte auf Basis der Ergebnisse eigener Voruntersuchungen, sowie auch in Anlehnung an Empfehlungen aus der Literatur. Der Erfolg der Transformation hängt ab von der verwendeten Pflanzenspezies und dem Explantat, dem Stamm und der Konzentration der applizierten Agrobakterien sowie dem Vorhandensein chemischer Substanzen, welche den Infektionsprozess fördern wie z. B. Acetosyringon (Wolf und Koch 2008).

Es ist bekannt, dass einzelne Stämme von *A. tumefaciens* hinsichtlich der Transformation durch eine Spezifität auf bestimmte Pflanzenspezies gekennzeichnet sind (Godwin et al. 1991; Pitzschke 2013; Gohlke und Deeken 2014). Bisher sind wenige Literaturstellen bekannt, die sich mit der Transformation von Pflanzen der Familie der Lamiaceae, allgemein sowie insbesondere für die in dieser Arbeit betrachtete Transformation mit *A. tumefaciens* beschäftigen. Generell eignen sich für die Transformation bei dieser Pflanzenfamilie Nopalin-type Agrobakterien, zu denen der Stamm C58 gehört (Hwang et al. 2013). Deschamps und Simon (2002) verwendeten für die Transformation von *O. basilicum* (Purple Ruffles) sowie *O. citriodorum* (cv. Sweet Dani) die transgenen Agrobakterienstämme GV3101 und EHA 105 (letzterer ist ein Abkömmling von A281) und erzielten eine Infektionsrate von über 96 %. Der Stamm GV3101 ist nach (Xiao et al. 2014) ein Abkömmling von dem Stamm C58. *A. tumefaciens* GV3101 fehlt die T-DNA, jedoch weist dieser Stamm die *vir* Gene auf. In den Untersuchungen dieser Arbeit wurde der hypervirulente Wildtypstamm C58 verwendet, welcher sich bereits an *Salvia miltiorrhiza* für die Induktion von Wurzelhalsgallen als geeignet erwies (Chen et al. 1997). Somit weichen in Bezug auf die Transformation von Basilikum sowohl der Stamm von Agrobakterien (Xiao et al. 2014) sowie die Sorte von *O. basilicum* von den Materialien bei Deschamps und Simon (2002) ab. Die Gruppe um (Luwańska et al. 2017) untersuchte die Transformierbarkeit von *S. officinalis* Sprossen durch *A. tumefaciens* LBA 4404 (Oktopine-Typ) mit vektor-basierten Methoden. Dabei zeigte sich eine geringe Transformationseffizienz, welche mit den antibakteriellen Eigenschaften des Salbeis begründet wird. Eine effiziente Abwehr von Agrobakterien durch Salbei in vitro Kulturen wurde bereits zuvor durch Marchev et al. (2011) beobachtet. Um dem Absterben der Bakterien entgegen zu wirken, wurde von Marchev et al. (2011) eine Strategie zur Absorption von phenolischen Substanzen aus dem Medium durch temporäre Immersion entwickelt. Eine Anwendung dieses Verfahrens auf die Transformation von *R. officinalis* mit *A. tumefaciens* in dieser Arbeit brachte jedoch keinen Erfolg. Neben der Abwehr der Sprosskulturen wäre auch denkbar, dass der verwendete Bakterienstamm C58 für die Pflanzenspezies *R. officinalis* nicht zugänglich ist. Hwang et al. (2013) stellten fest, dass sich für *S. farinacea*, eine in dieser Arbeit nicht untersuchte Salbeispezies, vor allem *A. tumefaciens*-Stämme vom Nopalintyp eignen. Für *R. officinalis* ist in der Fachliteratur eine Erzeugung hormonautotropher Kalli aus Sprosskulturen durch Transformation mit *A. rhizogenes* ATCC43056 mit dem Ziel der Produktion von Rosmarinsäure beschrieben (Komali & Shetty 1998). In der Vorgehensbeschreibung fehlen jedoch konkrete Angaben zu der verwendeten Bakterienkonzentration, sodass kein Vergleich mit den Ergebnissen dieser Arbeit möglich ist. Somit können Ursachen für die abweichende Transformationseffizienz in dieser Arbeit mit *A. tumefaciens* C58 sowohl in dem pflanzlichen Ausgangsmaterial als auch in dem verwendeten Bakterienstamm gesehen werden.

Mit Hinblick auf die Speziesspezifität der Agrobakterien zur Infektion von Pflanzenzellen müssen auch die phytochemische Zusammensetzung und die morphologischen Eigenschaften des Pflanzenmaterials berücksichtigt werden. Bei Bakterien, denen die Gene für die Bildung von Zellulosefibrillen zur Anheftung an die Pflanzenzelle fehlen, ist die Transformationseffizienz stark beeinträchtigt (Gelvin 2000). Die in dieser Arbeit untersuchten Sprosskulturen, welche als Ausgangsmaterial für die Infektion dienten, zeichneten sich durch eine Variabilität hinsichtlich der Morphologie und folglich auch der biochemischen Zusammensetzung des Materials v. a. in Bezug auf bioaktive Metabolite aus. Damit liegen unterschiedliche Ausgangsbedingungen für die Transformation der Zellen vor, welche zu unterschiedlichen Ergebnissen führen können.

Weiterhin wurde bei der Transformation verschiedener Explantate eine Spezifität der Agrobakterien bezüglich der Art des Explantates bzw. Gewebes beobachtet. Berry et al. (1996) erzeugten für verschiedene Spezies von Minze, welche wie die in dieser Arbeit betrachteten Pflanzenspezies zu der Familie der Lamiaceae gehören, Kallus durch Transformation mit *A. tumefaciens*. Verschiedene Stämme von *A. tumefaciens* wurden hinsichtlich ihrer Tumorinduktion an Petiolen und Blattscheiben untersucht. Bei dem Stamm C58 wurde für alle untersuchten Minzarten keine Tumorbildung beobachtet. Nach Angaben von Berry et al. (1996) wird vermutet, dass sich der Stamm C58 bevorzugt für Stammexplantate eignet. Dies stimmt mit den in dieser Arbeit beobachteten Orten für die Kallusbildung für *S. officinalis* überein. Die Kallusbildung trat hier wesentlich seltener an Blattgewebe im Vergleich zu Stammexplantaten auf.

Neben der Art des pflanzlichen Materials sind auch der Zustand dessen hinsichtlich der Vitalität sowie auch das Alter des Explantates für den Erfolg der Transformation entscheidend (Ghosh et al. 1997). Eine effiziente Infektion erfordert zumeist Verwundungen und/oder sich schnell teilende Zellen (Gelvin 2000). Durch die Einschränkungen in der Vitalität des Ausgangsmaterials bei *S. fruticosa* wird auch die Zugänglichkeit für die Agrobakterien sowie das Wachstum des Tumors beeinflusst. Ein ähnlicher Effekt wurde bei der hormonbasierten Induktion von Kallus für *S. officinalis* beobachtet (Kintzios et al. 1999). Bei fortschreitender Nekrose der Explantate sank dort die Induktionseffizienz.

Neben der Konzentration der Bakterien, welche über die OD_{600} eingestellt wird, spielt auch die Behandlungszeit in der Kokultur von den Agrobakterien und dem pflanzlichen Material eine Rolle. In Voruntersuchungen hat sich für die Transformation mit *A. tumefaciens* C58 bei *O. basilicum* eine OD_{600} von 0,6 bis 0,8 für 0,5 bis 1 h als geeignet herausgestellt. Die in dieser Arbeit für die Transformation von *O. basilicum* Bakterienkonzentration ist mit der von Deschamps & Simon (2002) für die Transformation von *O. basilicum* (Purple Ruffles) sowie *O. citriodorum* (cv. Sweet Dani) genutzten OD_{600} von

0,8 bis 1 bei einer Einwirkzeit von 30 min vergleichbar. Etwa 2 bis 3 Wochen nach der Induktion wurden von Deschamps und Simon (2002) vereinzelt kallöse Strukturen an den Blattexplantaten beobachtet. Für *Salvia* wurde in Anlehnung an das Protokoll für die Hairy Root Induktion bei *Salvia tomentosa* nach Marchev et al. (2011) eine OD_{600} im Bereich von 0,7 bis 0,8 gewählt. Für *R. officinalis* wurden in Anlehnung an die Ergebnisse von Knoche (2014) für die Kokultur von *A. rhizogenes* mit Rosmarinexplantaten eine im Vergleich zu *Ocimum* und *Salvia* geringere Bakterienkonzentration mit einer OD_{600} von 0,4 bis 0,6 und eine Einwirkzeit über 1 h gewählt. Bei Knoche (2014) zeigte sichfür eine OD_{600} von bis zu 0,7 und eine Kokultur über bis zu 2 h ein starker Bewuchs der Explantante mit Agrobakterien.

Trotz intensiver Forschungen an der Transformation mit Agrobakterien, ist nicht vollständig geklärt, warum einige Pflanzenspezies leicht transformiert werden können und andere hingegen gar nicht. Die Transformationseffizienz kann durch verschiedene chemische Faktoren beeinflusst werden. Viele Pflanzenspezies können die für eine effiziente Virulenz der Bakterien erforderliche Menge an Phenolen nicht bereitstellen. Um diese Spezies zu transformieren, ist es hilfreich die phenolischen induzierenden Substanzen vor oder nach der Kokultivierung separat zur Verfügung zu stellen (Gelvin 2006). Die Anhaftung, die Biofilmbildung sowie die Virulenz der Agrobakterien werden durch verschiedene Arten von Exopolysacchariden, Phosphorgehalte und Sauerstoffpartialdruck beeinflusst. Bei niedrigen Calcium- und Phosphatkonzentrationen und saurem pH-Wert in der Umgebung wird die Bakterienanhaftung begünstigt. Phospholipide, Phosphatidylcholine (PCs) und phosphatfreie bakterielle-Ornithin Lipide (OLs) unterstützen die Virulenz. Obwohl die für Eukaryoten typischen PCs in Bakterien nicht vorkommen, bestehen fast 22 % der Membranlipide von Agrobakterien daraus. PCs und OLs werden gegensätzliche Wirkungen in der Virulenz nachgesagt. Agrobakterien mit geringem PC-Level weisen eine geringere Tumorbildung auf. Ein Fehlen von OLs kann die Abwehrantwort des Wirtes reduzieren und zu einer früheren und stärkeren Tumorbildung führen. Agrobakterien nutzen die pflanzeneigene Immunantwort zu ihrem eigenen Vorteil bei der Integration ihrer T-DNA (Hwang et al. 2015). Wie bereits erwähnt wird der Transfer der T-DNA durch die Aktivierung von Virulenzgenen eingeleitet. Allgemein reagieren Pflanzen auf einen Angriff durch Pathogene mit der Produktion von phenolischen Substanzen, welche diese bakteriellen Virulenzgene auslösen.

Neben der Konzentration der phenolischen Substanzen für die Induktion der *vir* Gene, spielen auch die Expositionsdauer, die Belichtung des pflanzlichen Materials, sowie die Konzentration an Wachstumsregulatoren eine Rolle. Für einige Pflanzenspezies zeigten sich durch eine Behandlung der Explantate mit Hormonen vor der Kokultur mit Agrobakterien eine verbesserte Effizienz und Stabilität der Transformation (Gohlke & Deeken 2014). Zum einen stimulieren die Hormone die Teilung der Pflanzenzellen. Daher ist es denkbar, dass die Transformation durch Agrobakterien in einer bestimmten Phase des pflanzlichen Zellzyklus stattfindet. Hierfür scheint die S-Phase eine besondere Rolle zu spielen (Gelvin 2000). Weiterhin wird vermutet, dass Wachstumsregulatoren die Abwehrreaktion der Wirtszelle bei der Transformation verändern (Gohlke & Deeken 2014). Agrobakterien synthetisieren Auxine und Cytokinine. Die molekularen Mechanismen der Signalwege bezüglich der Auxinbiosynthese sind noch nicht vollständig verstanden (Gohlke & Deeken 2014). Die Mechanismen der Cytokininbiosynthese sind im Vergleich zur Auxinbiosynthese besser aufgeklärt. Agrobakterienstämme, die Nopalin umsetzen, produzieren mittels *trans*-Zeatin-synthetisierender Enzyme hohe Mengen an Cytokininen. Diese Proteine für die Cytokininsynthese sind auf der *vir*-Region des Ti-Plasmids verschlüsselt. Eine vorherige Zugabe von Auxinen oder Auxinen und Cytokininen beeinflusst die Effizienz der Übertragung der T-DNA sowie die Stabilität der Transformation und das Wachstum der Gallentumore positiv. Im frühen Stadium der Infektion manipulieren agrobakterielle Auxine und Cytokinine die Signalwege der pflanzlichen Wachstumsregulatoren, um die Wirtszelle auf die Transformation vorzubereiten. Für den Erfolg der Infektion ist hier ein geeignetes Gleichgewicht der Wachstumsregulatoren entscheidend (Gohlke & Deeken 2014). In dem virulenten Agrobakterienstamm C58 wurde eine starke Auxin-Produktion nachgewiesen. Für plasmidlose und daher T-DNA freie Stämme hingegen war der Anteil gebildeter Auxine deutlich geringer im Vergleich zu plasmidhaltigen Stämmen (Gohlke & Deeken 2014). In dieser Arbeit enthielten die Medien für die Kultivierung der Sprosse, welche als Explantatquelle für die Transformationsversuche genutzt wurden, mit Ausnahme von *O. basilicum* das Cytokinin 6-Benzylaminopurin (6-BAP). Daher ist es denkbar, dass die bei dieser Arbeit v. a. hohe Anzahl erzeugter Kalluszelllinien für *Salvia* aus dem Status an Wachstumsregulatoren zu Beginn der Kokultur resultieren kann.

Die Anfälligkeit der Pflanzenspezies wird nicht nur durch die Bedingungen bei der Kokultur beeinflusst, sondern auch durch die Pflanzenspezies, das Vorhandensein reaktiver Sauerstoffspezies und antimikrobieller Faktoren (Pitzschke 2013). Eine Vielzahl von Pflanzenspezies unterscheidet sich in ihrer Anfälligkeit für eine Infektion mittels Agrobakterien. Sogar innerhalb einer Spezies zeichnen sich verschiedene Sorten und Ökotypen durch eine Variation in der Empfänglichkeit für eine Tumorentwicklung durch verschiedene Stämme der Agrobakterien aus (Gohlke & Deeken 2014). Die Abweichungen in der Effizienz der Transformation können durch Umweltfaktoren oder physiologische Bedingungen beeinflusst werden. Daneben wurden genetische Ursachen für einige Pflanzenspezies bereits nachgewiesen. Das Zeitfenster, in dem eine Tumorentwicklung nach Verwundung ausgelöst wird, variiert bei verschiedenen Pflanzenspezies. Selbst wenn Pflanzenzellen durch z. B. physikalische Barrieren Verkorkung ausbilden, können sie immer noch empfänglich für eine Transformation sein. In einer Vielzahl von Studien wurde ein unterschiedliches Verhalten für diverse Gewebe, Organe und Zelltypen innerhalb einer Pflanze hinsichtlich ihrer Zugänglichkeit zur Agrobakterien-Transformation nachgewiesen (Pitzschke 2013; Gohlke und Deeken 2014).

Eine Übersicht zu bereits veröffentlichten und hypothetischen Strategien zur Verbesserung der Effizienz der Transformation wird von Pitzschke (2013) gegeben. Nach Gohlke & Deeken (2014) sind der Status und der erforderliche Zelltyp für die Empfänglichkeit einer T-DNA-Integration in das Pflanzengenom bisher unbekannt. Dieses Wissen wäre hilfreich um zu verstehen, warum bestimmte Pflanzenspezies für eine Transformation ungeeignet sind.

4.6.2. Charakterisierung der Morphologie, des Wachstums und der Triterpensäureproduktion

4.6.2.1. Morphologie

Die erzeugten Kalluskulturen variierten hinsichtlich ihrer Morphologie, ihres Wachstums und ihrer Farbe zwischen den verschiedenen Pflanzenspezies sowie auch innerhalb einer Spezies sehr stark (vgl. Abbildung 28). Es wurden miniaturisierte spross-ähnliche Strukturen, teilweise blattartige Differenzierungen, fest verbundene Zellaggregate sowie weiche feuchte und auch relativ lose Zellverbände beobachtet. Eine Variabilität in der Morphologie von Zellkulturen, welche aus der Transformation mit einem konkreten Stamm von *A. tumefaciens* entstammen, zeigte sich auch bei Ohmstede (1995). Die Morphologie des transformierten Gewebes wird durch die Intensität der endogenen Auxin- und Cytokinin-Produktion beeinflusst. Diese wiederum hängt von der Integration der entsprechenden Abschnitte der T-DNA (*tms 1* und *2* sowie *tmr*) ab. Bei Subkultivierung der gebildeten Gewebe über einen längeren Zeitraum (ca. 2 Jahre) zeigten sich bei einigen Zelllinien morphologische Veränderungen innerhalb der Tumorkulturen. Anfangs war die Kultur von *R. officinalis* durch einen sehr harten Zellkomplex mit einem langsamen Wachstum gekennzeichnet. Nach etwa 2 Jahren bildeten sich aus diesen harten weichere Strukturen, die fortführend separat vermehrt wurden und im Vergleich zu den harten Strukturen schneller wuchsen. Es ist bekannt, dass nach der Erzeugung Kalli und Tumore mit unterschiedlichen Graden von Differenzierung auftreten können. Bei Ibrahim et al. (2007) bildeten einige Tumore spontan Sprossorgane, andere zeigten über einen langen Zeitraum keine Differenzierung und wuchsen als unorganisiertes tumorähnliches Kallusgewebe auf hormonfreiem Nährmedium. Für die Erzeugung von Suspensionskulturen wurden von Ibrahim et al. (2007) nur fein verteilte, leicht zerbröckelnde Kalluslinien ausgewählt. Daneben wurden für Tumorkulturen von *Artemisia annua* spontane morphologische Veränderungen beschrieben (Ghosh et al. 1997). 2 bis 3 % der Tumorkulturen, welche mittels *A. tumefaciens* C58 (Wildtyp) induziert wurden, bildeten nach 4 Monaten sprossähnliche Teratome (Ghosh et al. 1997). Als Ursache wird ein innerhalb der Tumore verändertes Verhältnis von Cytokininen zu Auxin vermutet. Obwohl die Integration der T-DNA in den gebildeten Tumoren stabil ist, können in der frühen Phase der Tumorentwicklung Umlagerungen auf der T-DNA nicht ausgeschlossen werden (Thomashow et al. 1980).

In dieser Arbeit erfolgten ca. 2,5 Jahre nach der Induktion Untersuchungen zum Wachstum und der Produktion der Triterpensäuren, um aus den 35 hormonfrei wachsenden Zelllinien für die Überführung in Suspensionskultur geeignete Kandidaten sowie die weitere Prozessentwicklung auszuwählen. Über den Zeitraum der Untersuchungen mit hormonautotrophen Kalluskulturen in dieser Arbeit stellten einige der Zelllinien das Wachstum ein und nekrotisierten (Vgl. Tabelle 40). Dies ist vermutlich darauf zurückzuführen, dass diese nicht die für die Hormonproduktion erforderlichen Abschnitte der bakteriellen T-DNA enthalten und daher keine Transformation durch die *A. tumefaciens* erfolgt ist. Da das Medium der Sprosskulturen von Salbei und Rosmarin, welche für die Induktion genutzt wurden, Wachstumsregulatoren enthält, könnten diese die Bildung von kallösem Gewebe hervorgerufen haben. Weiterhin wird, wie bereits in den Ergebnissen der Transformation erwähnt, Kallusgewebe auch ohne Hormonzugabe an Wundstellen der Pflanze gebildet (Ikeuchi et al. 2013). Dieses ist jedoch weniger stabil und nekrotisiert sehr schnell. Dieser Effekt wurde insbesondere bei Induktionsversuchen mit Sprossen von *Ocimum basilicum*, dessen Kulturmedium keine Wachstumsregulatoren enthielt, beobachtet.

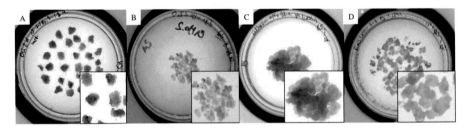

Abbildung 28 Kallusgewebe aus Transformation mit *A. tumefaciens* von A - *O. basilicum* und B und C - zwei verschiedene Zelllinien von *S. officinalis* sowie D - *R. officinalis*(Ø Petrischale 92 mm), jeweils mit vergrößertem Ausschnitt

4.6.2.2. Wachstum

Das Wachstum der Kalluszellen wurde anhand des Wachstumsindexes (GI) über die nach 3 Wochen nach der Subkultur gebildete Trockenmasse ermittelt (Tabelle 41). Aus dieser getrockneten Zellmasse erfolgte die Analyse der Triterpene. Im Vergleich aller durch Transformation mit *A. tumefaciens* erhaltenen Kulturlinien reicht der GI von 7,3 (Min) bis 23,4 ± 3,3 (Max). Der dazugehörende Median liegt bei ca. 16. Die Verteilung des Wachstumindexes ist in Tabelle 41 für die jeweilige Pflanzenspezies aufgelistet. Die Zellkulturen der Pflanzenspezies *O. basilicum* und *S. officinalis* stellten sich mit Blick auf die Vermehrungsfähigkeit als vielversprechend heraus. Für die in dieser Arbeit umfangreich untersuchte hormonbasierte Zellkultur von *S. fruticosa* wurde bei einer Kultur über 17 d ein GI von 11,2 ± 4,2 bzw. nach 33 d von 35,2 ± 6,3 ermittelt. Bezogen auf den jeweiligen Kultivierungszeitraum liegt der GI bei den schnellwachsenden Zelllinien mit einem GI > 20, d. h. den hormonautotrophen Zelllinien von *O. basilicum* und *S. officinalis* sowie der hormonbasierten *S. fruticosa* Zellkultur bei ca. 1. Folglich zeichnen sich die hormonautotrophen Zelllinien verglichen mit der der hormonbasierten *S. fruticosa* Zellkultur durch ein relativ ähnliches Wachstum aus.

Tabelle 41 Verteilung der Wachstumsindices (GI) von Kalluskulturen der Lamiaceae, induziert mittels *A. tumefaciens* bei Kultur über 3 Wochen

Pflanzenspezies	GI		
	Min	Max	Median
O. basilicum	8,5*	21,1 ± 6,8	16,7
R. officinalis	12,9 ± 5,1**		
S. officinalis	7,3*	23,4 ± 3,3	15,8
S. fruticosa	16,8 ± 0,1**		

*nur ein Messwert, da Wachstum zu gering
**Mittelwert ± Standardabweichung, da nur eine Zelllinie der Spezies untersucht

Für transformierte Zellkulturen wurde in der Literatur eine durch die Transformation bedingte Wachstumssteigerung beschrieben (Towers und Ellis 1993; Chen et al. 1997). Chen et al. (1997) stellten für eine transformierte Suspensionskultur von *S. miltiorrhiza* eine im Vergleich zur hormonbasierten Suspensionskultur ca. 3,5-fache Steigerung des GI fest. (Bauer et al. 2004) ermittelten für transformierte Kalluskulturen von *Coleus blumei* im Vergleich zu nicht transformierten Kulturen ein schnelleres und über mehrere Jahre stabiles Wachstum. Basierend darauf können die im Rahmen dieser Arbeit erzeugten Tumorkulturen als geeignete Alternative zu hormonbasierten Suspensionskulturen betrachtet werden.

4.6.2.3.   Produktion von Triterpensäuren

Nach einem für eine Stabilisierung der hormonautotrophen Kalluskulturen angemessenen Zeitraum von 6 Monaten erfolgte eine Untersuchung hinsichtlich der Produktion der gewünschten Triterpensäuren. Die Ergebnisse sind in Tabelle 42 dargestellt. Die erreichten Produktgehalte an Triterpensäuren sind mit denen anderer analysierter in vitro Kulturen vergleichbar. Die für *S. officinalis* beobachteten maximalen Gehalte von 2,3 mgOS bzw. 4,5mgUS g_{tr}^{-1} liegen im Bereich der Werte für die etablierte und bereits umfangreich betrachtete hormonbasierte Suspensionskultur von *S. fruticosa*. Ob diese Gehalte von den Tumorkulturen auch in Flüssigkultur produziert werden, muss in nachfolgenden Untersuchungen überprüft werden. Bauer et al. (2004) verglichen die Produktivität von transformierten Kalluskulturen mit nicht transformierten Kulturen von *Coleus blumei*. Zusätzlich zur Stabilisierung des Wachstums der Kalluskulturen war die Bildung von Rosmarinsäure in den transformierten Kalluskulturen intensiver als in hormonbasierten Kulturen oder in der intakten Pflanze. Dies deutet darauf hin, dass das biosynthetische Potential transformierter Kalluskulturen im Vergleich zu hormonbasierten Kulturen vielversprechend ist und höhere Produktgehalte erzielt werden können.

Etwa 2,5 Jahre nach der Induktion wurde der Produktgehalt erneut untersucht. Die Verteilung der Triterpengehalte in den verbliebenen Kalluszelllinien ist in Tabelle 43 aufgeführt. Die maximalen Gehalte für OS und US konnten nicht wieder gefunden werden. Überraschenderweise wurde bei der hormonautotrophen Zelllinie von *S. fruticosa* keine Triterpensäureproduktion mehr festgestellt. Dieses Beispiel verdeutlicht, dass sich die Synthese im Verlauf der Zeit geändert hat.

Tabelle 42 Screening von hormonautotrophen Kalluskulturen, induziert mittels *A. tumefaciens* anhand des Triterpengehaltes bezogen auf die Trockenmasse nach 6 Monaten

Spezies	Anzahl analysierter Linien	Triterpengehalt [mg g_{tr}^{-1}]					
		Minimum		Median		Maximum	
		OS	US	OS	US	OS	US
Ocimum basilicum	8	0,15	0,14	0,38	0,35	0,70	0,93
Salvia officinalis	38	0,01	0,05	0,29	0,50	2,31	4,48
Salvia fruticosa	2	0,26	0,61	0,27	0,64	0,27	0,66
Rosmarinus officinalis	1	-	-	0,14	0,32	-	-

Tabelle 43 Selektion von hormonautotrophen Kalluskulturen, induziert mittels *A. tumefaciens* anhand des Triterpengehaltes bezogen auf die Trockenmasse nach 2,5 Jahren

Spezies	Anzahl analysierter Linien	Triterpengehalt [mg g_{tr}^{-1}]					
		Minimum		Median		Maximum	
		OS	US	OS	US	OS	US
Ocimum basilicum	5	0,04	0,03	0,15	0,04	0,69	0,20
Salvia officinalis	28	0,04	0,05	0,32	0,38	1,42	1,70
Salvia fruticosa	1	-	-	n.b.	n.b.	-	-
Rosmarinus officinalis	1	-	-	0,17	0,41	-	-

Von der Vielzahl hormonautotroph wachsender Kalluskulturen zeichneten sich eine Zelllinie von *O. basilicum* und eine Zelllinie von *S. officinalis* hinsichtlich ihres Wachstums und ihrer Morphologie als besonders vielversprechend heraus. Für die *O. basilicum* Kalluskultur wurde ein maximaler GI von 21 ± 7 bestimmt. Bei der *S. officinalis* Kalluskultur lag der GI bei 23 ± 3. Weiterhin wies die hormonautotrophe Zellkultur von *O. basilicum* eine besonders feine Aggregatstruktur auf. Aus diesem Grund wurde diese Zellkultur in einem anschließenden Projekt zum Drucken von 3-D Gelen mit Pflanzenzellen eingesetzt (Seidel et al. 2017). Mit Blick auf den Triterpengehalt wurden in der *O. basilicum* Kalluskultur ca. 37 µgOS bzw. 44 µgUS g_{tr}^{-1} festgestellt. Mit fortschreitender Kultivierungszeit zeichnet sich die *O. basilicum* Zellkultur durch einen Farbumschlag von weiß zu Beginn der Kultivierung auf dunkelgrau zum Ende der Kultivierung aus. Dieser Farbumschlag kann durch Phenolsäuren, welche die Zellkultur eigens produziert, hervorgerufen werden. Neben den Triterpenen wurden in dieser Zellkultur ca. 6 mg Rosmarinsäure g_{tr}^{-1} gefunden. Für die *S. officinalis* Kalluskultur lag der Gehalt an Triterpensäuren in der Kalluskultur bei 600 µgOS und bei 457 µgUS g_{tr}^{-1}. In der Kalluskultur variiert der Gehalt an sekundären Metaboliten häufig sehr stark im Vergleich zu Suspensionskulturen. Um aussagekräftige Ergebnisse über die Einsatzfähigkeit der fein aggregierten *O. basilicum* Zellkultur in einem Produktionsprozess zu erhalten, wurden mit dieser Zelllinie weitergehende Analysen in Suspensionskultur vorgenommen. Jedoch stellte sich diese Kultur mit Triterpengehalten von unter 100 µgOS und US g_{tr}^{-1} für einen wirtschaftlich relevanten Produktionsprozess als nicht geeignet heraus. Für ein wirtschaftliches Produktionsverfahren zur Gewinnung pflanzlicher Metabolite sollte die Produktivität laut Scragg (1995) in Dimensionen von 10 bis 100 mg l^{-1} d^{-1} vorliegen. Die in der Kalluskultur beobachteten Gehalte von Rosmarinsäure konnten in Suspension bei mit Werten im Bereich von 6 bis 11 mg g_{tr}^{-1} reproduziert werden. Da die Produktion von Rosmarinsäure nicht Ziel dieser Arbeit ist, wurde von weitergehenden Betrachtungen in dieser Richtung abgesehen.

4.6.3. Überprüfung der Transformation in hormonautotrophen Kalluskulturen

Um den Erfolg der Transformation nachzuweisen, wurde in den hinsichtlich des Wachstums und der Wirkstoffproduktion ausgewählten Kalluskulturen von *O. basilicum* und *S. officinalis* die genomische DNA extrahiert und mittels PCR auf das Vorhandensein von Genabschnitten untersucht, welche durch *A. tumefaciens* übertragen werden. Hierfür wurden mit dem Primer virC (730 bp) die *vir*-Genabschnitte des bakteriellen Ti-Plasmides sowie mit dem Primer tms (442 bp) die tumorbildenden Genabschnitte der T-DNA des Ti-Plasmides im pflanzlichen Genom überprüft. Für die Zelllinien von *O. basilicum* (Oci 1) und *S. officinalis* (Soff 26) konnte ein positiver Nachweis über die Transformation geführt werden. Beide Zelllinien wiesen sowohl die Abwesenheit der *vir*-Genabschnitte (Abbildung 29 und Abbildung 30) als auch die Anwesenheit der *tms*-Genabschnitte (Abbildung 31 und Abbildung 32) auf. In den Proben der Zellkulturen und der Negativkontrolle wurden im Bereich von 700 bis 800 bp keine Banden beobachtet. Für die Positivkontrolle, welche die genomische DNA von *A. tumefaciens* darstellt, wurden die Banden erwartungsgemäß vorgefunden. Folglich kann eine Kontamination der beiden Zellkulturen von *O. basilicum* und *S. officinalis* ausgeschlossen werden. Die Negativkontrollen aus sterilem Reinstwasser bestätigen zudem, dass die Reagenzien für den PCR-Ansatz frei von Kontaminationen mit der bakteriellen DNA waren.

In beiden Zellkulturen von *O. basilicum* und *S. officinalis* sowie auch in der Positivkontrolle mit der genomischen DNA von *A. tumefaciens* wurde eine Bande im Bereich von 400 und 500 bp nachgewiesen (Abbildung 31 und Abbildung 32). Dies lässt darauf rückschließen, dass der bakterielle *tms*-Genabschnitt erfolgreich in das pflanzliche Genom der beiden Zellkulturen integriert wurde. Allerdings müssen nicht alle Zellen im Verband den transformierten Zustand aufweisen, da die für das Wachstum als undifferenziertes Gewebe erforderlichen Wachstumsregulatoren von den transformierten Zellen auch an die benachbarten Zellen abgegeben werden (Towers & Ellis 1993).

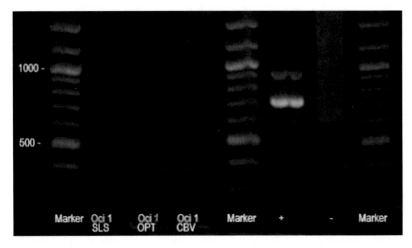

Abbildung 29 Elektrophorese-Gel zum Nachweis des vc-Amplifikates (730 bp); von links nach rechts: Größenstandard (Marker), Probe aus hormonautotrophem Kallus von *O. basilicum* Linie 1 mit den Extraktionspuffern SLS, OPT und CBV, Positivkontrolle gDNA *A. tumefaciens* (pTiC58), Negativkontrolle (Wasser)

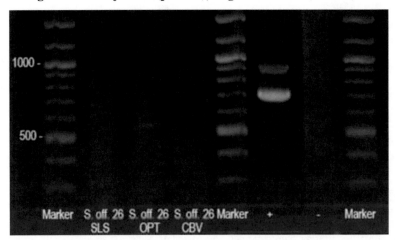

Abbildung 30 Elektrophorese-Gel zum Nachweis des vc-Amplifikates (730 bp); von links nach rechts: Größenstandard (Marker), Probe aus hormonautotrophem Kallus von *S. officinalis* Linie 26 mit den Extraktionspuffern SLS, OPT und CBV, Positivkontrolle gDNA *A. tumefaciens* (pTiC58), Negativkontrolle (Wasser)

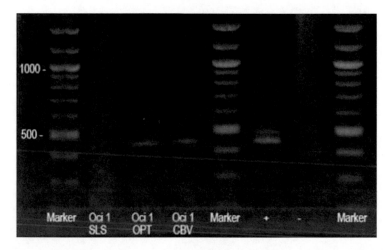

Abbildung 31 Elektrophorese-Gel zum Nachweis des tms-Amplifikates (442 bp); von links nach rechts: Größenstandard (Marker), Probe aus hormonautotropher Kalluskultur *O. basilicum* **mit Extraktionspuffer SLS, OPT, CBV, Positivkontrolle DNA** *A. tumefaciens* **(pTiC58), Negativkontrolle (Wasser)**

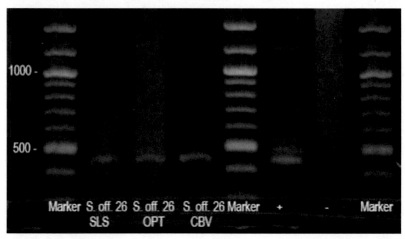

Abbildung 32 Elektrophorese-Gel zum Nachweis des tms-Amplifikates (442 bp); von links nach rechts: Größenstandard (Marker), Probe aus hormonautotropher Kalluskultur *S. officinalis* **mit Extraktionspuffer SLS, OPT, CBV, Positivkontrolle DNA** *A. tumefaciens* **(pTiC58), Negativkontrolle (Wasser)**

5. Zusammenfassung und Ausblick

Analytik

Zur schnellen Bestimmung von OS und US ist die in dieser Arbeit beschriebene DC-Methode geeignet. Die Trennung der Triterpensäuren aus dem Komponentengemisch komplexer Pflanzenextrakte ist gut zu bewerten. Jedoch können mit dieser Methode beide Substanzen nicht voneinander getrennt und somit nur als Summenparameter erfasst werden. Dies genügt jedoch bei qualitativen Analysen beispielsweise über verschiedene Prozessschritte hinweg. Die Nachweisgrenze liegt bei geringen Mengen an Triterpensäure von ca. 0,1 µg je Spot, wobei eine Unterscheidung der Anteile beider Säuren durch Belichtung im UV-Licht abgeschätzt werden kann. Mit Blick auf die Trennbarkeit der von OS und US stellt die Übertragung der Trennmethode auf die Hochleistungs-DC-Technik eine Möglichkeit zur Verbesserung dar. Die dabei verwendete stationäre Phase zeichnet sich durch eine geringere Korngröße als bei dem in dieser Arbeit verwendeten Kieselgel 60 aus, wodurch die Trennleistung bei gleichzeitig verringerter Trennstrecke erhöht wird. Eine genaue Quantifizierung könnte mit entsprechender Technik wie z. B. einem automatisierten Probenauftrag sowie einer optischen Auslesung der Intensität der Spots mittels densitometrischer Verfahren erreicht werden. Ein derartiges Vorgehen wird beispielsweise bei Wójciak-Kosior (2007) beschrieben. Dort wurde nach dem Probenauftrag eine Trennung der beiden Triterpensäuren durch eine zusätzliche Vorbehandlung der Platte mit Iodlösung erzielt.

Mit der in dieser Arbeit entwickelten Methode zur Bestimmung von OS und US in pflanzlichem Material mittels HPLC-UV-Detektion steht ein analytisches Werkzeug bereit, welches den eingangs beschriebenen Anforderungen entspricht und eine Quantifizierung auch geringer Probenmengen bzw. -konzentrationen ermöglicht und direkt auf ein LC-MS System übertragen werden kann. Ebenso ist ein Transfer der Trennparameter auf eine präparative HPLC möglich, um die Triterpensäuren gezielt isolieren zu können.

Mit dieser entwickelten Methode wurden in verschiedenen pflanzlichen (in vitro) Materialien verschiedener Spezies der Lamiaceae die Triterpengehalte analysiert. Hinsichtlich ihrer Triterpensäuregehalte haben sich die hormonbasierten Zellkulturen von *S. fruticosa* von Haas (2014) sowie von *O. basilicum* als besonders geeignet erwiesen.

Die Metabolitanalysen ethanolischer Extrakte verschiedener Salbeispezies in Suspensionskultur erbrachten Hinweise auf weitere gesundheitsfördernde sekundäre Pflanzenstoffe aus den Gruppen der Phenole (Rosmarinsäure) sowie der Sterole. Die stoffliche Zusammensetzung der heterotroph kultivierten Zellkulturen weicht stark von der Zusammensetzung der Ursprungspflanzen aus der Gewächshauskultur ab. Diese Metabolitprofile stellen die Grundlage für weitergehende Untersuchungen verschiedener Einflussfaktoren wie z. B. der Elizitierung auf das biosynthetische Potenzial dieser Zellkultur dar. Ebenso kann diese Methodik auf weitere Fragestellungen zur Metabolitsynthese verschiedenster Arten von pflanzlichen (in vitro) Kulturen angewandt werden. So stellte sich Kallusgewebe bei dem Vergleich mit den Ursprungspflanzen von *Eriobotrya japonica* als geeignetere Quelle bioaktiver Triterpene heraus (Taniguchi et al. 2002).

Daher sollten weitere Untersuchungen das metabolische Potential verschiedenster Kultursysteme im Vergleich miteinander berücksichtigen.

Isolierung und Aufarbeitung

Die Zielprodukte OS und US liegen am Ende der Kultivierung intrazellulär vor. Für die schonende Abtrennung der Zellen vom Mediumüberstand eignen sich Filtrationsverfahren. Zum Zellaufschluss im Labormaßstab sind sowohl die Hochdruckhomogenisation als auch die Mazeration der Frischmasse in Ethanol mit Konzentrationen von 10 bis max. ca. 40 % (m/V) geeignet. Zur Übertragung in den industriellen Maßstab ist die Mazeration von Vorteil, da diese leicht und kostengünstig durchzuführen ist. Der apparative Aufwand ist bei der Mazeration wesentlich geringer als bei der Hochdruckhomogenisation. Nach dem Zellaufschluss und der Extraktion kann die Abtrennung der Zellbruchstücke aus dem Rohextrakt ebenfalls mittels Filtration vorgenommen werden. Die so bereiteten Wirkstofflösungen können entsprechend der Anforderungen für die Anwendungsverfahren weiter aufkonzentriert und beispielsweise mittels präparativer Flüssigchromatographie aufgereinigt werden.

Die Untersuchungen in dieser Arbeit konzentrieren sich bedingt durch die Verfügbarkeit an Zellmaterial auf den Labormaßstab. Weitergehende Untersuchungen zur technischen Umsetzung der Ernte und Extraktion sind im größeren Maßstab erforderlich. Hierfür kommen spezielle technische Geräte wie Filternutschen oder Filterpressen zur Abtrennung von Zellen und Zellrückständen, sowie Extraktoren zur Bereitung der Wirkstoffextrakte in Betracht.

Kryokonservierung

Die Kryokonservierung pflanzlicher Zellkulturen erfordert eine präzise Arbeitsweise und enormes Geschick. In der Literatur beschriebene Verfahren müssen auf jede Pflanzenspezies individuell angepasst werden. Für die Kryokonservierung einer hormonbasierten *S. fruticosa* Suspension stellten sich in Vorbereitung für die Einfrierung 4-fach verkürzte Subkultivierungszyklen über 3 bis 5 d als geeignet heraus. Dadurch werden die Zellen in der Wachstumsphase gehalten und die Vakuolisierung vermieden. Anschließend wurden die Zellen in einer Gefrierschutzlösung aus 14 % Saccharose und 18 % Glycerol (sowie 40 % Prolin) (V/V/V) auf eine Zelldichte von ca. 60 % (V/V) eingestellt. Die Einfrierung erfolgte nach der Zwei-Schritt-Methode mit einer reduzierten Abkühlrate von ca. 0,3 K min^{-1} auf -80 °C. Nach anschließender Kurzlagerung in der Gasphase über Flüssigstickstoff wurde mittels Lebend/Tod-Färbung ein positiver Nachweis der Viabilität erbracht. Dieser wurde durch die nachgewiesene Regenerationsfähigkeit der Zellen auf Festmedium bestätigt. Die kryokonservierten Zellen wiesen hinsichtlich der charakteristischen Eigenschaften zum Wachstum und der Triterpenproduktion sowie auch der Ploidie keine Veränderung gegenüber einer unbehandelten Zellkultur auf.

Bei dem in dieser Arbeit beschriebenen Vorgehen handelt es sich um eine manuelle Probenbehandlung bei der Einfrierung. In zukünftigen Arbeiten sollte die Methode automatisiert werden und auf technische Geräte zur kontrollierten Einfrierung übertragen werden. Damit wäre es möglich die für eine zügige Regeneration der Suspension erforderliche Biomasse zeitnah bereitzustellen. Daneben werden durch das manuelle Handling bedingte Fehler vermieden. Eine Eignung des für die hormonbasierte *S. fruticosa* Suspension entwickelten Protokolles zur Kryokonservierung in größerem Maßstab z. B unter Einsatz eines Controlled-Rate-Freezers bietet sich hierfür an. Weiterhin sollte geprüft werden, in wie fern dieses Protokoll auch auf andere Zellsuspensionskulturen der Pflanzenfamilie der *Lamiaceae* übertragbar ist bzw. angepasst werden muss. Weiterhin sind Langzeitversuche mit einer Einlagerung der kryokonservierten Zellen über z. B. mehrere Jahre hinweg erforderlich um die Tauglichkeit der Technik zur Einlagerung der Zellen ohne Veränderungen im metabolischen Zustand der Zellen zu beweisen. Erst dann kann diese Methode zur Kryokonservierung erfolgreich zur Anlage von Master und Working Cell Banks etabliert werden.

In weitergehenden Untersuchungen könnte auch getestet werden, ob für die Vorkultur eine gestaffelte Kurzzeit-Behandlung der Zellen in reiner Saccharose-Lösung ausreicht bzw. ob dafür Salz- und Vitamin-Komponenten des LS-Mediums erforderlich sind.

Bei niedrigen Temperaturen stellt die pflanzliche Kutikula eine erste hydrophobe Barriere für das Eiskristallwachstum dar. Die Kutikula blockiert externes Eis und Eiskeime durch interne Nukleation. Eine dicke Kutikula dient folglich als primäre Barriere für Eiswachstum von externen Quellen. Dies wurde bereits u.a. bei Cranberry und Tomaten gezeigt.Es wird vermutet, dass dies durch hydrophobe Eigenschaften von Zellbestandteilen, sowie auch durch Anti-freeze Proteine unterstützt wird (Pessarakli 2010). Da Triterpensäuren Bestandteile der pflanzlichen Kutikula sind, wäre es interessant, ob die Triterpensäuren für die Kryokonservierung von Pflanzenzellen von Bedeutung sind.

Elizitierung

Zur Steigerung der Triterpenausbeute einer hormonbasierten *S. fruticosa* Suspension wurden Elizitierungen mit Jasmonsäure, Hefeextrakt und Mediumfiltraten von *Aspergillus niger* und *Trichoderma virens* Kulturen zu zwei verschiedenen Zeitpunkten (ca. Tag 3 und Tag 6) der Zellsuspension appliziert. Jasmonsäure zeigte eine stark wachstumshemmende Wirkung auf die Salbeizellen. Für den Hefextrakt wurden kein Einfluss auf das Zellwachstum und eine geringfügige Steigerung des Triterpengehaltes und -ertrages um ca. 50 % beobachtet. Die intensivste Steigerung des Triterpengehaltes und -ertrages zeigte die Zugabe von *T. virens* Mediumfiltrat an Tag 3, dem Zeitpunkt fortschreitenden Wachstums mit Steigerungen um über 60 %. Gegenüber der unbehandelten Kontrollkultur entspricht dies einer Erhöhung der Gehalte auf das 1,5-fache für OS bzw. das 1,6-fache für US. Der volumetrische Ertrag betrug dabei für beide Triterpensäuren das 1,4-fache verglichen mit dem Kontrollansatz. Damit wurde eine Steigerung der Produktivität auf das 1,5-fache für OS bzw. das 1,6-fache für US erreicht. Bei der Zugabe von *A. niger* Mediumfiltrat lag die Produktivität bei dem 1,3-fachen für OS bzw. 1,2-fachen für US gegenüber dem Kontrollansatz.

Der Zeitpunkt der Ernte des Pilzkulturmediums kann den elizitierenden Effekt beeinflussen, da die Synthese der elizitierenden Wirkstoffe vermutlich wachstumsabhängig ist. Daher sollten in weiteren Untersuchungen verschiedene Zeitpunkte der Ernte der Pilzkulturen betrachtet und die Medien entsprechend ihrer stofflichen Zusammensetzung und Wirkung charakterisiert werden. Dabei sollten verschiedene Medien für die Pilzkultur betrachtet werden, da auch die stoffliche Zusammensetzung des Pilzkulturmediums bereits produktionssteigernde Wirkstoffe enthalten könnte. In der Literatur kommt für die Kultivierung der in dieser Arbeit untersuchten Schimmelpilze häufig Kartoffel-Dextrose-Medium zum Einsatz (Prasad et al. 2013; Srivastava & Srivastava 2014; Verma et al. 2014). Weiterhin sollten die elizitierenden Komponenten aus dem Kulturmedium identifiziert werden, um die produktionssteigernde Wirkung gezielt maximieren zu können. Diese Ansätze sind Gegenstand fortführender Untersuchungen im Rahmen eines BMBF-Projektes im Ideenwettbewerb für neue Produkte für die Bioökonomie mit dem Titel „SchuPlaHolz - Biobasiertes Schutzmittel aus Pflanzenzellkultur für Holzwerkstoffe".

Weiterhin können elizitierende Effekte im Verlauf der OTR einer Pflanzenzellkultur bei unmittelbarer Zugabe direkt erfasst werden. Diese online-Zugabe ist z. B. mit einem automatisierten Dosiersystem möglich, welches an das bestehende RAMOS® angefügt wird, und sollte in nachfolgenden Untersuchungen eingesetzt werden.

Weitergehende Untersuchungen zur Elizitierung der Salbeizellen mit Pilzmediumfiltraten sollten der Optimierung des Verfahrens dienen. So sollten beispielsweise die Konzentration der Pilzmedien sowie auch die Expositionszeit für die Pflanzenzellen näher untersucht werden. Bei der Variation der Konzentration der Pilzmedien sollte der Wert, welcher eine optimale Produktivitätssteigerung hervorruft herausgefunden werden. Ein weiterer wichtiger Einflussparameter auf die Intensität der Elizitierung ist die Expositionszeit. Im Rahmen der vorliegenden Untersuchungen betrug die Expositionszeit ca. 96 h. Bei V. Kumar u. a. (2012) wurde für die Lignanproduktion mit Hairy Root Kulturen von *Linum album* eine kürzere Expositionszeit von 48 h als optimal herausgestellt. Die Zugabe erfolgte dort kurz vor dem Zeitpunkt der maximalen Biomassekonzentration. Weitere Untersuchungen zur Maximierung der Triterpenproduktivität mit der Salbeisuspension sollten folglich der Minimierung der Expositionszeit dienen, da mit einer zunehmenden Expositionszeit in der Literatur häufig eine Abnahme der Wirkstoffproduktion in der in vitro Pflanzenkultur beobachtet wurde (Namdeo 2007; Kumar et al. 2012).

Für eine *Commiphora wightii* Suspension wurde durch Zugabe von aufbereitetem Pilzmycel aus *Fusarium* sp. in Kombination mit pflanzenwachstumshemmenden Substanzen der volumetrische Guggolsteron-Ertrag ca. 1,7-fach im Vergleich zur unbehandelten Kontrollkultur gesteigert (Suthar & Ramawat 2010). Daher sollte bei der Optimierung der Elizitierungsstrategie auch eine Kombination verschiedener Behandlungsverfahren untersucht werden.

In an diese Arbeit anknüpfenden Untersuchungen sollte der Einfluss von Elizitoren auf die Veränderung von Metabolitspektren der Pflanzenzellkulturen z. B. durch Metabolomanalysen mittels GC/MS (wie beschrieben in Abschnitt 4.1.4) betrachtet werden. Dadurch können tiefergehende Einblicke in die Biosynthesewege bzw. spezifische Reaktion der Pflanzenzellen gewonnen werden. Weiterhin besteht damit die Möglichkeit neuartige Metabolite zu identifizieren. Beispielsweise gelang es Farag et al. (2016) mittels Metabolitanalyse eine Aktivierung der Sterol- und Triterpensäuresynthese festzustellen, insbesondere für OS, als Reaktion auf die Elizitierung mit Methyljasmonat in *Erythrina lysistemon* Suspension. Daneben besteht auch das Interesse die Pilzkulturfiltrate auf Metabolitebene zu untersuchen um einzelne Komponenten, die für die Elizitierung relevant sind, herausstellen zu können.

Neben den in dieser Arbeit verwendeten klassischen Schimmelpilzarten sollten für Salbei spezifische phytopathogene Pilze auf ihre elizitierende Wirkung untersucht werden. Für *A. indica* wurde mit dem Phytopathogen *Curvularia* im Vergleich mit anderen Pilzspezies die intensivste Steigerung der Azidirachtin Produktion erzielt (Srivastava und Srivastava 2014).

Hinsichtlich der Produktivität pflanzlicher Zellkulturen spielt nicht nur die Produktionsrate bzw. metabolische Aktivität eine Rolle. Von besonderer Bedeutung für die Beurteilung der Produktivität einer Kultur sind auch die intrazelluläre Lagerkapazität für die Produkte sowie Einflüsse durch Abbauprozesse, wie gezeigt am Beispiel von *Taxus* sp. Suspensionskulturen für die Produktion von Paclitaxel (mit dem fluoreszierenden Wirkstoff Analogon Flutax-2®) durch Naill et al. (2012). Daher sollte auch überprüft werden, wieweit der intrazelluläre Triterpengehalt bei der *S. fruticosa* Suspension gesteigert werden kann bzw. begrenzt ist.

Kombination Elizitation und Saccharose fed-batch

Die Zugabe von Saccharose zum Zeitpunkt an ca. Tag 6, als die eingangs zugesetzte Menge an Saccharose noch nicht vollständig aufgebraucht war und die für die Metabolisierung verantwortlichen Enzyme noch aktiv sind, erbrachte eine ca. 1,4-fache Erhöhung der Trockenmassekonzentration in der Zellsuspension. Durch die Zugabe von Pilzmediumfiltraten wurde die Zellkonzentration nicht wesentlich gesteigert. Die Produktion von OS bzw. US konnte durch den Saccharose fed-batch auf das ca. 1,8-fache gesteigert werden. Die Zugabe von *A. niger* Mediumfiltrat und fed-batch in Kombination steigerte die Triterpensäureproduktion bis auf das etwa 2,4-fache gegenüber der unbehandelten Kontrolle. Dies lässt auf einen elizitierenden Effekt der Pilzmediumfiltrate auf die Triterpensäureproduktion von Salbeizellen zurückschließen. Die Produktivität der Salbeisuspensionskultur konnte im alleinigen fed-batch um das 2,4-fache bzw. in Kombination mit der Zugabe von *A. niger* Mediumfiltrat um das 3,8-fache erhöht werden. Für die Zugabe von *T. virens* Mediumfiltrat lag die Steigerung der Triterpenproduktivität für OS und US bei dem 3,5-fachen verglichen mit dem Kontrollansatz.

Weitergehend sollte untersucht werden, inwiefern der Saccharose fed-batch ohne Zugabe weiterer Nährstoffe mehrfach wiederholt werden kann bis es zu einer Limitierung eines anderen Nährstoffes, wie z. B. Stickstoff, kommt. Eine Limitation von Stickstoff dürfte keinen direkten Einfluss auf die Produktion von OS und US ausüben, da dieses Element in der Struktur der Triterpensäuren nicht enthalten ist. Stickstoff stellt allerdings einen bedeutenden Bestandteil diverser Proteine und somit auch Enzyme dar. Eine Limitierung der für die Triterpensynthese verantwortlichen Enzyme würde folglich eine Einschränkung der Produktion von OS und US hervorrufen. In der Arbeit von Ludwig (2015) erfolgte ein repeated-batch, wobei Zellkulturen von *S. officinalis* und *Ocimum basilicum* in Intervallen von 10-14 d die Hälfte des Kulturmediums entzogen und durch frische Nährlösung (inkl. Hormone und Saccharose) ersetzt wurde. Dabei erreichte die *S. officinalis* Suspension nach einer Kultivierungszeit von 50 bis 70 d einen Produktgehalt von 6,5 mg US bzw. 13,3 mg OS g_{tr}^{-1}. Mit dieser Kultivierungsstrategie wurden Produktgehalte von 16-fach (US) bzw. 35-fach (OS) erzielt. Eine Limitierung wurde dort über den Zeitraum der Kultivierung nicht beobachtet. Ein solches Verfahren birgt jedoch, bedingt durch die lange Kultivierungszeit und den häufigen Eingriff in die Kultur, ein enormes Risiko einer Kontamination und im Falle dessen einer Unbrauchbarkeit des kompletten Ansatzes.

Ebenso sollte in weiteren Untersuchungen, die dem Saccharose fed-batch nachgeschaltete Elizitierung näher betrachtet werden. Durch die Elizitierung kann eine Inhibierung des Zellwachstums hervorgerufen werden. Um den Effekt der verlängerten Wachstumsphase mit den dadurch erhöhten Produktgehalten maximal ausnutzen zu können, sollte die Zugabe der Pilzmediumfiltrate als Elizitoren zu einem späteren Zeitpunkt wie z. B. dem Beginn der stationären Phase erfolgen. Diese Strategie erzielte beispielsweise bei einer *Panax quinquefolium* Suspension eine ca. 4-fache Steigerung des volumetrischen Saponin-Ertrages (Wang et al. 2012).

Mit dem Ziel der großtechnischen Umsetzung sollte eine Maßstabsübertragung der vielversprechendsten Elizitierungsstrategie bzw. auch in Kombination mit der optimalen Prozessführung erprobt werden. Die Maßstabsübertragung der Strategie von Verma et al. (2014) mit *Trichoderma harzianum*-Filtrat zur Anregung der Vincaminproduktion der Hairy Root Kulturen von *Vinca minor* in einem 5 l Rührreaktor war erfolgreich.

Die hier vorgestellte Strategie zur Ausbeutesteigerung könnte auch für andere Produktionsprozesse mit pflanzlichen in vitro Kulturen der Lamiaceae hilfreich sein. Innerhalb einer Pflanzenfamilie gibt es scheinbar Ähnlichkeiten zwischen den Phytoalexinen (Reichling 2010). Daher ist eine Übertragbarkeit der Ergebnisse aus dieser Arbeit mit Bezug auf die Elizitierung einer Salbeisuspensionskultur auch auf andere Spezies der Lippenblütler denkbar.

Hormonautotrophe Zellkulturen

Für alle untersuchten Pflanzenspezies von *O. basilicum*, *R. officinalis*, *S. fruticosa* und *S. officinalis* konnten mittels Kokultivierung mit *A. tumefaciens* C58 Wildtyp hormonautotroph wachsende Kalluskulturen etabliert werden. Die erzeugten Zelllinien weisen zwischen den verschiedenen Pflanzenspezies sowie auch innerhalb der Spezies eine Variabilität hinsichtlich ihrer Morphologie, der Farbe, des Wachstums und des Produktgehaltes auf. Die größte Anzahl an hormonfrei wachsenden Zelllinien wurde für *S. officinalis* erhalten. Mit Hinblick auf das Wachstum stellten sich nach 2,5 Jahren etablierte Zellkulturen von *O. basilicum* sowie auch *S. officinalis* mit einem GI > 20 als vielversprechend heraus. In Bezug auf die Produktion von Triterpensäuren wurden in diesen hormonautotrophen Kulturen geringere Gehalte mit maximal 1,4 mgOS g_{tr}^{-1} bzw. 1,7 mgUS g_{tr}^{-1} für *S. officinalis* als in der hormonbasierten Zellkultur von *S. fruticosa* ermittelt. Ob diese Gehalte in der Suspensionskultur gesteigert werden können, ist Gegenstand weiterer Untersuchungen. Eine auf Grund ihres Wachstums und der feinen Aggregatstruktur vielversprechende Zelllinie von *O. basilicum* weist mit < 0,1 mg(OS und US) g_{tr}^{-1} einen geringen Triterpensäuregehalt auf, enthielt jedoch ca. 6 mg g_{tr}^{-1} Rosmarinsäure. Diese Zellkultur diente in weiterführenden Arbeiten zum 3-D Druck pflanzlicher Zellkulturen als Modellkultur. Für auf Grundlage des Wachstums bzw. der Produktion ausgewählte Linien von *O. basilicum* sowie *S. officinalis* wurde mittels PCR und anschließender Gelelektrophorese die Übertragung des für die Hormonsynthese verantwortlichen Genabschnittes in das pflanzliche Genom der Zellkultur erfolgreich nachgewiesen.

Weitergehende Untersuchungen der hormonautotrophen Zellkulturen sollten in der Suspension erfolgen, da hierbei im Vergleich zur Kultur auf Festmedium homogenere Verteilungen der Nährstoffe und Zellen vorliegen und damit repräsentativere Analysen möglich sind. Weiterhin können vielversprechende Prozesse einer Maßstabsvergrößerung unterzogen werden.

In zukünftigen Arbeiten sollte der Hormonzusatz bei Vorkulturen für die Transformation mittels Agrobakterien vermieden bzw. reduziert werden um eine Induktion von Kallusgewebe, welches auf diese Wachstumsregulatoren zurückzuführen ist, ausschließen zu können. Für einige Pflanzenspezies ist jedoch ein geringer Anteil an Wachstumsregulatoren im Medium zur Sprosskultur und anschließender Transformation von Vorteil. Weitere Untersuchungen zum Hormonzusatz bei Sprosskulturen zur Transformation mittels Agrobakterien sind folglich empfehlenswert.

In dieser Arbeit wurde bei mit *A. tumefaciens* infizierten Stängeln von *S. officinalis* Sprossen im Vergleich zu den Blättern eine intensive Kallusbildung beobachtet. Für *O. basilicum* erfolgte die Infektion ausschließlich an Blattexplantaten. Stängel wurden für diese Pflanzenspezies bisher nicht untersucht. Da jedoch der untersuchte Agrobakterienstamm eine Spezifität hinsichtlich der Infektion von Stammexplantaten aufweist und für *O. basilicum* in den Stängeln der Sprosskultur einzig ein geringer Triterpensäuregehalt bestimmt wurde, könnten weitergehende Untersuchungen zur Transformation von Stammexplantaten für diese Pflanzenspezies vorgenommen werden.

Allgemein zeichnen sich mit *A. tumefaciens* induzierte semi-differenzierte pflanzliche Gewebekulturen durch ein im Vergleich zur klassischen Pflanzenzellkultur erhöhtes biosynthetisches Potential aus. Zumeist sind jedoch die damit erzielten Erträge geringer als in den Ursprungspflanzen (Towers & Ellis 1993). In wie weit das biosynthetische Potential der hormonautotrophen Zellkulturen von dem der hormonbasierten Zellkulturen abweicht bzw. verbessert ist, sollte in weiterführenden Untersuchungen zur stofflichen Zusammensetzung der Zellkulturen in Form der Metabolitprofile analysiert werden.

Wie für die einzelnen Aspekte näher erläutert wurde, konnten die eingangs gestellten Fragestellungen in dieser Arbeit umfassend untersucht werden. Dabei wurden Methoden entwickelt, welche nicht nur für das Prozessbeispiel von Salbeizellkulturen zur Produktion von Triterpensäuren relevant sind, sondern gegebenenfalls auch auf andere Pflanzen bzw. Kultursysteme übertragbar sind. Die Übertragbarkeit der in dieser Arbeit entwickelten Lösungsstrategien auf andere biotechnologische Produktionsprozesse zur Gewinnung sekundärer Pflanzenstoffe stellt eine Möglichkeit zukünftiger Untersuchungen dar.

Eine Alternative für eine konstante und günstige Bereitstellung von OS und US wurde mit der heterologen Biosynthese in Kulturen der Hefe *Saccharomyces cerevisiae* erreicht (Fukushima et al. 2011; Misra et al. 2017). Lu et al. (2018) erzielten jüngst durch metabolic engineering der Biosynthesewege von OS und US in *S. cerevisiae* in einem fed-batch-Verfahren Titer von 156 mg OS und 123 mg US l^{-1} nach 7 d. In einem optimierten Kultivierungsverfahren wurde ein volumetrischer Ertrag von 607 mg OS l^{-1} erreicht (Zhao et al. 2018). Damit steht die mikrobielle Fermentation nun in Konkurrenz zu der in dieser Arbeit beschriebenen Produktion der Triterpensäuren mit Pflanzenzellen. Ein Nachteil der *S. cerevisiae*-Fermentation besteht darin, dass sich die Produktion ausschließlich auf zuvor festgelegte Zielprodukte beschränkt und weitere wertvolle Pflanzenstoffe mit diesem Verfahren nicht gewonnen werden können. Für kosmetische und auch pharmazeutische Anwendungen wird zumeist ein Stoffgemisch mit breitem Wirkungsspektrum eingesetzt.

6. Literatur

2,4-Dichlorophenoxyacetic acid D7299 (2019): URL: https://www.sigmaaldrich.com/catalog/product/sigma/d7299, Zugriff am 27.04.2019.

Albu S., E. Joyce, L. Paniwnyk, J.P. Lorimer & T.J. Mason (2004): Potential for the use of ultrasound in the extraction of antioxidants from *Rosmarinus officinalis* for the food and pharmaceutical industry. Ultrason Sonochem 11 (3–4): 261–265. DOI: 10.1016/j.ultsonch.2004.01.015.

Anastas P. & N. Eghbali (2010): Green Chemistry: Principles and Practice. Chem Soc Rev 39 (1): 301–312. DOI: 10.1039/B918763B.

Anderlei T., W. Zang, M. Papaspyrou & J. Büchs (2004): Online respiration activity measurement (OTR, CTR, RQ) in shake flasks. Biochem Eng J 17 (3): 187–194. DOI: 10.1016/S1369-703X(03)00181-5.

Anthony P., N.B. Jelodar, K.C. Lowe, J.B. Power & M.R. Davey (1996): Pluronic F-68 Increases the Post-thaw Growth of Cryopreserved Plant Cells. Cryobiology 33 (5): 508–514. DOI: 10.1006/cryo.1996.0054.

Aprentas (Hrsg) (2017): Laborpraxis. Band 3: Trennungsmethoden. 6. Auflage. Springer, Cham.

Ashraf M., M. Öztürk, M.S.A. Ahmad & A. Aksoy (Hrsg) (2012): Crop Production for Agricultural Improvement. Springer Netherlands, Dordrecht. DOI: 10.1007/978-94-007-4116-4.

BAFU (2013): Grundlagen der rechtlichen Regulierung neuer Pflanzenzuchtverfahren Studie im Auftrag des BAFU. URL: www.bafu.admin.ch/biotechnologie/01760/08936/index.html.

Barbulova A., F. Apone & G. Colucci (2014): Plant cell cultures as source of cosmetic active ingredients. Cosmetics 1 (2): 94–104. DOI: 10.3390/cosmetics1020094.

Bauer N., D. Leljak-Levanic & S. Jelaska (2004): Rosmarinic acid synthesis in transformed callus culture of *Coleus blumei* Benth. Z Naturforsch C 59 (7–8): 554–560. DOI: 10.1515/znc-2004-7-819.

Bauer N., D. Leljak-Levanić, S. Mihaljević & S. Jelaska (2002): Genetic transformation of *Coleus blumei* Benth. using Agrobacterium. Food Technol Biotech 40 (3): 163–169.

Belhadj A., N. Telef, C. Saigne, S. Cluzet, F. Barrieu, S. Hamdi & J.-M. Mérillon (2008): Effect of methyl jasmonate in combination with carbohydrates on gene expression of PR proteins, stilbene and anthocyanin accumulation in grapevine cell cultures. Plant Physiol Bioch 46 (4): 493–499. DOI: 10.1016/j.plaphy.2007.12.001.

Bérangère C., N. Caussarieu, P. Morin, L. Morin-Allory & M. Lafosse (2004): Rapid analysis of triterpenic acids by liquid chromatography using porous graphitic carbon and evaporative light scattering detection. J Sep Sci 27 (12): 964–970. DOI: 10.1002/jssc.200401764.

Berkov S., M. Nikolova, N. Hristozova, G. Momekov, I. Ionkova & D. Djilianov (2011): GC-MS profiling of bioactive extracts from *Haberlea rhodopensis*: An endemic resurrection plant. J Serb Chem Soc 76 (2): 211–220. DOI: 10.2298/JSC100324024B.

© Der/die Herausgeber bzw. der/die Autor(en), exklusiv lizenziert durch
Springer-Verlag GmbH, DE, ein Teil von Springer Nature 2020
S. Kümmritz, Produktion von Oleanol- und Ursolsäure mit pflanzlichen in vitro Kulturen,
Fortschritte Naturstofftechnik, https://doi.org/10.1007/978-3-662-62464-7

Berry C., J.M.V. Eck, S.L. Kitto & A. Smigocki (1996): Agrobacterium-mediated transformation of commercial mints. Plant Cell Tiss Org 44 (2): 177–181. DOI: 10.1007/BF00048197.

BfR (2009): 3. Sitzung der BfR-Kommission für genetisch veränderte Lebens- und Futtermittel.

Bhat S.V., B.A. Nagasampagi & M. Sivakumar (2005): Chemistry of natural products. Alpha Science Int'l Ltd.

Boix Y., R.O. Arruda, A. Defaveri, A. Sato, C. Lage & C. Victorio (2013): Callus in *Rosmarinus officinalis* L.(Lamiaceae): A morphoanatomical, histochemical and volatile analysis. Plant Biosyst 147 (3): 751–757. DOI: 10.1080/11263504.2012.751067.

Bolta iga, D. Bari evi, B. Bohanec & S. Andren ek (2000): A preliminary investigation of ursolic acid in cell suspension culture of *Salvia officinalis*. Plant Cell Tiss Org 62 (1): 57–63. DOI: 10.1023/A:1006498431099.

Breitmaier E. (2006): Terpenes: flavors, fragrances, pharmaca, pheromones. John Wiley & Sons.

Brennicke A. & P. Schopfer (2010): Pflanzenphysiologie. Spektrum Akademischer Verlag, Heidelberg.

Bresinsky A., C. Körner, J. Kadereit, G. Neuhaus & U. Sonnewald (2008): Strasburger Lehrbuch der Botanik. 36. Auflage. Spektrum Akad. Verlag, Heidelberg, Berlin.

Brixius P. (2003): On the influence of feedstock properties and composition on process development of expanded bed adsorption. Düsseldorf, Germany: Heinrich Heine University.

Bugge S. (2012): Optimierung eines Kryokonservierungsprotokolls für die Suspensionskulturen von *Salvia officinalis*.

Buitelaar R.M., M.T. Casário & J. Tramper (1992): Elicitation of thiophene production by hairy roots of *Tagetes patula*. Enzyme Microb Tech 14 (1): 2–7. DOI: 10.1016/0141-0229(92)90017-I.

Bulgakov V.P., Y.V. Inyushkina & S.A. Fedoreyev (2012): Rosmarinic acid and its derivatives: biotechnology and applications. Crit Rev Biotechn 32 (3): 203–217. DOI: 10.3109/07388551.2011.596804.

Buonaurio R. (2008): Infection and plant defense responses during plant-bacterial interaction. Adv Bot Res 169–197.

BVL (2005): BVL - Das Bundesamt - *Agrobacterium tumefaciens* (1997). URL: http://www.bvl.bund.de/SharedDocs/Downloads/06_Gentechnik/ZKBS/01_Allgemeine_Stellungnahmen_deutsch/02_Bakterien/Agrobacterium_tumefaciens.html, Zugriff am 09.07.2016.

BVL (2012): BVL - Fachmeldungen - Neue Techniken für die Pflanzenzüchtung (2012). URL: http://www.bvl.bund.de/SharedDocs/Downloads/06_Gentechnik/ZKBS/01_ Allgemeine_Stellungnahmen_deutsch/04_Pflanzen/Neue_Techniken_Pflanzenzuechtung. html?nn=1471850, Zugriff am 09.07.2016.

Canter P.H., H. Thomas & E. Ernst (2005): Bringing medicinal plants into cultivation: opportunities and challenges for biotechnology. Trends Biotechnol 23 (4): 180–185. DOI: 10.1016/j.tibtech.2005.02.002.

Cargnin S.T. & S.B. Gnoatto (2017): Ursolic acid from apple pomace and traditional plants: A valuable triterpenoid with functional properties. Food Chem 220: 477–489. DOI: 10.1016/j.foodchem.2016.10.029.

Chabouté M.-E., B. Clément, M. Sekine, G. Philipps & N. Chaubet-Gigot (2000): Cell Cycle Regulation of the Tobacco Ribonucleotide Reductase Small Subunit Gene Is Mediated by E2F-Like Elements. Plant Cell 12 (10): 1987–1999. DOI: 10.1105/tpc.12.10.1987.

Chemat F., M.A. Vian & G. Cravotto (2012): Green Extraction of Natural Products: Concept and Principles. Int J Mol Sci 13 (7): 8615–8627. DOI: 10.3390/ijms13078615.

Chen H. & F. Chen (1999): Kinetics of cell growth and secondary metabolism of a high-tanshinone-producing line of the Ti transformed Salvia miltiorrhiza cells in suspension culture. Biotechnol Lett 21 (8): 701–705. DOI: 10.1023/A:1005562410037.

Chen H., F. Chen, Y.-L. Zhang & J.-Y. Song (1999): Production of rosmarinic acid and lithospermic acid B in Ti transformed Salvia miltiorrhiza cell suspension cultures. Process Biochem 34 (8): 777–784. DOI: 10.1016/S0032-9592(98)00155-1.

Chen H., J.-P. Yuan, F. Chen, Y.-L. Zhang & J.-Y. Song (1997): Tanshinone production in Ti-transformed Salvia miltiorrhiza cell suspension cultures. J Biotech 58 (3): 147–156. DOI: 10.1016/S0168-1656(97)00144-2.

Chen T.H.H., K.K. Kartha, N.L. Leung, W.G.W. Kurz, K.B. Chatson & F. Constabel (1984): Cryopreservation of Alkaloid-Producing Cell Cultures of Periwinkle (Catharanthus roseus). Plant Physiol 75 (3): 726–731. DOI: 10.1104/pp.75.3.726.

Chilton M.-D., M.H. Drummond, D.J. Merlo, D. Sciaky, A.L. Montoya, M.P. Gordon & E.W. Nester (1977): Stable incorporation of plasmid DNA into higher plant cells: the molecular basis of crown gall tumorigenesis. Cell 11 (2): 263–271. DOI: 10.1016/0092-8674(77)90043-5.

Chmiel H. (2011): Bioprozesstechnik. Springer-Verlag.

Chromatographie - Chemgapedia (2019): URL: http://www.chemgapedia.de/vsengine/tra/vsc/de/ch/3/anc/chromatographie1.tra/Vlu/vsc/de/ch/3/anc/croma/chromatographie_grundlagen.vlu/Page/vsc/de/ch/3/anc/croma/basics/saulen_chr/groessen/chrkenngross4_m58ht0703.vscml.html, Zugriff am 27.04.2019.

Cihangir N. (2002): Stimulation of the gibberellic acid synthesis by Aspergillus niger in submerged culture using a precursor. World J Microb Biot 18 (8): 727–729. DOI: 10.1023/A:1020401507706.

Claude B., Ph. Morin, M. Lafosse & P. Andre (2004): Evaluation of apparent formation constants of pentacyclic triterpene acids complexes with derivatized [beta]- and [gamma]-cyclodextrins by reversed phase liquid chromatography. J Chromatogr A 1049 (1–2): 37–42. DOI: 10.1016/j.chroma.2004.06.133.

Cohen H., A. Fait & N. Tel-Zur (2013): Morphological, cytological and metabolic consequences of autopolyploidization in Hylocereus (Cactaceae) species. BMC Plant Biol 13: 173. DOI: 10.1186/1471-2229-13-173.

Collin H.A. (2001): Secondary product formation in plant tissue cultures. Plant Growth Regul 34 (1): 119–134. DOI: 10.1023/A:1013374417961.

Constant Systems Limited (2014): Hochdruckzellaufschluss-System TS Series Benchtop. URL: http://www.constantsystems.com/products/cell%20disruption%20systems/ ts%20series%20benchtop, Zugriff am 20.02.2014.

CSB.DB (2019): URL: http://www.csbdb.de/csbdb/gmd/home/gmd_sm.html, Zugriff am 06.05.2019.

Davies K.M. & S.C. Deroles (2014): Prospects for the use of plant cell cultures in food biotechnology. Curr Opin Biotech 26: 133–140. DOI: 10.1016/j.copbio.2013.12.010.

Delenk H., C. Haas, S. Gantz, A. Marchev, Pavlov, Atanas, S. Steudler, H. Unbehaun, J. Steingroewer, T. Bley & A. Wagenführ (2015): Influence of *Salvia officinalis* L. Hairy Roots Derived Phenolic Acids on the Growth of *Chaetomium globosum* and *Trichoderma viride*. Pro Ligno 11 (4). URL: http://www.proligno.ro/ en/articles/2015/201504 .htm.

Deschamps C. & J. Simon (2002): *Agrobacterium tumefaciens*-mediated transformation of *Ocimum basilicum* and *O. citriodorum*. Plant Cell Rep 21 (4): 359–364. DOI: 10.1007/s00299-002-0526-0.

DiCosmo F. & M. Misawa (1985): Eliciting secondary metabolism in plant cell cultures. Trends Biotechnol 3 (12): 318–322. DOI: 10.1016/0167-7799(85)90036-8.

DiCosmo F., A. Quesnel, M. Misawa & S.G. Tallevi (1987): Increased synthesis of ajmalicine and catharanthine by cell suspension cultures of *Catharanthus roseus* in response to fungal culture-filtrates. Appl Biochem Biotechnol 14 (2): 101–106. DOI: 10.1007/BF02798428.

Dong H.-D. & J.-J. Zhong (2002): Enhanced taxane productivity in bioreactor cultivation of *Taxus chinensis* cells by combining elicitation, sucrose feeding and ethylene incorporation. Enzyme Microb Tech 31 (1–2): 116–121. DOI: 10.1016/S0141-0229(02)00079-0.

Dörnenburg H. & D. Knorr (1995): Strategies for the improvement of secondary metabolite production in plant cell cultures. Enzyme Microb Tech 17 (8): 674–684. DOI: 10.1016/0141-0229(94)00108-4.

Doyle P.J. (1991): DNA Protocols for Plants. In: Hewitt G.M., A.W.B. Johnston, & J.P.W. Young (Hrsg.) Molecular Techniques in Taxonomy: 283–293. Springer Berlin Heidelberg. DOI: 10.1007/978-3-642-83962-7_18.

Du H. & X.Q. Chen (2009): A Comparative Study of the Separation of Oleanolic Acid and Ursolic Acid in *Prunella vulgaris* by High-Performance Liquid Chromatography and Cyclodextrin-Modified Micellar Electrokinetic Chromatography. J Iran Chem Soc 6 (2): 334–340. DOI: 10.1007/BF03245842

Dünnschichtchromatographie (DC) - Chemgapedia (2019): URL: http://www.chemgapedia.de/vsengine/vlu/vsc/de/ch/3/anc/croma/duennschichtchromato graphie.vlu/Page/vsc/de/ch/3/anc/croma/dc/detekt/trennleistung/rf_wert1m70te0101. vscml.html, Zugriff am 25.05.2019.

El-Sayed N. (2001): Constituents from *Salvia triloba*. Fitoterapia 72 (7): 850–853. DOI: 10.1016/S0367-326X(01)00327-6.

Endress R. (1994): Plant cell biotechnology. Springer.

Engelmann F. (2004): Plant cryopreservation: Progress and prospects. In Vitro Cell Dev-Pl 40 (5): 427–433. DOI: 10.1079/IVP2004541.

Esclapez M.D., J.V. García-Pérez, A. Mulet & J.A. Cárcel (2011): Ultrasound-Assisted Extraction of Natural Products. Food Eng Rev 3 (2): 108. DOI: 10.1007/s12393-011-9036-6.

Escobar M.A. & A.M. Dandekar (2003): Agrobacterium tumefaciens as an agent of disease. Trends Plant Sci 8 (8): 380–386. DOI: 10.1016/S1360-1385(03)00162-6.

EU Pesticides database - European Commission (o. J.): URL: http://ec.europa.eu/food/plant/pesticides/eu-pesticides-database/public/?event=active substance.detail&language=DE&selectedID=874, Zugriff am 08.07.2016.

Europäisches Parlament (2015): Sechs Dinge, die Sie über GVO wissen sollten. URL: http://www.europarl.europa.eu/news/de/news-room/20151013STO97392/Sechs-Dinge-die-Sie-%C3%BCber-GVO-wissen-sollten, Zugriff am 09.07.2016.

European Medicines Agency (2018): Herbal medicinal products. URL: https://www.ema.europa.eu/en/human-regulatory/herbal-medicinal-products, Zugriff am 04.05.2019.

Fahr A. & R. Voigt (2015): Voigt pharmazeutische Technologie: für Studium und Beruf; mit 113 Tabellen. 12., völlig neu bearb. Aufl. Dt. Apotheker-Verl, Stuttgart.

Farag M.A., H. Mekky & S. El-Masry (2016): Metabolomics driven analysis of *Erythrina lysistemon* cell suspension culture in response to methyl jasmonate elicitation. J Adv Res 7 (5): 681–689. DOI: 10.1016/j.jare.2016.07.002.

Faust C. (2013): Prozesstechnische Optimierung der Isolierung von Triterpenen aus pflanzlichen Zellkulturen.

Feria-Romero I., E. Lazo, T. Ponce-Noyola, C.M. Cerda-García-Rojas & A.C. Ramos-Valdivia (2005): Induced accumulation of oleanolic acid and ursolic acid in cell suspension cultures of *Uncaria tomentosa*. Biotechnol Lett 27 (12): 839–843. DOI: 10.1007/s10529-005-6215-7.

Fior S. & P.D. Gerola (2009): Impact of ubiquitous inhibitors on the GUS gene reporter system: evidence from the model plants *Arabidopsis*, tobacco and rice and correction methods for quantitative assays of transgenic and endogenous GUS. Plant Methods 5: 19. DOI: 10.1186/1746-4811-5-19.

Freund A.M. (2014): Induction and establishment of plant cell cultures for the production of biological wood protective agents.

Fu Q., L. Zhang, N. Cheng, M. Jia & Y. Zhang (2014): Extraction optimization of oleanolic and ursolic acids from pomegranate (*Punica granatum* L.) flowers. Food Bioprod Process 92 (3): 321–327. DOI: 10.1016/j.fbp.2012.12.006.

Fukushima E.O., H. Seki, K. Ohyama, E. Ono, N. Umemoto, M. Mizutani, K. Saito & T. Muranaka (2011): CYP716A Subfamily Members are Multifunctional Oxidases in Triterpenoid Biosynthesis. Plant Cell Physiol 52 (12): 2050–2061. DOI: 10.1093/pcp/pcr146.

Gbaguidi F., G. Accrombessi, M. Moudachirou & J. Quetin-Leclercq (2005): HPLC quantification of two isomeric triterpenic acids isolated from *Mitracarpus scaber* and antimicrobial activity on *Dermatophilus congolensis*. J Pharmaceut Biomed 39 (5): 990–995. DOI: 10.1016/j.jpba.2005.05.030.

Geipel K., M.L. Socher, C. Haas, T. Bley & J. Steingroewer (2013a): Growth kinetics of a *Helianthus annuus* and a *Salvia fruticosa* suspension cell line: shake flask cultivations with online monitoring system. Eng Life Sci 13 (6): 593–602. DOI: 10.1002/elsc.201200148.

Geipel K., X. Song, M.L. Socher, S. Kümmritz, J. Püschel, T. Bley, J. Ludwig-Müller & J. Steingroewer (2013b): Induction of a photomixotrophic plant cell culture of *Helianthus annuus* and optimization of culture conditions for improved α-tocopherol production. Appl microbiol biot 98(5): 2029–2040. DOI: 10.1007/s00253-013-5431-7.

Gelvin S.B. (1990): Crown Gall Disease and Hairy Root Disease A Sledgehammer and a Tackhammer. Plant Physio 92 (2): 281–285. DOI: 10.1104/pp.92.2.281.

Gelvin S.B. (2000): *Agrobacterium* and Plant Genes Involved in T-DNA Transfer and Integration. Annu Rev Plant Physiol Plant Mol Biol 51 (1): 223–256. DOI: 10.1146/annurev.arplant.51.1.223.

Gelvin StantonB. (2006): *Agrobacterium* Virulence Gene Induction. In: Wang K. (Hrsg.) Agrobacterium Protocols: 77–85. Humana Press. DOI: 10.1385/1-59745-130-4:77.

Gentechnik Gesetz (GenTG) - Einzelnorm (1993): URL: https://www.gesetze-im-internet.de/gentg/__3.html, Zugriff am 03.09.2016.

Georgiev M., V. Georgiev, P. Penchev, D. Antonova, A. Pavlov, M. Ilieva & S. Popov (2010): Volatile metabolic profiles of cell suspension cultures of *Lavandula vera*, *Nicotiana tabacum* and *Helianthus annuus*, cultivated under different regimes. Eng. Life Sci 10 (2) :148-157. DOI: 10.1002/elsc.200900090.

Georgiev M., J. Weber & A. Maciuk (2009): Bioprocessing of plant cell cultures for mass production of targeted compounds. Appl Microbiol Biot 83 (5): 809–823. DOI: 10.1007/s00253-009-2049-x.

Ghosh B., S. Mukherjee & S. Jha (1997): Genetic transformation of *Artemisia annua* by *Agrobacterium tumefaciens* and artemisinin synthesis in transformed cultures. Plant Science 122 (2): 193–199. DOI: 10.1016/S0168-9452(96)04558-X.

Giri C.C. & M. Zaheer (2016): Chemical elicitors versus secondary metabolite production in vitro using plant cell, tissue and organ cultures: recent trends and a sky eye view appraisal. Plant Cell Tiss Org 126 (1): 1–18. DOI: 10.1007/s11240-016-0985-6.

GMD - the Golm Metabolome Database (2019): URL: http://gmd.mpimp-golm.mpg.de/, Zugriff am 06.05.2019.

Godwin I., G. Todd, B. Ford-Lloyd & H. Newbury (1991): The effects of acetosyringone and pH on Agrobacterium-mediated transformation vary according to plant species. Plant Cell Rep 9 (12): 671–675. DOI: 10.1007/BF00235354.

Gohlke J. & R. Deeken (2014): Plant responses to *Agrobacterium tumefaciens* and crown gall development. Front Plant Sci 5: 155. DOI: 10.3389/fpls.2014.00155.

Gomes E.V., M. do N. Costa, R.G. de Paula, R. Ricci de Azevedo, F.L. da Silva, E.F. Noronha, C. José Ulhoa, V. Neves Monteiro, R. Elena Cardoza, S. Gutiérrez & R. Nascimento Silva (2016): The Cerato-Platanin protein Epl-1 from *Trichoderma harzianum* is involved in mycoparasitism, plant resistance induction and self cell wall protection. Sci Rep-UK 5: 17998. DOI: 10.1038/srep17998.

Gómez-Galera S., A.M. Pelacho, A. Gené, T. Capell & P. Christou (2007): The genetic manipulation of medicinal and aromatic plants. Plant Cell Rep 26 (10): 1689–1715. DOI: 10.1007/s00299-007-0384-x.

Gopi C. & P. Ponmurugan (2006): Somatic embryogenesis and plant regeneration from leaf callus of *Ocimum basilicum* L. J Biotechnol 126 (2): 260–264. DOI: 10.1016/j.jbiotec.2006.04.033.

Gregorczyk I., I. Bilichowski, E. Mikiciuk-Olasik & H. Wysokinska (2005): In vitro cultures of *Salvia officinalis* L. as a source of antioxidant compounds. Acta Soc Bot Po. 74 (1): 17–21.

Grout B.W.W. (1995): Genetic preservation of plant cells in vitro. Springer.

Grzegorczyk I., A. Matkowski & H. Wysokinska (2007): Antioxidant activity of extracts from in vitro cultures of *Salvia officinalis* L. Food Chem 104 (2): 536–541. DOI: 10.1016/j.foodchem.2006.12.003.

Grzelak A. & W. Janiszowska (2002): Initiation and growth characteristics of suspension cultures of *Calendula officinalis* cells. Plant Cell Tiss Org 71 (1): 29–40. DOI: 10.1023/A:1016553909002.

Gstraunthaler G. & T. Lindl (2013): Zell-und Gewebekultur: allgemeine Grundlagen und spezielle Anwendungen. Springer-Verlag.

Haas C. (2014): Produktion von Oleanol- und Ursolsäure mit Salbeizellkulturen – Aspekte der Prozessentwicklung und -optimierung –. Dissertation Technische Universität Dresden Dresden, Deutschland.

Haas C., K.-C. Hengelhaupt, S. Kümmritz, T. Bley, A. Pavlov & J. Steingroewer (2014): *Salvia* suspension cultures as production systems for oleanolic and ursolic acid. Acta Physiol Plant 36 (8) 2137–2147. DOI: 10.1007/s11738-014-1590-0.

Han K.-H., P. Fleming, K. Walker, M. Loper, W.S. Chilton, U. Mocek, M.P. Gordon & H.G. Floss (1994): Genetic transformation of mature *Taxus*: an approach to genetically control the in vitro production of the anticancer drug, taxol. Plant Sci 95 (2): 187–196. DOI: 10.1016/0168-9452(94)90092-2.

Hänsel R., K. Keller, H. Hager & H. Rimpler (1994): Hagers Handbuch Der Pharmazeutischen Praxis: Band 6: Drogen P-Z. Springer DE.

Hecht P. (2017): Etablierung pflanzlicher in vitro Kulturen für die Produktion vernetzender Substanzen.

Heilmann P.D.J. (2010): Einführung in die Analytik sekundärer Pflanzeninhaltsstoffe anhand ausgewählter Beispiele. In: Hänsel P.D.R. & P.D.D. h c O. Sticher (Hrsg.) Pharmakognosie — Phytopharmazie: 31–59. Springer Berlin Heidelberg. DOI: 10.1007/978-3-642-00963-1_2.

Heinzen H., J.X. de Vries, P. Moyna, G. Remberg, R. Martinez & L.F. Tietze (1996): Mass Spectrometry of Labelled Triterpenoids: Thermospray and Electron Impact Ionization Analysis. Phytochemical Analysis 7 (5): 237–244. DOI: 10.1002/(SICI)1099-1565(199609)7:5<237::AID-PCA310>3.0.CO;2-M.

Heldt H.-W., B. Piechulla & F. Heldt (2015): Pflanzenbiochemie. 5., überarb. Aufl. Springer Spektrum, Berlin.

Hellwig S., J. Drossard, R.M. Twyman & R. Fischer (2004): Plant cell cultures for the production of recombinant proteins. Nat Biotechnol 22 (11): 1415–1422. DOI: 10.1038/nbt1027.

Hermosa R., A. Viterbo, I. Chet & E. Monte (2012): Plant-beneficial effects of *Trichoderma* and of its genes. Microbiology 158 (1): 17–25. DOI: 10.1099/mic.0.052274-0.

Heß D. (1992): Biotechnologie der Pflanzen. Eugen Ulmer, Stuttgart.

Hill C.B. & U. Roessner (2013): Metabolic Profiling of Plants by GC–MS. In: The Handbook of Plant Metabolomics: 1–23. Wiley-VCH Verlag GmbH & Co. KGaA. URL:https://webvpn.zih.tu-resden.de/+CSCO+0h756767633A2F2F62617976617279766 F656E656C2E6A7679726C2E70627A++/doi/ 10.1002/9783527669882.ch1/pdf, Zugriff am 22.10.2016.

Hochdruckzellaufschluss-System TS Series Benchtop (2014): URL: http://www.constantsystems.com/products/cell%20disruption%20systems/ts%20series% 20benchtop, Zugriff am 20.02.2014.

Hoffmann T. & E. Bremer (2013): Prolin—vielfältig wie ein Schweizer Taschenmesser. BIOspektrum 19 (7): 723–725.

HPLC Discovery HS C18 (2019): URL: https://www.sigmaaldrich.com/analytical-chromatography/hplc/columns/discovery-hplc/hs-c18.html, Zugriff am 13.02.2019.

Hwang H.-H., S.B. Gelvin & E.-M. Lai (2015): Editorial: "*Agrobacterium* biology and its application to transgenic plant production". Front Plant Sci 6. DOI: 10.3389/fpls.2015.00265.

Hwang H.-H., E.T. Wu, S.-Y. Liu, S.-C. Chang, K.-C. Tzeng & C.I. Kado (2013): Characterization and host range of five tumorigenic *Agrobacterium tumefaciens* strains and possible application in plant transient transformation assays. Plant Pathol 62 (6): 1384–1397. DOI: 10.1111/ppa.12046.

IARC (2015): IARC Monographs evaluate DDT, lindane, and 2,4-D.

Ibrahim A.K., S. Khalifa, I. Khafagi, D. Youssef, I. Khan & M. Mesbah (2007): Stimulation of oleandrin production by combined *Agrobacterium tumefaciens* mediated transformation and fungal elicitation in *Nerium oleander* cell cultures. Enzyme Microb Tech 41 (3): 331–336. DOI: 10.1016/j.enzmictec.2007.02.015.

Ikeuchi M., A. Iwase, B. Rymen, A. Lambolez, M. Kojima, Y. Takebayashi, J. Heyman, S. Watanabe, M. Seo, L. de Veylder, H. Sakakibara & K. Sugimoto (2017): Wounding Triggers Callus Formation via Dynamic Hormonal and Transcriptional Changes. Plant Physiol 175 (3): 1158–1174. DOI: 10.1104/pp.17.01035.

Ikeuchi M., K. Sugimoto & A. Iwase (2013): Plant Callus: Mechanisms of Induction and Repression. Plant Cell 25 (9): 3159–3173. DOI: 10.1105/tpc.113.116053.

Ishii T. & M. Araki (2016): Consumer acceptance of food crops developed by genome editing. Plant Cell Rep 35 (7): 1507–1518. DOI: 10.1007/s00299-016-1974-2.

IUL Instruments GmbH (2010): Optionaler One-shot-Kopf von Constant Systems Ltd. IUL Instruments. URL: www.iul-instruments.de, Zugriff am 31.05.2011.

Ivanov I., R. Vrancheva, A. Marchev, N. Petkova, I. Aneva, P. Denev, V.G. Georgiev & A. Pavlov (2014): Antioxidant activities and phenolic compounds in Bulgarian *Fumaria* species. Int J Curr Microbiol App Sci 3 (2): 296–306.

J. C. Furtado N.A., L. Pirson, H. Edelberg, L. M. Miranda, C. Loira-Pastoriza, V. Preat, Y. Larondelle & C.M. André (2017): Pentacyclic Triterpene Bioavailability: An Overview of In Vitro and In Vivo Studies. Molecules 22 (3): 400. DOI: 10.3390/molecules22030400.

Jäger S., H. Trojan, T. Kopp, M.N. Laszczyk & A. Scheffler (2009): Pentacyclic Triterpene Distribution in Various Plants – Rich Sources for a New Group of Multi-Potent Plant Extracts. Molecules 14 (6): 2016–2031. DOI: 10.3390/molecules14062016.

Janicsák G., I. Máthé, V. Miklóssy-Vári & G. Blunden (1999): Comparative studies of the rosmarinic and caffeic acid contents of *Lamiaceae* species. Biochem Syst Ecol 27 (7): 733–738. DOI: 10.1016/S0305-1978(99)00007-1.

Janicsák G., K. Veres, A. Zoltán Kakasy & I. Máthé (2006): Study of the oleanolic and ursolic acid contents of some species of the *Lamiaceae*. Biochem Syst Ecol 34 (5): 392–396. DOI: 10.1016/j.bse.2005.12.004.

Jie L. (1995): Pharmacology of oleanolic acid and ursolic acid. J Ethnopharmacol 49 (2–1): 57–68. DOI: 10.1016/0378-8741(95)01310-5.

John S. (22:26:56 UTC): Global Plant Stem Cell Market for Cosmetics Research 2017. URL: https://www.slideshare.net/JohnStickler/global-plant-stem-cell-market-for-cosmetics-research-2017, Zugriff am 06.07.2019.

Joshi A. & W.-L. Teng (2000): Cryopreservation of *Panax ginseng* cells. Plant Cell Rep 19 (10): 971–977. DOI: 10.1007/s002990000212.

Kado C.I. (2014): Historical account on gaining insights on the mechanism of crown gall tumorigenesis induced by *Agrobacterium tumefaciens*. Front Micobiol 5: 340.

Kadolsky M. (2007): Kryokonservierung und in vitro Kultur von *Pyrus pyraster* (L.) BURGSD. und *Sorbus torminalis* (L.) CRANTZ.

Kahl G. & H.J. Zimmermann (1980): Molekularbiologie pflanzlicher Tumoren. Biol Unserer Zeit 10 (6): 163–174. DOI: 10.1002/biuz.19800100604.

Kamatou G.P.P., A.M. Viljoen & P. Steenkamp (2010): Antioxidant, antiinflammatory activities and HPLC analysis of South African *Salvia* species. Food Chem 119 (7): 684–688. DOI: 10.1016/j.foodchem.2009.07.010.

Kampen I. (2006): Einfluss der Zellaufschlussmethode auf die Expanded-bed-Chromatographie. Cuvillier.

Kashyap D., H.S. Tuli & A.K. Sharma (2016): Ursolic acid (UA): A metabolite with promising therapeutic potential. Life Sc 146: 201–213. DOI: 10.1016/j.lfs.2016.01.017.

Kassing M., U. Jenelten, J. Schenk & J. Strube (2010): A New Approach for Process Development of Plant-Based Extraction Processes. Chem Eng Technol 33 (3): 377–387. DOI: 10.1002/ceat.200900480.

Keller E., A. Senula, M. Höfer, E. Heine-Dobbernack & H. M Schumacher (2013): Cryopreservation of plant cells. Encyclopedia of Industrial Biotechnology. DOI: 10.1002/9780470054581.eib244.pub2.

Ketchum R.E.B., L. Wherland & R.B. Croteau (2007): Stable transformation and long-term maintenance of transgenic *Taxus* cell suspension cultures. Plant Cell Rep 26 (7): 1025–1033. DOI: 10.1007/s00299-007-0323-x.

Kintzios S., O. Makri, E. Panagiotopoulos & M. Scapeti (2003): In vitro rosmarinic acid accumulation in sweet basil (*Ocimum basilicum* L.). Biotechnol Lett 25 (5): 405–408. DOI: 10.1023/A:1022402515263.

Kintzios S., A. Nikolaou & M. Skoula (1999): Somatic embryogenesis and in vitro rosmarinic acid accumulation in *Salvia officinalis* and *S. fruticosa* leaf callus cultures. Plant Cell Rep 18 (6): 462–466. DOI: 10.1007/s002990050604.

Knoche A.-C. (2014): Erzeugung und Etablierung von Hairy Root Kulturen für die Produktion biologischer Schutzstoffe.

Knöss W. (1995): Establishment of callus, cell suspension and shoot cultures of *Leonurus cardiaca* L. and diterpene analysis. Plant Cell Rep 14 (12): 790–793. DOI: 10.1007/BF00232924.

Kolewe M.E., V. Gaurav & S.C. Roberts (2008): Pharmaceutically active natural product synthesis and supply via plant cell culture technology. Mol Pharm 5 (2): 243–256. DOI: 10.1021/mp7001494.

Komali A.S. & K. Shetty (1998): Comparison of the growth pattern and Rosharinic acid production in rosemary (*Rosmarinus officinalis*) shoots and genetically transformed callus cultures. Food Biotechnol 12 (1–2): 27–41. DOI: 10.1080/08905439809549941.

Komari T., Y. Takakura, J. Ueki, N. Kato, Y. Ishida & Y. Hiei (2006): Binary Vectors and Super-binary Vectors. In: Wang K. (Hrsg.) Agrobacterium Protocols: 15–42. Humana Press. DOI: 10.1385/1-59745-130-4:15.

Kontogianni V.G., V. Exarchou, A. Troganis & I.P. Gerothanassis (2009): Rapid and novel discrimination and quantification of oleanolic and ursolic acids in complex plant extracts using two-dimensional nuclear magnetic resonance spectroscopy--Comparison with HPLC methods. Anal Chim Acta 635 (2): 188–195. DOI: 10.1016/j.aca.2009.01.021.

Kröger M. & K. Meyer-Rogge (2016): Gentechnische Methoden - Chemgapedia. URL: http://www.chemgapedia.de/vsengine/vlu/vsc/de/ch/5/bc/gentechnik/methoden.vlu/Page/vsc/de/ch/5/bc/gentechnik/methoden/dna_isolierung/lyse_bakterienzelle/lyse_bakterienzelle.vscml.html, Zugriff am 29.03.2016.

Kromidas S. (2012): HPLC richtig optimiert: Ein Handbuch für Praktiker. John Wiley & Sons.

Kromidas S. (2014): Der HPLC-Experte: Möglichkeiten und Grenzen der Modernen HPLC. Wiley-VCH Verlag GmbH, D-69451 Weinheim, Germany. URL: http://doi.wiley.com/10.1002/9783527676613, Zugriff am 07.05.2016.

Kromidas S. & H.-J. Kuss (2008): Chromatogramme richtig integrieren und bewerten: ein Praxishandbuch für die HPLC und GC ; [mit CD]. John Wiley & Sons.

Kumar P., R. Chaturvedi, D. Sundar & V.S. Bisaria (2016): *Piriformospora indica* enhances the production of pentacyclic triterpenoids *Lantana camara* L. suspension cultures. Plant Cell Tiss Org 125 (1): 23–29. DOI: 10.1007/s11240-015-0924-y.

Kumar P.S. & V.L. Mathur (2004): Chromosomal Instability in Callus Culture of *Pisum sativum*. Plant Cell Tiss Org 78 (3): 267–271. DOI: 10.1023/B:TICU.0000025669.11442.3e.

Kumar V., G. Rajauria, V. Sahai & V.S. Bisaria (2012): Culture filtrate of root endophytic fungus *Piriformospora indica* promotes the growth and lignan production of *Linum album* hairy root cultures. Process Biochem 47 (6): 901–907. DOI: 10.1016/j.procbio.2011.06.012.

Kümmritz S., C. Haas, A.I. Pavlov, D. Geib, R. Ulber, T. Bley & J. Steingroewer (2014): Determination of Triterpenic Acids and Screening for Valuable Secondary Metabolites in *Salvia* sp. Suspension Cultures. Nat Prod Commun 9 (1): 17–20. DOI: 10.1177/1934578X1400900107.

Kümmritz S., M. Louis, C. Haas, F. Oehmichen, S. Gantz, H. Delenk, S. Steudler, T. Bley & J. Steingroewer (2016): Fungal elicitors combined with a sucrose feed significantly enhance triterpene production of a *Salvia fruticosa* cell suspension. Appl Microbiol Biotechnol 100 (16): 7071–7082. DOI: 10.1007/s00253-016-7432-9.

Kuriyama A., K. Kuriyama, K. Kuriyama, F. Kuriyama & M. Kuriyama (1996): Sensitivity of Cryopreserved *Lavandula vera* Cells to Ammonium Ion. J Plant Physiol 148 (6): 693–695. DOI: 10.1016/S0176-1617(96)80369-5.

Kuriyama A., K. Watanabe, S. Ueno & H. Mitsuda (1989): Inhibitory effect of ammonium ion on recovery of cryopreserved rice cells. Plant Sci 64 (2): 231–235. DOI: 10.1016/0168-9452(89)90028-9.

Kuźma Ł., Z. Skrzypek & H. Wysokińska (2006): Diterpenoids and triterpenoids in hairy roots of *Salvia sclarea*. Plant Cell Tiss Org 84 (2): 171–179. DOI: 10.1007/s11240-005-9018-6.

Lacroix B. & V. Citovsky (2009): *Agrobacterium* aiming for the host chromatin. Commun Integr Biol 2 (1): 42–45. DOI: 10.4161/cib.2.1.7468.

Lee M.K., Y.M. Ahn, K.R. Lee, J.H. Jung, O.-S. Jung & J. Hong (2009): Development of a validated liquid chromatographic method for the quality control of *Prunellae spica*: Determination of triterpenic acids. Anal Chim Acta 633 (2): 271–277. DOI: 10.1016/j.aca.2008.12.038.

Leipold D., G. Wünsch, M. Schmidt, H.-J. Bart, T. Bley, H. Ekkehard Neuhaus, H. Bergmann, E. Richling, K. Muffler & R. Ulber (2010): Biosynthesis of ursolic acid derivatives by microbial metabolism of ursolic acid with *Nocardia* sp. strains - Proposal of new biosynthetic pathways. Process Biochem 45 (7): 1043–1051. DOI: 10.1016/j.procbio.2010.03.013.

Li C.R., Z. Zhou, R.X. Lin, D. Zhu, Y.N. Sun, L.L. Tian, L. Li, Y. Gao & S.Q. Wang (2007): β-sitosterol decreases irradiation-induced thymocyte early damage by regulation of the intracellular redox balance and maintenance of mitochondrial membrane stability. J Cell Biochem 102 (3): 748–758. DOI: 10.1002/jcb.21326.

Li E.-N., J.-G. Luo & L.-Y. Kong (2009): Qualitative and quantitative determination of seven triterpene acids in *Eriobotrya japonica* Lindl. by high-performance liquid chromatography with photodiode array detection and mass spectrometry. Phytochem Analysis 20 (4): 338–343. DOI: 10.1002/pca.1134.

Liu J. (2005): Oleanolic acid and ursolic acid: Research perspectives. J Ethnopharmacol 100 (1–2): 92–94. DOI: 10.1016/j.jep.2005.05.024.

Lu C., C. Zhang, F. Zhao, D. Li & W. Lu (2018): Biosynthesis of ursolic acid and oleanolic acid in *Saccharomyces cerevisiae*. AIChE Journal 64 (11): 3794–3802. DOI: 10.1002/aic.16370.

Ludwig B. (2015): Produktion von pharmakologischen Sekundärmetabolite - Am Beispiel von mikrobiellen β-Lactam-Antibiotika und pflanzlichen Triterpenen. URL: https://kluedo.ub.uni-kl.de/frontdoor/index/index/docId/3981, Zugriff am 02.12.2015.

Ludwig-Müller J., M. Georgiev & T. Bley (2008): Metabolite and hormonal status of hairy root cultures of Devil's claw (*Harpagophytum procumbens*) in flasks and in a bubble column bioreactor. Process Biochem 43 (1): 15–23. DOI: 10.1016/j.procbio.2007.10.006.

Ludwig-Müller J. & H. Gutzeit (2014): Biologie von Naturstoffen: Synthese, biologische Funktionen und Bedeutung für die Gesundheit. UTB GmbH.

Luwańska A., K. Wielgus, K. Seidler-Łożykowska, D. Lipiński & R. Słomski (2017): Evaluation of *Agrobacterium tumefaciens* Usefulness for the Transformation of Sage (*Salvia officinalis* L.). 153–176. DOI: 10.1007/978-3-319-28669-3_2.

Ma C.J. (2008): Cellulase elicitor induced accumulation of capsidiol in Capsicum annumm L. suspension cultures. Biotechnol Lett 30 (5): 961–965. DOI: 10.1007/s10529-007-9624-y.

Maciuk A., A. Toribio, M. Zeches-Hanrot, J.-M. Nuzillard, J.-H. Renault, M.I. Georgiev & M.P. Ilieva (2005): Purification of Rosmarinic Acid by Strong Ion-Exchange Centrifugal Partition Chromatography. J Liq Chromatogr R T 28 (12–13): 1947–1957. DOI: 10.1081/JLC-200063599.

Malik S., R.M. Cusidó, M.H. Mirjalili, E. Moyano, J. Palazón & M. Bonfill (2011): Production of the anticancer drug taxol in *Taxus baccata* suspension cultures: A review. Process Biochem 46 (1): 23–34. DOI: 10.1016/j.procbio.2010.09.004.

Mandal V. & S.C. Mandal (2010): Design and performance evaluation of a microwave based low carbon yielding extraction technique for naturally occurring bioactive triterpenoid: Oleanolic acid. Biochem Eng J 50 (1–2): 63–70. DOI: 10.1016/j.bej.2010.03.005.

Mannonen L., L. Toivonen & V. Kauppinen (1990): Effects of long-term preservation on growth and productivity of *Panax ginseng* and *Catharanthus roseus* cell cultures. Plant Cell Rep 9 (4). DOI: 10.1007/BF00232173.

Marc J., D.E. Sharkey, N.A. Durso, M. Zhang & R.J. Cyr (1996): Isolation of a 90-kD Microtubule-Associated Protein from Tobacco Membranes. Plant Cell 8 (11): 2127–2138. DOI: 10.1105/tpc.8.11.2127.

Marchev A., V. Georgiev, I. Ivanov, I. Badjakov & A. Pavlov (2011): Two-phase temporary immersion system for *Agrobacterium rhizogenes* genetic transformation of sage (*Salvia tomentosa* Mill.). Biotechnol Lett 33 (9): 1873–1878. DOI: 10.1007/s10529-011-0625-5.

Marchev A., C. Haas, S. Schulz, V. Georgiev, J. Steingroewer, T. Bley & A. Pavlov (2014): Sage in vitro cultures: a promising tool for the production of bioactive terpenes and phenolic substances. Biotechnol Lett 36 (2): 211–221. DOI: 10.1007/s10529-013-1350-z.

Marsik P., L. Langhansova, M. Dvorakova, Cigler, Petr, Hruby, Michal & Vanek, Tomas (2014): Increased Ginsenosides Production by Elicitation of In vitro Cultivated *Panax Ginseng* Adventitious Roots. Med Aromat Plants 03 (1). DOI: 10.4172/2167-0412.1000147.

Martelanc M., I. Vovk & B. Simonovska (2009): Separation and identification of some common isomeric plant triterpenoids by thin-layer chromatography and high-performance liquid chromatography. J Chromatogr A 1216 (38): 6662–6670. DOI: 10.1016/j.chroma.2009.07.038.

Marzouk A.M. (2009): Hepatoprotective Triterpenes from Hairy Root Cultures of *Ocimum basilicum* L. Z Naturforsch C 64 (3–4): 201–209. DOI: 10.1515/znc-2009-3-409.

Matkowski A. (2008): Plant in vitro culture for the production of antioxidants — A review. Biotechnol Adv 26 (6): 548–560. DOI: 10.1016/j.biotechadv.2008.07.001.

Mazur P., S.P. Leibo & E.H.Y. Chu (1972): A two-factor hypothesis of freezing injury. Exp Cell Res 71 (2): 345–355. DOI: 10.1016/0014-4827(72)90303-5.

Menges M. & J.A.H. Murray (2004): Cryopreservation of transformed and wild-type *Arabidopsis* and tobacco cell suspension cultures. Plant J 37 (4): 635–644. DOI: 10.1046/j.1365-313X.2003.01980.x.

Mishiba K.-I., T. Okamoto & M. Mii (2001): Increasing ploidy level in cell suspension cultures of *Doritaenopsis* by exogenous application of 2,4-dichlorophenoxyacetic acid. Physiol Plant 112 (1): 142–148. DOI: 10.1034/j.1399-3054.2001.1120119.x

Misra R.C., S. Sharma, A. Garg, C.S. Chanotiya & S. Ghosh (2017): Two CYP716A subfamily cytochrome P450 monooxygenases of sweet basil play similar but nonredundant roles in ursane- and oleanane-type pentacyclic triterpene biosynthesis. New Phytol 214 (2): 706–720. DOI: 10.1111/nph.14412.

Miura K. (2001): Apianane terpenoids from *Salvia officinalis*. Phytochemistry 58 (8): 1171–1175. DOI: 10.1016/S0031-9422(01)00341-7.

Moore I. (2009): Chapter 5 - Manufacturing Cosmetic Ingredients according to Good Manufacturing Practice Principles. In: Lintner K. (Hrsg.) Global Regulatory Issues for the Cosmetics Industry: 79–92. William Andrew Publishing, Boston. DOI: 10.1016/B978-0-8155-1569-2.50011-7.

Mrotzek C., T. Anderlei, H.-J. Henzler & J. Büchs (2001): Mass transfer resistance of sterile plugs in shaking bioreactors. Biochem Eng J 7 (2): 107–112. DOI: 10.1016/S1369-703X(00)00108-X.

Muffler K., D. Leipold, M.-C. Scheller, C. Haas, J. Steingroewer, T. Bley, H.E. Neuhaus, M.A. Mirata, J. Schrader & R. Ulber (2011): Biotransformation of triterpenes. Process Biochem 46 (1): 1–15. DOI: 10.1016/j.procbio.2010.07.015.

Mustafa N.R., W. de Winter, F. van Iren & R. Verpoorte (2011): Initiation, growth and cryopreservation of plant cell suspension cultures. Nat Protoc 6 (6): 715–742. DOI: 10.1038/nprot.2010.144.

Naill M.C., M.E. Kolewe & S.C. Roberts (2012): Paclitaxel uptake and transport in Taxus cell suspension cultures. Biochem Eng J 63: 50–56. DOI: 10.1016/j.bej.2012.01.006.

Nally J.D. (2016): Good Manufacturing Practices for Pharmaceuticals, Sixth Edition. CRC Press.

Namdeo A. (2007): Plant cell elicitation for production of secondary metabolites: a review. Pharmacogn Rev 1 (1): 69–79.

Namdeo A., S. Patil & D.P. Fulzele (2002): Influence of Fungal Elicitors on Production of Ajmalicine by Cell Cultures of *Catharanthus roseus*. Biotechnol Progress 18 (1): 159–162. DOI: 10.1021/bp0101280.

Narayani M. & S. Srivastava (2017): Elicitation: a stimulation of stress in in vitro plant cell/tissue cultures for enhancement of secondary metabolite production. Phytochem Rev 16 (6): 1227–1252. DOI: 10.1007/s11101-017-9534-0.

Nohynek L., M. Bailey, J. Tähtiharju, T. Seppänen-Laakso, H. Rischer, K.-M. Oksman-Caldentey & R. Puupponen-Pimiä (2014): Cloudberry (*Rubus chamaemorus*) cell culture with bioactive substances: Establishment and mass propagation for industrial use. Eng Life Sci 14 (6): 667–675. DOI: 10.1002/elsc.201400069.

Nosov A.M., E.V. Popova & D.V. Kochkin (2014): Isoprenoid Production via Plant Cell Cultures: Biosynthesis, Accumulation and Scaling-Up to Bioreactors. In: Paek K.-Y., H.N. Murthy, & J.-J. Zhong (Hrsg.) Production of Biomass and Bioactive Compounds Using Bioreactor Technology: 563–623. Springer Netherlands. DOI: 10.1007/978-94-017-9223-3_23.

Oehmichen F. (2013): Charakterisierung kryokonservierter Zellkulturen von *Salvia* sp. und Optimierung der Verfahrensschritte.

Ogawa Y., N. Sakurai, A. Oikawa, K. Kai, Y. Morishita, K. Mori, K. Moriya, F. Fujii, K. Aoki, H. Suzuki, D. Ohta, K. Saito & D. Shibata (2012): High-Throughput Cryopreservation of Plant Cell Cultures for Functional Genomics. Plant Cell Physiol 53 (5): 943–952. DOI: 10.1093/pcp/pcs038.

Ohmstede D. (1995): Untersuchungen zu Analytik und Biosynthese von Solasonin und Solamargin aus einigen Solanum-Arten /. URL: http://primoproxy.slub-dresden.de/cgi-bin/permalink.pl?libero_mab2849916.

Okada M., M. Matsumura, Y. Ito & N. Shibuya (2002): High-Affinity Binding Proteins for N-Acetylchitooligosaccharide Elicitor in the Plasma Membranes from Wheat, Barley and Carrot Cells: Conserved Presence and Correlation with the Responsiveness to the Elicitor. Plant Cell Physiol 43 (5): 505–512. DOI: 10.1093/pcp/pcf060.

Olszewska M. (2008): Optimization and validation of an HPLC-UV method for analysis of corosolic, oleanolic, and ursolic acids in plant material: Application to *Prunus serotina* Ehrh. Acta Chromatogr 20 (4): 643–659. DOI: 10.1556/AChrom.20.2008.4.10.

Ondruschka B. & W. Klemm (2008): Überblick zur Gewinnung von Phytoextrakten. Chem-Ing-Tech 80 (6): 803–810. DOI: 10.1002/cite.200800002.

Pandey H., P. Pandey, S. Singh, R. Gupta & S. Banerjee (2015): Production of anti-cancer triterpene (betulinic acid) from callus cultures of different *Ocimum* species and its elicitation. Protoplasma 252 (2): 647–655. DOI: 10.1007/s00709-014-0711-3.

Panis B., B. Piette & R. Swennen (2005): Droplet vitrification of apical meristems: a cryopreservation protocol applicable to all *Musaceae*. Plant Sci 168 (1): 45–55. DOI: 10.1016/j.plantsci.2004.07.022.

Pawar K.D., A.V. Yadav, Y.S. Shouche & S.R. Thengane (2011): Influence of endophytic fungal elicitation on production of inophyllum in suspension cultures of *Calophyllum inophyllum* L. Plant Cell Tiss Org 106 (2): 345–352. DOI: 10.1007/s11240-011-9928-4.

Peltonen S., L. Mannonen & R. Karjalainen (1997): Elicitor-induced changes of phenylalanine ammonia-lyase activity in barley cell suspension cultures. Plant Cell Tiss Org 50 (3): 185–193. DOI: 10.1023/A:1005908732706.

Pessarakli M. (2010): Handbook of Plant and Crop Stress, Third Edition. CRC Press.

Petersen M. (2013): Rosmarinic acid: new aspects. Phytochem Rev 12 (1): 207–227. DOI: 10.1007/s11101-013-9282-8.

Petersen M. & M.S.J. Simmonds (2003): Rosmarinic acid. Phytochemistry 62 (2): 121–125. DOI: 10.1016/S0031-9422(02)00513-7.

Pflanzenforschung.de: Pflanzen-Pathogen-Interaktion (2016): URL: http://www.pflanzenforschung.de/index.php?cID=5855, Zugriff am 06.01.2016.

Phillips R.L., S.M. Kaeppler & P. Olhoft (1994): Genetic instability of plant tissue cultures: breakdown of normal controls. PNAS 91 (12): 5222–5226. DOI: 10.1073/pnas.91.12.5222.

Pitzschke A. (2013): *Agrobacterium* infection and plant defense-transformation success hangs by a thread. Front Plant Sci 4: 519. DOI: 10.3389/fpls.2013.00519.

Pitzschke A. & H. Hirt (2010): New insights into an old story: *Agrobacterium*-induced tumour formation in plants by plant transformation. EMBO J 29 (6): 1021–1032. DOI: 10.1038/emboj.2010.8.

Płotka J., M. Tobiszewski, A.M. Sulej, M. Kupska, T. Górecki & J. Namieśnik (2013): Green chromatography. J Chromatogr A 1307: 1–20. DOI: 10.1016/j.chroma.2013.07.099.

Pollier J. & A. Goossens (2012): Oleanolic acid. Phytochemistry 77: 10–15. DOI: 10.1016/j.phytochem.2011.12.022.

Prasad A., A. Mathur, A. Kalra, M.M. Gupta, R.K. Lal & A.K. Mathur (2013): Fungal elicitor-mediated enhancement in growth and asiaticoside content of *Centella asiatica* L. shoot cultures. Plant Growth Regul 69 (3): 265–273. DOI: 10.1007/s10725-012-9769-0.

Prat D., J. Hayler & A. Wells (2014): A survey of solvent selection guides. Green Chem 16 (10): 4546–4551. DOI: 10.1039/C4GC01149J.

PubChem (2019a): Oleanolic acid. URL: https://pubchem.ncbi.nlm.nih.gov/compound/10494, Zugriff am 23.08.2020.

PubChem (2019b): Ursolic acid. URL: https://pubchem.ncbi.nlm.nih.gov/compound/64945, Zugriff am 23.08.2020.

Ramirez-Estrada K., H. Vidal-Limon, D. Hidalgo, E. Moyano, M. Golenioswki, R.M. Cusidó & J. Palazon (2016): Elicitation, an Effective Strategy for the Biotechnological

Production of Bioactive High-Added Value Compounds in Plant Cell Factories. Molecules 21 (2): 182. DOI: 10.3390/molecules21020182.

Razboršek M., D. Vončina, V. Doleček & E. Vončina (2008): Determination of Oleanolic, Betulinic and Ursolic Acid in Lamiaceae and Mass Spectral Fragmentation of Their Trimethylsilylated Derivatives. Chromatographia 67 (5): 433–440. DOI: 10.1365/s10337-008-0533-6.

Reed B.M. (2008): Plant cryopreservation: a practical guide. Springer.

Reichling J. (2010): Plant-Microbe Interactions and Secondary Metabolites with Antibacterial, Antifungal and Antiviral Properties. In: Wink M. (Hrsg.) Functions and Biotechnology of Plant Secondary Metabolites: 214–347. Wiley-Blackwell, Oxford, UK. URL: http://doi.wiley.com/10.1002/9781444318876.ch4, Zugriff am 08.12.2015.

Research Center for Drug Evaluation (2018): Botanical Drug Development: Guidance for Industry. URL: /regulatory-information/search-fda-guidance-documents/botanical-drug-development-guidance-industry, Zugriff am 04.05.2019.

Reuter L.J., M.J. Bailey, J.J. Joensuu & A. Ritala (2014): Scale-up of hydrophobin-assisted recombinant protein production in tobacco BY-2 suspension cells. Plant Biotechnol J 12 (4): 402–410. DOI: 10.1111/pbi.12147.

Roberts S.C. (2007): Production and engineering of terpenoids in plant cell culture. Nat Chem Biol 3 (7): 387–395. DOI: 10.1038/nchembio.2007.8.

Roessner U., L. Willmitzer & A. Fernie (2002): Metabolic profiling and biochemical phenotyping of plant systems. Plant Cell Rep 21 (3): 189–196. DOI: 10.1007/s00299-002-0510-8.

Saeidnia S., M. Ghamarinia, A.R. Gohari & A. Shakeri (2012): Terpenes from the root of Salvia hypoleuca Benth. DARU J Pharm Sci 20 (1): 1–6. DOI: 10.1186/2008-2231-20-66.

Sakai A., S. Kobayashi & I. Oiyama (1991): Cryopreservation of nucellar cells of navel orange (Citrus sinensis Osb.) by a simple freezing method. Plant Sci 74 (2): 243–248. DOI: 10.1016/0168-9452(91)90052-A.

Salama M.M., S.M. Ezzat, D.R.S. El, A.M. El-Sayed & A.A. Sleem (2014): New Bioactive Metabolites from a Crown Gall Induced on an Eucalyptus tereticornis Sm. Tree. Z Naturforsch C 68 (11–12): 461–470. DOI: 10.1515/znc-2013-11-1205.

Sallets A., A. Delimoy & M. Boutry (2014): Stable and transient transformation of Artemisia annua. Plant Cell Tiss Org 120 (2): 797–801. DOI: 10.1007/s11240-014-0631-0.

Sawada H., H. Ieki & I. Matsuda (1995): PCR detection of Ti and Ri plasmids from phytopathogenic Agrobacterium strains. Appl Environ Microbiol 61 (2): 828–831.

Scherhag P. (2016): Kultivierung einer Salvia fruticosa-Suspensionskultur in verschiedenen Reaktorsystemen unter dem Gesichtspunkt der Triterpensäureproduktion sowie Implementierung eines Leitfähigkeits-Softsensors zum Biomassemonitoring.

Schilling J.V., B. Schillheim, S. Mahr, Y. Reufer, S. Sanjoyo, U. Conrath & J. Büchs (2015): Oxygen transfer rate identifies priming compounds in parsley cells. BMC Plant Biol 15: 1-11. DOI: 10.1186/s12870-015-0666-3.

Schmale K., T. Rademacher, R. Fischer & S. Hellwig (2006): Towards industrial usefulness – cryo-cell-banking of transgenic BY-2 cell cultures. J Biotechnol 124 (1): 302–311. DOI: 10.1016/j.jbiotec.2006.01.012.

Schmandke H. (2004): Ursolsäure und ihre Derivate mit Antitumoraktivität in Vaccinium-Beeren. Ernährungsumschau 51 (6): 235–237.

Schneider P., S.S. Hosseiny, M. Szczotka, V. Jordan & K. Schlitter (2009): Rapid solubility determination of the triterpenes oleanolic acid and ursolic acid by UV-spectroscopy in different solvents. Phytochem Lett 2 (2): 85–87. DOI: 10.1016/j.phytol.2008.12.004.

Schumacher H.M., M. Westphal & E. Heine-Dobbernack (2015): Cryopreservation of Plant Cell Lines. In: Wolkers W.F. & H. Oldenhof (Hrsg.) Cryopreservation and Freeze-Drying Protocols: 423–429. Springer New York, New York, NY. URL: http://link.springer.com/10.1007/978-1-4939-2193-5_21, Zugriff am 20.07.2015.

Schürch C., P. Blum & F. Zülli (2007): Potential of plant cells in culture for cosmetic application. Phytochem Rev 7 (3): 599–605. DOI: 10.1007/s11101-007-9082-0.

Sciaky D., A.L. Montoya & M.-D. Chilton (1978): Fingerprints of *Agrobacterium* Ti plasmids. Plasmid 1 (2): 238–253. DOI: 10.1016/0147-619X(78)90042-2.

Scragg A.H. (1995): The problems associated with high biomass levels in plant cell suspensions. Plant Cell Tiss Org 43 (2): 163–170. DOI: 10.1007/BF00052172.

Seidel J., T. Ahlfeld, M. Adolph, S. Kümmritz, J. Steingroewer, F. Krujatz, T. Bley, M. Gelinsky & A. Lode (2017): Green bioprinting: extrusion-based fabrication of plant cell-laden biopolymer hydrogel scaffolds. Biofabrication 9 (4): 045011. DOI: 10.1088/1758-5090/aa8854.

Sharan S., N.B. Sarin & K. Mukhopadhyay (2019): Elicitor-mediated enhanced accumulation of ursolic acid and eugenol in hairy root cultures of *Ocimum tenuiflorum* L. is age, dose, and duration dependent. S Afr J Bot 124: 199–210. DOI: 10.1016/j.sajb.2019.05.009.

Shaw M.L., A.J. Conner, J.E. Lancaster & M.K. Williams (1988): Quantitation of nopaline and octopine in plant tissue using Sakaguchi's reagent. Plant Mol Biol Rep 6 (3): 155–164. DOI: 10.1007/BF02669589.

Siani A.C., M.J. Nakamura, D.S. dos Santos, J.L. Mazzei, A.C. do Nascimento & L.M.M. Valente (2014): Efficiency and selectivity of triterpene acid extraction from decoctions and tinctures prepared from apple peels. Pharmacogn Mag 10 (38/S2): S225–S231. DOI: 10.4103/0973-1296.133236.

Singh K.G., V. Nair & M.R. D'souza (2014): Biochemical studies on Crown Gall Disease in *Cantharanthus roseus* induced by *Agrobacterium tumefaciens*. Adv Biores 5 (2): 38-41

Škrlep K., M. Bergant, G.M. Winter, B. Bohanec, J. Žel, R. Verpoorte, F. Iren & M. Camloh (2008): Cryopreservation of cell suspension cultures of *Taxus* × *media* and *Taxus floridana*. Biol Plant 52 (2): 329–333. DOI: 10.1007/s10535-008-0067-7.

Smetanska I. (2008): Production of Secondary Metabolites Using Plant Cell Cultures. In: Stahl U., U.E.B. Donalies, & E. Nevoigt (Hrsg.) Food Biotechnology: 187–228. Springer

Berlin Heidelberg. URL: http://link.springer.com/chapter/10.1007/10_2008_103, Zugriff am 20.08.2015.

Song X. (2012): Untersuchungen zur Kryokonservierung pflanzlicher Zellkulturen von Salvia sp.

Srivastava S. & A.K. Srivastava (2014): Effect of Elicitors and Precursors on Azadirachtin Production in Hairy Root Culture of *Azadirachta indica*. Appl Biochem Biotech 172 (4): 2286–2297. DOI: 10.1007/s12010-013-0664-6.

Steudler S. & T. Bley (2015): Biomass estimation during macro-scale solid-state fermentation of basidiomycetes using established and novel approaches. Bioproc Biosyst Eng 38 (7): 1313–1323. DOI: 10.1007/s00449-015-1372-0.

Storhas W. (2013): Bioverfahrensentwicklung, Zweite Auflage. Wiley-VCH Verlag GmbH & Co. KGaA, Weinheim, Germany. URL: http://doi.wiley.com/10.1002/9783527673834, Zugriff am 10.02.2016.

Strazzer P., F. Guzzo & M. Levi (2011): Correlated accumulation of anthocyanins and rosmarinic acid in mechanically stressed red cell suspensions of basil (*Ocimum basilicum*). J Plant Physiol 168 (3): 288–293. DOI: 10.1016/j.jplph.2010.07.020.

Suthar S. & K.G. Ramawat (2010): Growth retardants stimulate guggulsterone production in the presence of fungal elicitor in fed-batch cultures of *Commiphora wightii*. Plant Biotechnol Rep 4 (1): 9–13. DOI: 10.1007/s11816-009-0110-y.

Taniguchi S., Y. Imayoshi, E. Kobayashi, Y. Takamatsu, H. Ito, T. Hatano, H. Sakagami, H. Tokuda, H. Nishino, D. Sugita, S. Shimura & T. Yoshida (2002): Production of bioactive triterpenes by *Eriobotrya japonica* calli. Phytochemistry 59 (3): 315–323. DOI: 10.1016/S0031-9422(01)00455-1.

Tarvainen M., J.-P. Suomela, H. Kallio & B. Yang (2010): Triterpene Acids in *Plantago major*: Identification, Quantification and Comparison of Different Extraction Methods. Chromatographia 71 (3–4): 279–284. DOI: 10.1365/s10337-009-1439-7.

Taticek R.A., M. Moo-Young & R.L. Legge (1991): The scale-up of plant cell culture: Engineering considerations. Plant Cell Tiss Org 24 (2): 139–158. DOI: 10.1007/BF00039742.

Thimmappa R., K. Geisler, T. Louveau, P. O'Maille & A. Osbourn (2014): Triterpene biosynthesis in plants. Annu Rev Plant Biol 65: 225–257. DOI: 10.1146/annurev-arplant-050312-120229.

Thomashow M.F., R. Nutter, A.L. Montoya, M.P. Gordon & E.W. Nester (1980): Integration and organization of Ti plasmid sequences in crown gall tumors. Cell 19 (3): 729–739. DOI: 10.1016/S0092-8674(80)80049-3.

Topcu G. (2006): Bioactive Triterpenoids from *Salvia* Species. J Nat Prod 69 (3): 482–487. DOI: 10.1021/np0600402.

Toso R.D. & F. Melandri (2011): Echinacea angustifolia cell culture extract. Nutrafoods 10 (1): 19–24. DOI: 10.1007/BF03223351.

Towers G.H.N. & S. Ellis (1993): Secondary metabolism in plant tissue cultures transformed with *Agrobacterium tumefaciens* and *Agrobacterium rhizogenes*. ACS symposium series (USA). URL: https://webvpn.zih.tu-dresden.de/+CSCO+00756767633A2F2F6E746576662E736E622E626574++/agris-search/search.do?recordID=US9433465, Zugriff am 02.07.2016.

Trigiano R.N. & D.J. Gray (1999): Plant Tissue Culture Concepts and Laboratory Exercises, Second Edition. CRC Press.

Tsavkelova E.A., S.Y. Klimova, T.A. Cherdyntseva & A.I. Netrusov (2006): Microbial producers of plant growth stimulators and their practical use: A review. Appl Biochem Microbiol 42 (2): 117–126. DOI: 10.1134/S0003683806020013.

Uhlmann E., D. Oberschmidt, A. Spielvogel, I. Fraunhofer, M. Polte, J. Polte & K. Herms (2013): Zellaufschluss für die Biotechnologie. Industrie Management 6/2013: Bio-Manufacturing 21.

Ullisch D.A., C.A. Müller, S. Maibaum, J. Kirchhoff, A. Schiermeyer, S. Schillberg, J.L. Roberts, W. Treffenfeldt & J. Büchs (2012): Comprehensive characterization of two different *Nicotiana tabacum* cell lines leads to doubled GFP and HA protein production by media optimization. J Biosci Bioeng 113 (2): 242–248. DOI: 10.1016/j.jbiosc.2011.09.022.

van der Heijden R., E.R. Verheij, J. Schripsema, A.B. Svendsen, R. Verpoorte & P.A.A. Harkes (1988): Induction of triterpene biosynthesis by elicitors in suspension cultures of *Tabernaemontana* species. Plant Cell Rep 7 (1): 51–54. DOI: 10.1007/BF00272977.

Verma P., S.A. Khan, A.K. Mathur, K. Shanker & A. Kalra (2014): Fungal endophytes enhanced the growth and production kinetics of *Vinca minor* hairy roots and cell suspensions grown in bioreactor. Plant Cell Tiss Org 118 (2): 257–268. DOI: 10.1007/s11240-014-0478-4.

Verordnung (EG) Nr. 1272/2008 des Europäischen Parlaments und des Rates vom 16. Dezember 2008 über die Einstufung, Kennzeichnung und Verpackung von Stoffen und Gemischen, zur Änderung und Aufhebung der Richtlinien 67/548/EWG und 1999/45/EG und zur Änderung der Verordnung (EG) Nr. 1907/2006 (Text von Bedeutung für den EWR) (2008): URL: https://eur-lex.europa.eu/legal-content/DE/TXT/HTML/?uri=CELEX:02008R1272-20180301&from=DE, Zugriff am 04.01.2019.

Vogler S. (2009): Untersuchungen zur Gewinnung pharmakologisch relevanter Triterpene aus pflanzlichen Zellkulturen.

Wang H., Z. Wang & W. Guo (2008): Comparative determination of ursolic acid and oleanolic acid of *Macrocarpium officinalis* (Sieb. et Zucc.) Nakai by RP-HPLC. Ind Crop Prod 28 (3): 328–332. DOI: 10.1016/j.indcrop.2008.03.004.

Wang H.Q., J.T. Yu & J.J. Zhong (1999): Significant improvement of taxane production in suspension cultures of *Taxus chinensis* by sucrose feeding strategy. Process Biochem 35 (5): 479–483. DOI: 10.1016/S0032-9592(99)00094-1.

Wang J., W.-Y. Gao, J. Zhang, B.-M. Zuo, L.-M. Zhang & L.-Q. Huang (2012): Production of ginsenoside and polysaccharide by two-stage cultivation of *Panax quinquefolium* L. cells. In Vitro Cell Dev-Pl 48 (1): 107–112. DOI: 10.1007/s11627-011-9396-x.

Wang J.W., Z.H. Xia, J.H. Chu & R.X. Tan (2004): Simultaneous production of anthocyanin and triterpenoids in suspension cultures of *Perilla frutescens*. Enzyme Microb Tech 34 (7): 651–656. DOI: 10.1016/j.enzmictec.2004.02.004.

Wei D., L. Wang, C. Liu & B. Wang (2010): β-Sitosterol Solubility in Selected Organic Solvents. J Chem Eng Data 55 (8): 2917–2919. DOI: 10.1021/je9009909.

Weidenauer U. & C. Beyer (2008): Arzneiformenlehre kompakt Buch Buch. Wiss. Verl.-Ges., Stuttgart.

Wewetzer S.J., M. Kunze, T. Ladner, B. Luchterhand, S. Roth, N. Rahmen, R. Kloß, A. Costa e Silva, L. Regestein & J. Büchs (2015): Parallel use of shake flask and microtiter plate online measuring devices (RAMOS and BioLector) reduces the number of experiments in laboratory-scale stirred tank bioreactors. J Biol Eng 9 (1). DOI: 10.1186/s13036-015-0005-0.

Wiktorowska E., M. Długosz & W. Janiszowska (2010): Significant enhancement of oleanolic acid accumulation by biotic elicitors in cell suspension cultures of *Calendula officinalis* L. Enzyme Microb Tech 46 (1): 14–20. DOI: 10.1016/j.enzmictec.2009.09.002.

Wiley (2008): NIST/EPA/NIH Mass Spectral Library 2008. John Wiley.

Wilson S.A. & S.C. Roberts (2012): Recent advances towards development and commercialization of plant cell culture processes for the synthesis of biomolecules. Plant Biotechnol J 10 (3): 249–268. DOI: 10.1111/j.1467-7652.2011.00664.x.

Wink M. (2010): Introduction. In: Winkessor M. (Hrsg.) Annual Plant Reviews Volume 39: Functions and Biotechnology of Plant Secondary Metabolites: 1–20. Wiley-Blackwell.URL: http://onlinelibrary.wiley.com/doi/10.1002/9781444318876.ch1/ summary, Zugriff am 08.12.2015.

Wink M. (2015): Sekundärstoffe – die Geheimwaffen der Pflanzen. Biol Unserer Zeit 45 (4): 225–235. DOI: 10.1002/biuz.201510569.

Wink M. & O. Schimmer (2010): Molecular Modes of Action of Defensive Secondary Metabolites. In: Wink M. (Hrsg.) Functions and Biotechnology of Plant Secondary Metabolites: 21–161. Wiley-Blackwell, Oxford, UK. URL: http://doi.wiley.com/10.1002/9781444318876.ch2, Zugriff am 08.12.2015.

Wise Arlene A., Z. Liu & Andrew N. Binns (2006a): Culture and Maintenance of *Agrobacterium* Strains. In: Wang K. (Hrsg.) Agrobacterium Protocols: 3–14. Humana Press. DOI: 10.1385/1-59745-130-4:3.

Wise Arlene A., Z. Liu & Andrew N. Binns (2006b): Nucleic Acid Extraction from *Agrobacterium* Strains. In: Wang K. (Hrsg.) Agrobacterium Protocols: 67–76. Humana Press. DOI: 10.1385/1-59745-130-4:67.

Wójciak-Kosior M. (2003): Application of high performance thin-layer chromatography to separation of oleanolic, ursolic and betulinic acids. J Pre Clin Clin Res 1 (2): 176–178.

Wójciak-Kosior M. (2007): Separation and determination of closely related triterpenic acids by high performance thin-layer chromatography after iodine derivatization. J Pharmaceut Biomed 45 (2): 337–340. DOI: 10.1016/j.jpba.2007.05.011.

Wójciak-Kosior M., I. Sowa, R. Kocjan & R. Nowak (2013): Effect of different extraction techniques on quantification of oleanolic and ursolic acid in *Lamii albi* flos. Ind Crop Prod 44: 373–377. DOI: 10.1016/j.indcrop.2012.11.018.

Wolf T. & J. Koch (Hrsg) (2008): Genetically modified plants. Nova Science Publishers, New York.

Xiao W.-M., M.-C. Zhao, M. Zou, Y.-D. Tan & X.-G. Zhang (2014): Differences in differential gene expression between young and mature *Arabidopsis* C58 tumours. Plant Biol J 16 (3): 539–549. DOI: 10.1111/plb.12092.

Yesil-Celiktas O., P. Nartop, A. Gurel, E. Bedir & F. Vardar-Sukan (2007): Determination of phenolic content and antioxidant activity of extracts obtained from *Rosmarinus officinalis'* calli. J Plant Physiol 164 (11): 1536–1542. DOI: 10.1016/j.jplph.2007.05.013.

Yesil-Celiktas O. & F. Vardar-Sukan (2013): Downstream Processes for Plant Cell and Tissue Culture. In: Chandra S., H. LATA, & A. Varma (Hrsg.) Biotechnology for Medicinal Plants: 1–27. Springer Berlin Heidelberg. DOI: 10.1007/978-3-642-29974-2_1.

Yoshida T. (2017): Applied Bioengineering: Innovations and Future Directions. John Wiley & Sons.

Yue W., Q. Ming, B. Lin, K. Rahman, C.-J. Zheng, T. Han & L. Qin (2016): Medicinal plant cell suspension cultures: pharmaceutical applications and high-yielding strategies for the desired secondary metabolites. Crit Rev Biotechnol 36 (2): 215–232. DOI: 10.3109/07388551.2014.923986.

Zacchigna M., F. Cateni, M. Faudale, S. Sosa & R. Della Loggia (2009): Rapid HPLC Analysis for Quantitative Determination of the Two Isomeric Triterpenic Acids, Oleanolic acid and Ursolic acid, in *Plantago Major*. Sci Pharm 77: 79–86. DOI: 10.3797/scipharm.0809-08.

Zenk M.H., H. El-Shagi & B. Ulbrich (1977): Production of rosmarinic acid by cell-suspension cultures of *Coleus blumei*. Naturwissenschaften 64 (11): 585–586. DOI: 10.1007/BF00450645.

Zhang Y., J. Zhong & J. Yu (1996): Enhancement of ginseng saponin production in suspension cultures of *Panax notoginseng*: manipulation of medium sucrose. J Biotechnol 51 (1): 49–56. DOI: 10.1016/0168-1656(96)01560-X.

Zhao J.-L., L.-G. Zhou & J.-Y. Wu (2010): Effects of biotic and abiotic elicitors on cell growth and tanshinone accumulation in *Salvia miltiorrhiza* cell cultures. Appl Microbiol Biotechnol 87 (1): 137–144. DOI: 10.1007/s00253-010-2443-4.

Zhao Y., J. Fan, C. Wang, X. Feng & C. Li (2018): Enhancing oleanolic acid production in engineered *Saccharomyces cerevisiae*. Bioresource Technol 257: 339–343. DOI: 10.1016/j.biortech.2018.02.096.

Zobayed S. & P.K. Saxena (2004): Production of St. John's wort plants under controlled environment for maximizing biomass and secondary metabolites. In Vitro Cell Dev- Pl 40 (1): 108–114. DOI: 10.1079/IVP2003498.

Anhang

Anhangverzeichnis

Anhang 1 Ergänzungen zu Abschnitt 3.8.3

Extraktion der DNA aus *A. tumefaciens* nach Wise et al., (2006)

Die für die Extraktion von DNA aus *A. tumefaciens* (vegetative Anzucht der Bakterien siehe Abschnitt 3.8.1) nach dem Protokoll von Wise et al. (2006) genutzten Geräte und Materialien sind in Tabelle 44 und die benötigten Chemikalien in Tabelle 45 und Tabelle 19 dargestellt. Das Schema zur Versuchsdurchführung ist in Tabelle 46 aufgezeigt.

Tabelle 44 Geräte/Materialien für die DNA Extraktion aus *A. tumefaciens*

Gerät/Material	Hersteller und Spezifikation
Zentrifugenröhrchen	15 mL und 50 mL, steril
Eppendorf-Reaktionsgefäße	1,5 mL
Schüttelkolben mit Stopfen	100 mL
Thermoschüttler	biosan, Lettland
Vortexer	Heidolph Instruments GmbH & Co. KG, Deutschland
Zentrifuge mit Kühlung	Biofuge Stratos; Heraeus Holding GmbH, Deutschland
Schüttelinkubator	Minitron; Infors AG, Schweiz

© Der/die Herausgeber bzw. der/die Autor(en), exklusiv lizenziert durch
Springer-Verlag GmbH, DE, ein Teil von Springer Nature 2020
S. Kümmritz, Produktion von Oleanol- und Ursolsäure mit pflanzlichen in vitro Kulturen,
Fortschritte Naturstofftechnik, https://doi.org/10.1007/978-3-662-62464-7

Tabelle 45 Chemikalien (und Nährmedien) für die Extraktion von DNA aus A. tumefaciens

Chemikalie	Hersteller und Spezifikation
YEB-Medium	Tabelle 17
Waschlösung	Tabelle 19; Lagerung im Kühlschrank
Resuspensionslösung	Tabelle 19; Lagerung im Kühlschrank
Lyselösung	Tabelle 19; Lagerung im Kühlschrank
Tris-HCl	2M, pH 7,0; Carl Roth GmbH Co. KG, Deutschland
NaCl	5 M; Carl Roth GmbH Co. KG, Deutschland
Phenol	Carl Roth GmbH + Co. KG, Deutschland
Phenol/Chloroform/Isoamylalkohol	(25:24:1, v/v/v); Carl Roth GmbH + Co. KG, Deutschland
Chloroform/Isoamylalkohol	(24:1, v/v); Carl Roth GmbH + Co. KG, Deutschland
Ethanol	absolut und 70% (v/v); VWR International GmbH, Deutschland
bidestilliertes Wasser	steril

Tabelle 46 Schema zur Durchführung der DNA-Extraktion aus *A. tumefaciens* nach Doyle (1991).

Lyse der Bakterienzellen	• 200 mL Bakterienkultur wurden auf sterile Zentrifugenröhrchen mit einem Volumen von 50 mL aufgeteilt und bei 10.000 g für 15 min bei 4 °C zentrifugiert. • Verwerfung des Überstandes • Resuspension des Inhalts eines Tubes in 15 mL kalter Zellwaschlösung • Zentrifugation bei 10.000 g für 15 min bei 4 °C, Verwerfung des Überstandes • Resuspension in 15 mL kalter Zellresuspensionslösung, Lagerung auf Eis für 5-10 min • Aufteilung des Tubeinhaltes auf 2x 50 mL sterile Zentrifugenröhrchen • Zugabe von je 15 mL Lyselösung, sanftes Schwenken, bei Raumtemperatur für 10 min stehen lassen • Zugabe von je 3,75 mL 2M Tris-HCl (pH7), sanfte Durchmischung durch Invertieren • Zugabe je 3,75 mL (insgesamt 7,5 mL) 5M NaCl, sanfte Durchmischung durch Invertieren, 20 min stehen lassen, Aufteilung auf 2 weitere Tubes (d.h. insgesamt 4 Tubes)
Flüssig-Flüssig-Extraktion der DNA mit Phenol/Chloroform	• Zugabe von je einem Probenvolumen an gepuffertem Phenol sowie je 450 μL 5M NaCl (insgesamt 1,8 mL) und intensiv invertieren, Zentrifugation bei 10.000 g für 10 min bei 4°C • obere (wässrige) Phase jeweils in ein neues Zentrifugenröhrchen überführen, erneute Extraktion durch Zugabe von einem Probenvolumen Phenol/Chloroform/Isoamylalkohol bis Phasengrenze zwischen wässriger und organischer Phase klar ist, Zentrifugation bei 10.000 g für 10 min bei 4°C • obere (wässrige) Phase jeweils in ein neues Zentrifugenröhrchen überführen, finale Extraktion durch Zugabe von einem Probenvolumen Chloroform/Isoamylkohol, Zentrifugation bei 10.000 g für 10 min bei 4°C
Fällung der DNA	• Überführung der oberen (wässrigen) Phase in neues Zentrifugenröhrchen • Fällung der DNA durch Zugabe von zwei Probenvolumen eiskaltem Ethanol abs. über Nacht bei -20°C

Rücklösen der DNA	• Zentrifugation bei 10.000 g für 20 min bei 4°C, Verwerfung des Überstandes • Waschen des DNA-Pellets mit 100 µL 70% (V/V) Ethanol • Zentrifugation bei 10.000 g für 20 min bei 4°C • Entfernung von Ethanol, Trocknung der DNA an der Luft • Elution mit jeweils 50 µL TE-Puffer (vorgewärmt auf 50 °C) und Rücklösen über Nacht bei 4 °C oder 1 h bei Raumtemperatur • Überführung rückgelöster DNA in 1,5 mL Eppendorf-Reaktionsgefäße • Lagerung der DNA-Lösung bei -20 °C

Bestimmung der DNA-Konzentration

Für die Bestimmung der DNA-Konzentration der extrahierten pflanzlichen und bakteriellen DNA wurden die in Tabelle 47 aufgelisteten Geräte und Materialien verwendet.

Tabelle 47 Geräte und Materialien für die quantitative Bestimmung der DNA-Konzentration

Gerät/Material	Hersteller und Spezifikation
Spektrophotometer	NanodropLite; Thermo Fischer Scientific, USA
DNA-Lösung	aus DNA-Extraktion (siehe Abschnitt 3.8.3)
bidestilliertes Wasser	steril

Bestimmung der DNA-Konzentration mittels NanodropLite

• Auswahl im Gerätemenü: 1. DNA → 2. Doppelstrang-DNA

• Vermessung von 1 µL bidestilliertem, sterilem Wasser als Blindwert

• zwischen jeder Messung Reinigung des Gerätes mit fusselfreiem Tuch

• Bestätigung des Blindwertes durch erneute Messung

• anschließend Vermessung von 1 µL der DNA-Lösung

• Wegen des Arbeitsbereiches des Gerätes wurde eine 200 ng µL^{-1} DNA-Stamm-Lösung durch Vermessung eingestellt und diese auf 25 ng µL^{-1} verdünnt und diese durch eine erneute Vermessung überprüft

• Dokumentation der Konzentration der DNA-Stamm-Lösung/Template-DNA sowie des Absorptionsverhältnisses A_{260} zu A_{280}

Hinweis: Das Verhältnis A_{260} zu A_{280} gilt als Maß für die Reinheit der DNA: Der Soll-Wert liegt zwischen 1,8 bis 2,0. Falls der Wert niedriger als 1,8 ist, könnte eine Kontamination mit Protein vorliegen. Sollte der Wert höher als 2 sein, liegt vermutlich eine Kontamination mit RNA vor.

Amplifikation der extrahierten DNA mittels Polymerase-Kettenreaktion

Die für die PCR verwendeten Chemikalien sind in Tabelle 48 und die genutzten Geräte und Materialien in Tabelle 49 dargestellt. Tabelle 50 zeigt die Zusammensetzung der PCR-Reaktionsansätze.

Tabelle 48 Chemikalien für die Amplifikation der DNA mittels PCR

Chemikalie	Hersteller und Spezifikation
OneTaq® DNA Polymerase	(5000 U mL^{-1}); New England Biolabs, USA
dNTPs	100 mM; New England Biolabs, USA
Primer	100 µM; biomers.net GmbH, Deutschland
Reaktionspuffer OneTaq® Standard Reaction Buffer (5-fach)	New England Biolabs, USA
Template-DNA	25 ng µL^{-1}
bidestilliertes Wasser	steril

Tabelle 49 Geräte und Materialien für die Amplifikation der DNA mittels PCR

Gerät/Material	Hersteller und Spezifikation
Eppendorf-Reaktionsgefäße	1,5 mL; steril
PCR-Reaktionsgefäße	steril
Tischzentrifuge	Galaxy Ministar; VWR International GmbH, Deutschland
Thermocycler	peqSTAR; Peqlab Biotechnologie GmbH, Deutschland

Tabelle 50 Zusammensetzung des PCR-Ansatzes (in Anlehnung an Herstellerangaben von NEB)

Bestandteil (Stammkonzentration)	Menge	Endkonzentration
Template-DNA (25 ng μL^{-1})	1 µL	
OneTaq Standard Reaction Buffer (5-fach)	5 µL	1x
dNTP-Mix (je 10mM ATP, GTP, CTP und GTP)	0,5 µL	200 µM
Taq-Polymerase (5 U μL^{-1})	0,5 µL	2,5 U 25 μL^{-1}
Primer vw (10 µM)	1 µL	0,4 µM
Primer rv (10 µM)	1 µL	0,4 µM
bidestilliertes steriles Wasser	auf 25 µL auffüllen	

Native Agarose-Gelelektrophorese der amplifizierten DNA

In Tabelle 51 und Tabelle 52 sind die für die Amplifikation der extrahierten pflanzlichen und bakteriellen DNA verwendeten Chemikalien dargestellt. Tabelle 53 listet die dafür genutzten Geräte und Materialien auf.

Tabelle 51 Chemikalien für die Gelelektrophorese der PCR-Amplifikate

Chemikalie	Konzentration und Hersteller
Agarose	0,8% (w/v); New England Biolabs, USA
Ethidiumbromid	10 mg mL^{-1}; New England Biolabs, USA
TBE-Puffer	1-fach konzentriert, Tabelle 58
Ladepuffer	6-fach konzentriert, New England Biolabs, USA
Marker	100 bp Ladder; New England Biolabs, USA

Tabelle 52 Zusammensetzung TBE (1x)

Chemikalie	Konzentration und Hersteller
Borsäure	89 mM; Carl Roth GmbH Co. KG, Deutschland
Tris	89 mM; Carl Roth GmbH Co. KG, Deutschland
EDTA-Na$_2$ · 2 H$_2$O	2 mM; Carl Roth GmbH Co. KG, Deutschland

Tabelle 53 Geräte und Materialien für die Gelelektrophorese der PCR-Amplifikate

Gerät/Material	Hersteller und Spezifikation
Eppendorf-Reaktionsgefäße	1,5 mL
Gelgieß-Station mit Kamm für Taschen	Carl Roth GmbH + Co. KG, Deutschland
Elektrophorese-Station	MINI; Carl Roth GmbH + Co. KG, Deutschland
Spannungsgeber	E143; Consort bvba, Belgien
Mikrowelle	Micromat, AEG AG, Deutschland
Geldokumentationsstation	Syngene Bioimaging Private Ltd, Indien

Anhang 2 Ergänzungen zu Abschnitt 4.1.4

Tabelle 54 Metabolite extrahiert aus hormonbasierten *Salvia* sp. Suspensionskulturen mittels Ethanol; identifiziert über Golm Datenbank (GMD - the Golm Metabolome Database 2019) sowie Wiley (2008) über den Retentionstionsindex (RI); Angabe der Mittelwerte, Quantifizierung über Cholesterol als internen Standard (Kümmritz et al. 2014)

Komponente	RI	*S. virgata* [µg g_{tr}^{-1}]	*S. fruticosa* [µg g_{tr}^{-1}]	*S. officinalis* [µg g_{tr}^{-1}]
Aminosäuren				
L-Alanin	1106	4250	1912	0
DL-Valin	1223	1374	726	0
DL-Isoleucin	1301	418	523	0
DL-Prolin	1307	321	381	0
Serin	1370	941	213	0
DL-Threonin	1398	435	272	0
DL-Methionin	1532	0	86	0
Pyroglutaminsäure	1536	831	272	831
Ornithin	1626	561	0	0
DL-Glutaminsäure	1631	61	64	0
DL-Phenylalanin	1644	50	71	0
DL-Asparagin	1685	292	145	0
DL-Glutamin	1788	4600	1943	0
DL-Tyrosin	1959	65	86	0
Biogene Amine				
Ethanolamin	1275	7272	1227	0
β-Alanin	1437	26	134	0
4-Aminobuttersäure	1542	3334	6438	0
Putrescin	1757	3083	8421	0
Saccharide				
Gulose	2451	0	71	0
Glucose	1889, 2008	138772	111197	80106
Saccharose	2708	43755	188871	189509
Organische Säuren				
Malonsäure	1216	239	461	0
Succinisäure	1317	449	1726	431
Glycerinsäure	1339	58	0	0
Fumarsäure	1349	69	143	59
Apfelsäure	1499	0	152	0
Shikimisäure	1824	298	398	547
D(-)-Isoascorbinsäure	1977	0	0	318
trans-Kaffeesäure	2151	1709	111	119

Komponente	RI	S. virgata [μg g$_{tr}^{-1}$]	S. fruticosa [μg g$_{tr}^{-1}$]	S. officinalis [μg g$_{tr}^{-1}$]
Rosmarinsäure	3463	6861	2011	860
Oleanolsäure	3586	852	1240	815
Ursolsäure	3629	923	2443	794
Fettsäuren				
Hexadekansäure	2049	1581	2131	2195
Ölsäure	2218	1436	1921	801
α-Linolensäure	2225	2018	4987	1856
Octadekansäure	2244	416	716	331
Alkohole				
Erythritol	1524	166	212	91
Ribitol	1746	261	0	578
Mannitol	1919	0	508	7757
Weitere				
Phosphorsäure	1282	0	2087	2441
3,5-Di-tert.-butyl-4-hydroxybenzoesäure-ethylester	1557	167	0	30
Katechollaktat	2090	194	57	117
Myo-Inositol	2130	158	166	386
α-Adenosin	2670	0	333	0
Stigmastan-3,5-dien	3109	0	0	390
Hydrocortison oder Corticosteron	3286	452	588	0
β-Sitosterol	3360	1671	4906	3454
Stigmastan-3-ol	3376	0	1006	499

Tabelle 55 Metaboliteprofile von pflanzlichem (in vitro) Material von Salvia sp., polare Fraktion weiß bzw. unpolare Fraktion grau hinterlegt, RT-Retentionszeit, RI-Retentionsindex, Angabe Gehalt jeweils als Mittelwert ± Standardabweichung in [μg gtr-1], NA – nicht detektiert

Nr.	RT [min]	Komponente	RI	Pflanze						Hormonbasierte Zellsuspension			
				S. officinalis		S.fruticosa		S. virgata		S. officinalis		S. fruticosa	
1	6,3	Valin	1220	54,5	± 1,3	62,3	± 3,4	38,1	± 3,7	15,3	± 0,7	36,7	± 16,9
2	6,4	4-Hydroxy-butansäure	1234	NA	± NA	NA	± NA	NA	± NA	173,0	± 12,3	286,0	± 4,2
3	6,4	Urea	1234	4,8	± 1,9	16,5	± 17,7	NA	± NA	NA	± NA	NA	± NA
4	6,7	Oktansäure	1265	60,3	± 11,9	6,3	± 0,4	10,9	± 1,7	NA	± NA	NA	± NA
5	6,8	Leucin	1271	1173,4	± 13,9	113,6	± 3,4	240,0	± 3,8	309,5	± 0,4	291,0	± 7,2
6	6,9	Glycerol	1276	543,6	± 0,2	466,9	± 24,2	233,5	± 6,7	117,2	± 14,1	132,8	± 6,9
		Glycerol		17,1	± 3,9	NA	± NA	NA	± NA	35,1	± 3,8	39,7	± 3,0
7	7,0	Tridekan	1290	11,7	± 9,5	NA	± NA	NA	± NA	29,9	± 1,6	24,4	± 0,1
8	7,1	4-Aminobuttersäure	1301	NA	± NA	NA	± NA	NA	± NA	NA	± NA	87,8	± 124,2

Nr.	RT [min]	RI	Komponente	Pflanze S. officinalis		S. fruticosa		S. virgata		Hormonbasierte Zellsuspension S. officinalis		S. fruticosa	
9	7,2	1314	Butandisäure	464,8	± 29,0	194,4	± 26,2	102,0	± 0,8	97,7	± 3,7	135,9	± 2,5
10	7,4	1333	Glycerin-säure	26,0	± 3,8	16,4	± 0,9	16,9	± 0,1	44,5	± 1,4	20,0	± 2,0
11	7,5	1344	trans-Butendisäure	502,4	± 15,7	42,1	± 18,0	615,3	± 47,5	61,8	± 8,0	13,7	± 0,9
12	7,7	1360	Nonansäure	84,1	± 25,7	6,8	± 9,6	17,8	± 6,2	22,9	± 1,5	17,2	± 5,1
13	7,7	1364	Serin	23,1	± 1,6	23,3	± 18,2	58,2	± 3,1	11,4	± 3,2	11,6	± 6,6
14	8,0	1393	DL-Threonin	20,4	± 2,6	13,8	± 4,0	18,1	± 1,1	2,7	± 3,9	13,2	± 7,5
15	8,0	1399	Alanin	NA	± NA	NA	± NA	NA	± NA	133,5	± 5,1	29,4	± 27,9
16	8,7	1456	Dekansäure	22,4	± 4,0	17,8	± 0,6	4,3	± 0,1	NA	± NA	NA	± NA
17	9,1	1493	Apfelsäure	313,4	± 89,8	19,8	± 3,1	36,5	± 0,1	273,2	± 18,4	107,4	± 15,2
18	9,1	1498	Pentadekan	110,8	± 3,4	3,0	± NA	11,3	± 16,0	150,1	± 12,9	130,2	± 2,2
19	9,3	1510	Erythrit	NA	± NA	NA	± NA	NA	± NA	17,2	± 0,9	58,0	± 2,6
20	9,6	1532	Pyroglutaminsäure	NA	± NA	NA	± NA	NA	± NA	237,6	± 25,9	64,2	± 5,3
21	9,8	1553	3,5-Di-tert.butyl-4-Hydroxybenzoesäureethylester	660,0	± 6,6	1,0	± 9,3	91,2	± 12,0	165,6	± 5,1	130,9	± 10,0
			3,5-Di-tert.butyl-4-Hydroxybenzoesäureethylester	7,3	± 10,4	NA	± NA	NA	± NA	NA	± NA	NA	± NA

Nr.	RT [min]	Komponente	RI	Pflanze			Hormonbasierte Zellsuspension	
				S. officinalis	S.fruticosa	S. virgata	S. officinalis	S. fruticosa
22	10,27/ 10,49	Asparagin	1593, 1603	40,5 ± 1,7	NA ± NA	NA ± NA	64,5 ± 13,0	22,0 ± 9,8
23	10,3	DL-Prolin	1594	NA ± NA	NA ± NA	NA ± NA	NA ± NA	6,1 ± 8,6
24	10,5	2-Ketoglutarsäure-methoxyamin	1606	NA ± NA	NA ± NA	NA ± NA	39,9 ± 16,5	42,6 ± 26,7
25	10,7	DL-Glutaminsäure	1630	26,9 ± 1,1	12,7 ± 1,3	8,4 ± 0,2	7,5 ± 1,6	3,5 ± 4,9
26	11,0	Phenylalanin	1641	11,3 ± 15,9	NA ± NA	NA ± NA	22,0 ± 3,4	NA ± NA
27	11,1	Dodekansäure	1652	22,2 ± 1,2	NA ± NA	5,4 ± 0,6	NA ± NA	NA ± NA
28	12,1	Xylitol	1720	NA ± NA	NA ± NA	NA ± NA	33,0 ± NA	15,2 ± 0,1
29	12,2	9-Z-Tetradecen-säuremethylester	1723	174,7 ± 181,5	37,9 ± 27,8	78,6 ± 22,7	237,0 ± 12,0	234,4 ± 30,7
30	13,4	Oktadekan	1798	72,6 ± 40,4	NA ± NA	NA ± NA	NA ± NA	NA ± NA
31	13,7	Shikimisäure	1815	12,2 ± 17,2	NA ± NA	NA ± NA	43,8 ± 6,4	NA ± NA
32	13,8	n-Pentadekan-säuremethylester	1824	NA ± NA	3,7 ± 5,2	NA ± NA	30,4 ± 3,3	42,6 ± 5,0
33	14,02/ 14,13	Fructose	1833, 1842	7703, 8 ± 20,3	3971, 3 ± 30,1	1482,7 ± 97,3	22368,4 ± 405,7	6073,0 ± 255,6
34	14,3	Tetradekansäure	1850	274,6 ± 187,7	8,7 ± 12,3	141,7 ± 146,5	NA ± NA	NA ± NA

Nr.	RT [min]	Komponente	RI	Pflanze						S. officinalis		S. fruticosa		S. virgata		Hormonbasierte Zellsuspension			
				S. officinalis		S. fruticosa		S. virgata								S. officinalis		S. fruticosa	
35	14,32/17,31	Glucose	1850, 2015	354,5	± 27,9	585,1	± 68,5	191,0	± 22,0	15755,3	± 553,5	28712,3	± 1254,4						
36	14,7	Mannose	1869	787,0	± 7,1	425,5	± 3,6	192,4	± 6,1	184,5	± 13,5	450,5	± 14,6						
37	15,5	Sorbitol	1920	4,9	± 6,9	NA	± NA	NA	± NA	3136,3	± 115,5	780,9	± 17,6						
38	15,7	Hexadekansäuremethylester	1927	9534,5	± 10043,6	1321,2	± 811,5	3851,1	± 322,4	9087,1	± 502,9	11102,4	± 879,5						
39	16,2	Tyrosin	1954	13,1	± 18,5	24,0	± 1,4	NA	± NA	NA	± NA	NA	± NA						
40	16,3	n-Hexadekanol	1960	426,9	± 61,3	52,1	± 21,6	5,4	± 0,8	155,5	± 34,2	NA	± NA						
41	16,6	Galacton-säure	1997	4585,5	± 1154,5	2874,8	± 1164,9	915,0	± 74,0	NA	± NA	35,8	± 0,4						
42	17,5	Heptadekansäuremethylester	2025	106,5	± 150,6	10,1	± 14,2	58,1	± 0,6	58,7	± 0,5	165,2	± 18,8						
43	18,0	Hexadekansäure	2048	2093,5	± 1,5	154,5	± 78,1	449,3	± 16,6	89,5	± 4,0	48,9	± 7,6						
44	18,8	Harnsäure	2091	33,9	± 3,0	30,1	± 4,0	45,7	± 4,9	33,9	± 0,6	NA	± NA						
45	19,0	9,12-Octadekadiensäuremethylester (Linolsäuremethylester)	2100	5987,7	± 6542,0	779,6	± 473,6	2454,9	± 281,8	8846,1	± 341,6	7108,1	± 651,1						
46	19,0	trans-Ferulasäure	2104	890,3	± 80,6	639,0	± 23,9	1765,0	± 157,9	NA	± NA	NA	± NA						
47	19,0	(9Z)-Octadec-9-ensäure (Ölsäure)	2104	8971,9	± 4534,2	1651,1	± 414,8	19934,1	± 2405,4	24604,8	± 971,5	34035,7	± 2177,4						
48	19,5	n-Octadekansäuremethylester	2127	3173,5	± 2829,8	557,5	± 211,7	867,4	± 40,4	2945,7	± 169,9	4309,2	± 369,8						
49	19,5	Myoinositol	2127	1,2	± 1,7	NA	± NA	NA	± NA	422,7	± 9,1	629,5	± 1,8						
50	19,9	Guanin	2147	3594,7	± 426,6	9981,4	± 350,8	4547,3	± 495,9	NA	± NA	NA	± NA						

Nr.	RT [min]	Komponente	RI	Pflanze										Hormonbasierte Zellsuspension					
				S. officinalis			*S. fruticosa*			*S. virgata*			*S. officinalis*			*S. fruticosa*		
51	20,0	*trans*-Kaffeesäure	2152	196,4	±	21,3	318,3	±	58,7	238,0	±	43,7	28,6	±	6,1	NA	±	NA
52	20,1	1-Octadekanol	2158	103,4	±	61,4	13,7	±	2,5	22,1	±	8,5	61,0	±	1,5	27,3	±	0,3
53	21,8	Octadekansäure	2246	3809,7	±	423,5	371,1	±	27,1	600,2	±	226,8	37,8	±	53,4	NA	±	NA
54	22,8	n-Tricosan	2298	32,4	±	45,8	4,9	±	6,9	NA	±	NA	NA	±	NA	NA	±	NA
55	23,4	Eicosansäure-methylester	2328	NA	±	NA	70,4	±	26,9	105,7	±	22,4	226,9	±	5,8	258,4	±	41,1
56	25,9	Resveratrol	2459	1377,2	±	352,9	1675,2	±	47,0	NA	±	NA	NA	±	NA	NA	±	NA
57	28,5	1-Monohexade-kanoylglycerol	2603	NA	±	NA	NA	±	NA	NA	±	NA	61,8	±	1,8	47,1	±	27,7
58	29,7	Adenosin	2667	862,2	±	192,5	121,7	±	16,3	5120,3	±	106,9	NA	±	NA	NA	±	NA
59	30,4	Saccharose	2700	NA	±	NA	NA	±	NA	NA	±	NA	22515,8	±	201,8	26129,4	±	671,4
60	31,7	Trehalose	2784	NA	±	NA	NA	±	NA	NA	±	NA	299,7	±	6,2	NA	±	NA
61	31,9	n-Octacosan	2796	111,3	±	20,3	2,6	±	3,7	29,7	±	0,5	143,0	±	0,6	135,7	±	12,0
62	32,5	Melibiose	2831	NA	±	NA	480,8	±	1,7	NA	±	NA	NA	±	NA	NA	±	NA
63	32,5	Squalen	2833	NA	±	NA	2,6	±	3,6	NA	±	NA	NA	±	NA	NA	±	NA
64	37,7	α-Tocopherol	3159	1443,1	±	1192,3	249,6	±	56,0	107,0	±	11,1	NA	±	NA	NA	±	NA

Nr.	RT [min]	RI	Pflanze						Hormonbasierte Zellsuspension			
			S. officinalis		S. fruticosa		S. virgata		S. officinalis		S. fruticosa	
65	39,5	3278	Kampesterol: 660,0	± 933,4	44,5	± 63,0	NA	± NA	5290,0	± 109,9	310,9	± 12,2
66	40,0	3307	Stigmasterol: NA	± NA	41,3	± 58,5	86,7	± 122,6	NA	± NA	20,4	± 28,8
67	41,2	3365	β-Sitosterol: 1624,2	± 31,5	969,3	± 641,8	1759,1	± 983,6	3931,5	± 14,1	4384,1	± 1007,6
68	41,6	3392	β-Amyrin: 586,4	± 829,2	130,6	± 40,4	NA	± NA	NA	± NA	NA	± NA
69	42,6	3438	α-Amyrin: 1603,6	± 757,9	225,1	± 48,9	164,5	± 20,3	NA	± NA	NA	± NA
70	43,1	3459	Rosmarinsäure: 2648,3	± 13,3	6653,0	± 211,1	4205,6	± 362,7	769,0	± 18,4	NA	± NA
71	44,1	3508	Maltotriose: NA	± NA	NA	± NA	NA	± NA	36,4	± 3,3	NA	± NA
72	46,4	3586	Oleanolsäure: 20582,7	± 24872,2	1536,0	± 788,2	1049,5	± 745,7	35,2	± 11,6	NA	± NA
73	47,7	3675	Ursolsäure: 14180,1	± 17722,7	602,5	± 144,4	602,0	± 748,9	NA	± NA	18,0	± 25,4

Tabelle 56 Metabolitgruppen von *Salvia* sp. (in vitro) Kulturen, Anteile bezogen auf
das Totalionen-chromatogramm der polaren und apolaren Fraktion aus Pflanzen
(P) bzw. hormonbasierten Zellsuspensionen (ZS)

Klassierung	*S. offi-cinalis* P	*S. fruti-cosa* P	*S. virgata* P	*S. offi-cinalis* ZS	*S. fruti-cosa* ZS
	[%]	[%]	[%]	[%]	[%]
N-haltige Ver-bindungen	0,04	0,05	0,04	0,07	0,04
Alkane	0,33	0,01	0,08	0,26	0,23
Alkohole	0,55	0,54	0,44	0,52	0,67
Aminosäuren	1,31	0,26	0,69	0,65	0,45
Carbonsäuren	4,46	3,35	1,73	0,14	0,26
Dicarbonsäuren	1,25	0,16	1,42	0,35	0,20
Disaccharide	-	0,56	-	18,47	20,74
Fettalkohole	0,52	0,14	0,05	0,18	0,02
Fettsäuren	33,37	29,09	53,98	37,40	45,49
Isoprenoide	37,34	52,93	3,63	0,03	0,01
Monosaccharide	8,60	0,06	3,53	31,02	27,97
Nukleoside	4,35	0,74	18,27	-	-
Phenolsäuren	4,29	8,88	11,91	0,82	0,10
Polyphenole	1,34	1,95	0,67		
Sterole	2,22	1,23	3,49	7,47	3,74
Trisaccharide	-	-	-	0,03	-
Zuckeralkohole	-	-	-	2,58	0,06
Zuckersäuren	0,03	0,02	0,03	0,04	0,02

Thesen zur Arbeit

Produktion von Oleanol- und Ursolsäure mit pflanzlichen in vitro Kulturen – Aspekte der Analyse und Extraktion der Wirkstoffe sowie der Stabilisierung und Steigerung der Produktion

1. Verschiedene chromatographische Methoden eignen sich für die qualitative und quantitative Analyse der Triterpensäuren Oleanol- (OS) und Ursolsäure (US) in pflanzlichem (in vitro) Material. Die Dünnschichtchromatographie ermöglicht ein schnelles Screening auf das Vorhandensein beider Komponenten in pflanzlichen Extrakten. Die in dieser Arbeit entwickelte Methode zur Analyse von OS und US mittels Flüssigchromatographie-UV/VIS-Detektion ist zur Bestimmung geringer Gehalte geeignet. Die Analyse verschiedenster (in vitro) Materialien aus der Familie der Lamiaceae offenbarte eine große Variation der Triterpensäuregehalte. Eine hormonbasierte Zellsuspension von *Salvia fruticosa* stellte sich in Bezug auf ihren Triterpensäuregehalt und ihr Wachstumsverhalten als besonders vielversprechend heraus.

2. Neben den Triterpensäuren offenbart ein Metabolitscreening von Zellsuspensionen verschiedener Salbeispezies mittels Gaschromatographie-Massenspektrometrie weitere pharmakologisch wirksame Substanzen wie z. B. Phenolsäuren und Sterole.

3. Für die Gewinnung der intrazellulär vorliegenden Triterpensäuren können die Zellen einer hormonbasierten Suspension von *S. fruticosa* mittels Filtration von dem Kulturmedium abgetrennt werden. Der anschließende Zellaufschluss ist mittels Mazeration sowie auch Hochdruckhomogenisation der frischen Zellmasse in Ethanol mit Konzentrationen von 10 bis maximal 40 % (m/V) möglich. Mit Hinblick auf eine Übertragung in den industriellen Maßstab ist die Mazeration aufgrund der einfacheren apparativen Umsetzung gegenüber der Hochdruckhomogenisation von Vorteil.

4. Die Kryokonservierung pflanzlicher Zellkulturen stellt hohe Anforderungen an die operative Umsetzung. Als Vorkultur eignet sich für die hormonbasierte Zellsuspension von *S. fruticosa* eine 4-fache verkürzte Subkultur mit Zyklen á 3 bis 5 d. Die Kryoprotektion kann mit einer Lösung aus 14 % Saccharose, 18 % Glycerol und 40 % Prolin (V/V/V) bei einer Zelldichte von 60 % (V/V) erfolgen. Nach Abkühlung mit einer Rate von ca. 0,3 K min^{-1} von Raumtemperatur auf −80 °C und kurzer Lagerung in der Gasphase über Flüssigstickstoff zeigten die aufgetauten und regenerierten Zellen in Suspension hinsichtlich ihrer Ploidie, ihres Wachstums sowie der Produktivität unveränderte Eigenschaften im Vergleich zu nicht konservierten Zellen.

© Der/die Herausgeber bzw. der/die Autor(en), exklusiv lizenziert durch Springer-Verlag GmbH, DE, ein Teil von Springer Nature 2020
S. Kümmritz, Produktion von Oleanol- und Ursolsäure mit pflanzlichen in vitro Kulturen, Fortschritte Naturstofftechnik, https://doi.org/10.1007/978-3-662-62464-7

5. Pilzelizitoren, welche dem Kulturmedium endophytischer Pilze wie *Aspergillus niger* und *Trichoderma virens* entstammen, zeigen eine steigernde Wirkung auf die Triterpensäureproduktion mit einer hormonbasierten Zellsuspension von *S. fruticosa*. Die Zugabe von Mediumfiltrat von *T. virens* (3 %, V/V) am Tag 3 der Kultivierung erzielt die deutlichste Steigerung der Produktivität auf das 1,5-fache für OS bzw. das 1,6-fache für US gegenüber dem Kontrollansatz. Bei der Zugabe von *A. niger* Mediumfiltrat betrug die Produktivität das 1,3-fache für OS bzw. 1,2-fache für US.

6. Ein Saccharose fed-batch an Tag 6 der Kultivierung erzielt eine ca. 2,4-fache Triterpensäureproduktivität verglichen mit dem Kontrollansatz; die Kombination mit der Zugabe von *A. niger* Mediumfiltrat steigert die Produktivität auf das 3,8-fache für OS und US.

7. Die Kokultivierung von *Agrobacterium tumefaciens* C58 Wildtyp mit sterilen Explantaten von *O. basilicum*, *R. officinalis*, *S. fruticosa* und *S.officinalis* eignet sich zur Induktion hormonautotropher Zellkulturen. Mit Gehalten von maximal 1,4 mgOS g_{tr}^{-1} bzw. 1,7 mgUS g_{tr}^{-1} für *S. officinalis* sind diese Zellkulturen weniger geeignet zur Produktion von Triterpensäuren als die hormonbasierte *S. fruticosa* Zellkultur. Die hormonautotrophen Zellkulturen enthalten weitere pharmazeutische Wirkstoffe, wie z. B. ca. 6 mg g_{tr}^{-1} Rosmarinsäure bei *O. basilicum*.

Verzeichnis eigener wissenschaftlicher Veröffentlichungen

In wissenschaftlichen Zeitschriften/Büchern

Haas C., Hengelhaupt K.-C., **Kümmritz S.**, Bley T., Pavlov A.& Steingroewer J. (2014): Salvia suspension cultures as production systems for oleanolic and ursolic acid. Acta Physiol Plant 1–11. DOI: 10.1007/s11738-014-1590-0.

Kümmritz S., C. Haas, Pavlov A.I., Geib D., Ulber R., Bley T.& Steingroewer J. (2014): Determination of Triterpenic Acids and Screening for Valuable Secondary Metabolites in Salvia sp. Suspension Cultures. Nat Prod Commun 9 (1): 17–20. DOI: 10.1177/1934578X1400900107

Kümmritz S., Haas C., Winkler K., Georgiev V.& Pavlov A. (2017): Hairy Roots of Salvia Species for Bioactive Substances Production. In: Salvia Biotechnology: 271–289. Springer, Cham. DOI: 10.1007/978-3-319-73900-7_8.

Kümmritz S., Louis M., Haas C., Oehmichen F., Gantz S., Delenk H., Steudler S., Bley T.& Steingroewer J. (2016): Fungal elicitors combined with a sucrose feed significantly enhance triterpene production of a Salvia fruticosa cell suspension. Appl Microbiol Biotechnol 100 (16): 7071–7082. DOI: 10.1007/s00253-016-7432-9.

Marchev A., Haas C., **Schulz S.**, Georgiev V., Steingroewer J., Bley T.& Pavlov A. (2014): Sage in vitro cultures: a promising tool for the production of bioactive terpenes and phenolic substances. Biotechnol Lett 36 (2): 211–221. DOI: 10.1007/s10529-013-1350-z.

Seidel J., Ahlfeld T., Adolph M., **Kümmritz S.**, Steingroewer J., Krujatz F., Bley T., Gelinsky M. & Lode A. (2017): Green bioprinting: extrusion-based fabrication of plant cell-laden biopolymer hydrogel scaffolds. Biofabrication 9 (4): 045011. DOI: 10.1088/1758-5090/aa8854.

Steingroewer J., Haas C., Winkler K., Schott C., Weber J., Seidel J., Krujatz F., **Kümmritz S.**, Lode A., Socher M.L., Gelinsky M. & Bley T. (2016): Monitoring of Plant Cells and Tissues in Bioprocesses. In: Pavlov A. & T. Bley (Hrsg.) Bioprocessing of Plant In Vitro Systems: 1–49. Springer International Publishing. DOI: 10.1007/978-3-319-32004-5_7-1.

Vorträge

Kümmritz S., Haas C., Bley T., Steingroewer J.: A simple solution for cryopreservation of *Salvia* suspensions. 2nd International Conference on Natural Products Utilization: From Plants to Pharmacy Shelf, Plovdiv, Bulgarien (2015)

Kümmritz S.: Bestimmung und Gewinnung bioaktiver Pflanzenwirkstoffe aus in vitro Kulturen der Lippenblütler mittels HPLC. 7. HPLC-Workshop "Möglichkeiten und Grenzen der HPLC in den Lebenswissenschaften", Dresden-Rossendorf (2014)

Kümmritz S., Haas C., Bley T., Steingroewer J.: Isolierung von Triterpensäuren aus pflanzlichen Zellkulturen. Jahrestreffen der ProcessNet-Fachgruppen Lebensmittelverfahrenstechnik und Phytoextrakte, Freising (2014)

Schulz S., Haas C., Bley T., Steingroewer J.: Characterization of bioactive compounds in sage cell cultures. Trends in natural production research: a young scientist meeting of PSE and ÖPhG, Obergurgl, Österreich (2013)

An der Technischen Universität Dresden, Professur für Bioverfahrenstechnik betreute Forschungs- und Studienarbeiten

Song X. (2012):	Untersuchungen zur Kryokonservierung pflanzlicher Zellkulturen von *Salvia* sp.
Bugge S. (2012):	Optimierung eines Kryokonservierungsprotokolls für die Suspensionskulturen von *Salvia officinalis*.
Kroll P. (2012):	Untersuchungen zur Extraktion von Triterpenen aus pflanzlichen Zellkulturen an Festphasen.
Oehmichen F. (2013):	Charakterisierung kryokonservierter Zellkulturen von *Salvia* sp. und Optimierung der Verfahrensschritte.
Faust C. (2013):	Prozesstechnische Optimierung der Isolierung von Triterpenen aus pflanzlichen Zellkulturen.
Freund A.M. (2014):	Induction and establishment of plant cell cultures for the production of biological wood protective agents.
Knoche A.-C. (2014):	Erzeugung und Etablierung von Hairy Root Kulturen für die Produktion biologischer Schutzstoffe.
Louis M. (2015):	Kultivierung pflanzlicher Zellkulturen in unterschiedlichen Bioreaktorsystemen zur Gewinnung biologischer Schutzstoffe.
Scherhaag P. (2016):	Kultivierung einer *Salvia fruticosa*-Suspensionskultur in verschiedenen Reaktorsystemen unter dem Gesichtspunkt der Triterpensäureproduktion sowie Implementierung eines Leitfähigkeits-Softsensors zum Biomassemonitoring.
Hecht P. (2017):	Etablierung pflanzlicher in vitro Kulturen für die Produktion vernetzender Substanzen.

Printed in the United States
By Bookmasters